职业教育"十三五"改革创新规划教材

嵌入式应用基础
实践教程

杨 晔 主 编

夏伏洋 李 进 副主编

清华大学出版社
北 京

内 容 简 介

本书是职业教育"十三五"改革创新规划教材,依据"嵌入式应用技术"课程的主要教学内容和要求,结合课程教学实际编写而成。

本书主要内容包括嵌入式应用基础、单片机硬件开发、单片机软件开发、传感器的应用、单片机电路图的设计等。

本书可作为高等职业院校电子信息大类相关专业的教材,也可作为岗位培训用书。

图书在版编目(CIP)数据

嵌入式应用基础实践教程/杨晔主编. —北京:清华大学出版社,2017
(职业教育"十三五"改革创新规划教材)
ISBN 978-7-302-47362-6

Ⅰ. ①嵌… Ⅱ. ①杨… Ⅲ. ①微处理器-系统设计-高等职业教育-教材 Ⅳ. ①TP332.021

中国版本图书馆 CIP 数据核字(2017)第 124092 号

责任编辑:刘士平
封面设计:张京京
责任校对:李 梅
责任印制:杨 艳

出版发行:清华大学出版社
    网 址:http://www.tup.com.cn,http://www.wqbook.com
    地 址:北京清华大学学研大厦 A 座   邮 编:100084
    社 总 机:010-62770175   邮 购:010-62786544
    投稿与读者服务:010-62776969,c-service@tup.tsinghua.edu.cn
    质量反馈:010-62772015,zhiliang@tup.tsinghua.edu.cn
    课件下载:http://www.tup.com.cn,010-62770175-4278
印 刷 者:北京富博印刷有限公司
装 订 者:北京市密云县京文制本装订厂
经 销:全国新华书店
开 本:185mm×260mm   印 张:13.5   字 数:309 千字
版 次:2017 年 6 月第 1 版   印 次:2017 年 6 月第 1 次印刷
印 数:1~2000
定 价:32.80 元

产品编号:073171-01

本书是职业教育"十三五"改革创新规划教材,依据"嵌入式应用技术"课程的主要教学内容和要求,结合课程教学实际编写而成。通过本书的学习,可以帮助学生掌握必备的嵌入式基础、单片机硬件设计、单片机软件设计、典型传感器应用、单片机电路图设计的知识与技能。本书在编写过程中吸收企业技术人员参与,紧密结合工作岗位,与职业岗位对接;选取的案例贴近生活、贴近生产实际;将创新理念贯彻到内容选取、教材体例等方面。

本书在编写时努力贯彻教学改革的有关精神,具有以下特色。

1. 突出移动互联应用技术专业的目标定位

移动互联设备是移动互联的最终产品,高职学生对应职业岗位有移动设备电路绘图员、移动设备焊接工和装配工、移动互联应用设备的安装调试工、移动互联和智能穿戴产品销售员及售后技术支持工程师等。本书围绕移动互联应用技术专业的职业岗位,调整原来以理解嵌入式基础原理和实验验证为主的教学目标。基于该职业岗位对嵌入式基础知识和嵌入式应用能力的需求,确定本课程的教学目标为:让学生理解嵌入式软硬件基础知识,读懂硬件电路和软件代码,帮助学生在今后的职业岗位中成为主动的移动互联设备使用者,充分体会嵌入式知识在移动互联设备中的使用。

2. 实现任务驱动式的项目化教学

本书是以嵌入式产品典型开发过程为主线编写的任务驱动模式的项目化教材。针对移动互联应用技术专业岗位所需的知识和技能,选用 CC2530 单片机作为载体,C 语言作为编程语言,使用目前较流行的画图软件 Altium Designer,将相关知识点和技能点纳入项目中。项目选择由简单到复杂,由单一到综合,逐步提高学生的专业技能。项目之间是并列关系,通过完成项目使学生的认知水平、操作技能和工作能力得到提高。每个项目分成多个任务,通过完成每个任务,最终实现项目目标。

3. 项目设计注重实用性和实际性

根据移动互联应用技术专业岗位所需的知识点和技能点的可操作性,结合移动互联企业实际项目和全国职业院校技能大赛移动互联比赛题目,进行细化、整合和设计,删除烦琐的部分,增加满足专业岗位要求的内容,使项目更具有普适性。同时提高了学生的学习兴趣,提高学生的实践能力和岗位就业竞争能力。

4. 项目组织遵循产品开发规律,强化任务实践过程

本书内容结构遵循嵌入式产品典型开发过程,以任务驱动的方式将理论融入教学,突出"教、学、做、评"一体的高等职业教学模式。通过构建任务描述、相关知识、任务实施、任务拓展等环节,针对不同环节采用恰当的教学方法,有意识、有步骤地将职业能力训练和职业素质养成融入实际教学实施过程中,使学生在一开始就能明确学习目标,激发其学习主动性和积极性。将项目各阶段的工作任务转化为学习任务,让学生在完成该项目的同时获得相应技能所需的知识,"做中学,学中做,边学边做",形成理论实践一体化、项目教学和工作过程一体化、课堂与生产一体化、实践教学与培养岗位能力一体化。

5. 教学资料完整可行,操作性强

本书构建了完整的课程内容和操作体系,所提供的电路图、芯片资料、源程序、测试和调试方法都完整可行,都能在实际环境中运行通过,并详细描述了具体设计步骤和开发全过程,学生参照本书可以在实训环境中制作完成相应的项目,也方便自学。

本书程序可以登录清华大学出版社网站 http://www.tup.com.cn 免费下载,也可发送电子邮件至 63736425@qq.com 免费索取。

本书建议学时为 80 学时,具体学时分配见下表。

项目	建议学时	项目	建议学时
项目 1	22	项目 3	20
项目 2	22	项目 4	16
总计		80	

本书由杨晔担任主编,夏伏洋、李进担任副主编,参加编写工作的还有李德军、黄娴、陈婧慧等。

本书在编写过程中参考了大量的文献资料,在此向文献资料的作者致以诚挚的谢意。由于编写时间及编者水平有限,书中难免有疏漏和不妥之处,恳请广大读者批评指正。了解更多教材信息,请关注微信订阅号:Coibook。

编　者

2017 年 3 月

CONTENTS

目 录

项目 *1*

设计制作窗帘控制器

随着物质条件的不断改善,人们早已不单单要求拥有一个简洁的物理空间,更为关注居家环境的安全、方便与舒适。智能化家居产品的产生与广泛应用,传统窗帘已经不能满足人们对生活水平质量的要求。

本项目中带领大家设计制作一个窗帘自动控制器,以 CC2530 单片机为核心,用控制器上的三个按键分别控制窗帘的打开、关闭和停止。依据从简单到复杂的顺序,在项目中设置三个任务:设计制作流水灯,设计制作按键控制 LED 灯,设计制作自动窗帘控制器。

自动窗帘控制器的功能比较单一(实物如图 1.1 所示),它采用三个独立式按键,分别控制三个继电器,由继电器的开合再控制窗帘的开、关、停,同时由发光二极管显示当前窗帘的状态。

图 1.1　自动窗帘控制器实物

【知识点】

（1）单片机与嵌入式系统的概念、特点。

（2）CC2530 单片机的引脚。

（3）CC2530 单片机最小系统。

（4）CC2530 单片机的基本 I/O 口。

【技能点】

（1）识别单片机最小系统的常用元件。

（2）测量单片机最小系统的关键点信号。

（3）使用 IAR 软件下载调试程序。

（4）排除单片机最小系统常见故障。

任务1　设计制作流水灯

在本任务中，首先介绍单片机的一些基本概念、CC2530 单片机的 I/O 口等相关知识，然后给出制作流水灯所需的元件及型号，读者可以按此购买并制作，给出流水灯的硬件连接原理图、流水灯硬件电路 PCB 的制作方法、焊接方法，给出流水灯的单片机CC2530 程序，介绍 CC2530 平台软件的使用方法和流水灯软硬件联调的方法。

设计并制作一个流水灯的单片机控制系统，在单片机的 P0_0～P0_3 端口分别接一个发光二极管，使 4 个发光二极管轮流点亮，间隔时间大约为 0.5s。

一、单片机与嵌入式系统

1. 单片机

在生活中，随处可见单片机的身影。可以毫不夸张地说，单片机已经渗透到生活的各个领域。那么单片机到底长什么样子呢？首先来看看它的模样，图 1.2 所示是不同厂家生产的不同封装形式的单片机芯片。

单片机是单片微型计算机的简称，它是把中央处理器（Central Processor Unit，CPU）、存储器、多种 I/O 口和中断系统、定时器/计数器、A/D 转换器等电路集成在一起的超大规模集成电路，相当于一个微型计算机系统。一个单片机的典型内部结构通常包括以下几部分。

中央处理器包括运算器（算术逻辑运算单元，ALU，Arithmetic Logic Unit）、控制器和寄存器等。

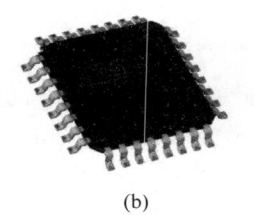

(a) (b) (c)

图 1.2 各厂家生产的单片机芯片

存储器包括 ROM、RAM、Flash 等。

接口模块包括定时器接口、串行通信接口、A/D 转换接口等。

工作支撑模块包括电源、时钟电路、复位控制及看门狗电路等。

上述各组成部件在芯片内通过内部总线连接,传输各种控制信号及数据信息,典型单片机内部结构如图 1.3 所示。

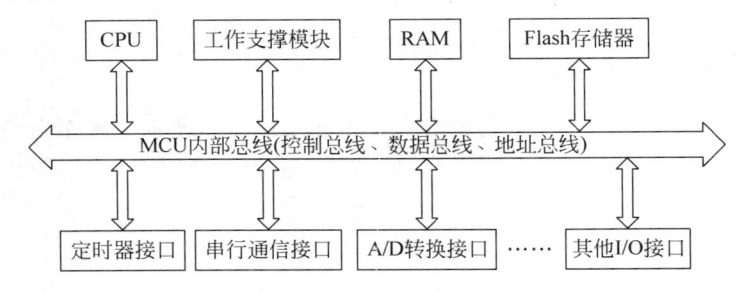

图 1.3 典型单片机内部结构

单片机具有功能多、性价比高、体积小、功耗低等特点,广泛应用在工业控制、消费电子等领域。

2. 嵌入式系统

什么是嵌入式系统呢? 它和单片机有怎样的关系?

嵌入式系统是以应用为中心,以计算机技术为基础,软硬件可裁剪,适用于应用系统对功能、可靠性、本、体积、功耗有严格要求的专用计算机系统。它一般由嵌入式微处理器、外围硬件设备、嵌入式操作系统以及用户的应用程序 4 个部分组成,用于实现对其他设备的控制、监视或管理等功能。

凡是带有微处理器的专用软硬件系统都可以称为嵌入式系统。作为系统核心的微处理器包括三类:微控制器(MCU)、数字信号处理器(DSP)、嵌入式微处理器(MPU)。

嵌入式微控制器又称为单片机,嵌入式系统起源于微型计算机时代,微型计算机的体积、价位、可靠性都无法满足广大用户的嵌入式应用要求,因此,嵌入式系统必须走独立发展道路。单片机开创了嵌入式系统独立发展道路,单片机从体系结构到指令系统都是按照嵌入式应用特点专门设计的。单片机是嵌入式技术的一种,是发展最快、品种最多、数量最大的嵌入式系统。

嵌入式技术可应用在军事国防、工业控制、消费电子、信息家电、网络及电子商务等领域。

二、单片机的发展史

单片机诞生于 1971 年,经历了单片微型计算机、微控制器、单片机三个阶段。

单片微型计算机阶段简称 SCM(Single Chip Microcomputer),主要是寻求最佳的单片形态嵌入式系统的最佳体系结构,奠定了单片微型计算机与通用计算机完全不同的发展道路。早期的单片微型计算机是 4 位或 8 位的,其中应用最广泛的是 Intel 公司的 8051 系列单片机。

微控制器阶段简称 MCU(Micro Controller Unit),主要技术发展方向是为不断满足嵌入式应用,将各种外围电路与接口电路集成到芯片中,加强了微控制器的智能控制能力。最著名的生产厂家是飞利浦(Philips)公司。

单片机阶段简称 SOC(System On a Chip),是指以嵌入式系统为核心,以 IP 复用技术为基础,集软、硬件于一体,为寻求应用系统最大包容的片上系统解决方案。目前常用的 SOC 有 TI 公司的 CC253x 系列。

三、CC2530 单片机概述

美国德州仪器(简称 TI)公司是世界上最大的模拟电路技术部件制造商,全球领先的半导体跨国公司,其 MCU 产品系列多样,低功耗、高性能,无线 MCU 都有丰富的品种型号。CC253x 是该公司生产的目前应用较广的无线 MCU。

1. CC2530 单片机结构

CC2530 是用于 IEEE 802.15.4、ZigBee 和 RF4CE 应用的一个真正的片上系统解决方案的单片机。根据芯片内置闪存的不同容量,CC2530 有四种不同的型号:CC2530F32/64/128/256,编号后缀分别代表具有 32KB、64KB、128KB、256KB 的闪存。

除了 CC2530 单片机之外,CC253x 单片机系列还包括 CC2531 芯片,与 CC2530 芯片的区别在于是否提供 USB 兼容操作。

CC2530 单片机大致可以分为三个模块:CPU 和内存相关模块;外设、时钟和电源管理相关模块;无线电相关模块。图 1.4 所示为 CC2530 单片机内部结构。

(1) CPU 和内存

CC253x 系列芯片使用的 8051CPU 内核是一个单周期的 8051 兼容内核,它有三个不同的存储器访问总线(SFR、DATA 和 CODE/XDATA),以单周期访问 SFR、DATA 和主 SRAM。它还包括一个调试接口和一个扩展中断单元。

中断控制器提供了 18 个中断源,分为 6 个中断组,每组与 4 个中断优先级相关。当设备从空闲模式回到活动模式,也会发出一个中断服务请求。一些中断还可以从睡眠模式唤醒设备。

内存仲裁器位于系统中心,它通过 SFR 总线把 CPU、DMA 控制器、物理存储器与所有外设连接在一起。内存仲裁器有 4 个存取访问点,访问每一个可以映射到三个物理存储器:一个 8KB 的 SRAM、一个闪存存储器和一个 XREG/SFR 寄存器。它负责执行仲裁,并确定同时到同一个物理存储器的内存访问的顺序。

8KB SRAM 映射到 DATA 存储空间和 XDATA 存储空间的一部分。8KB SRAM

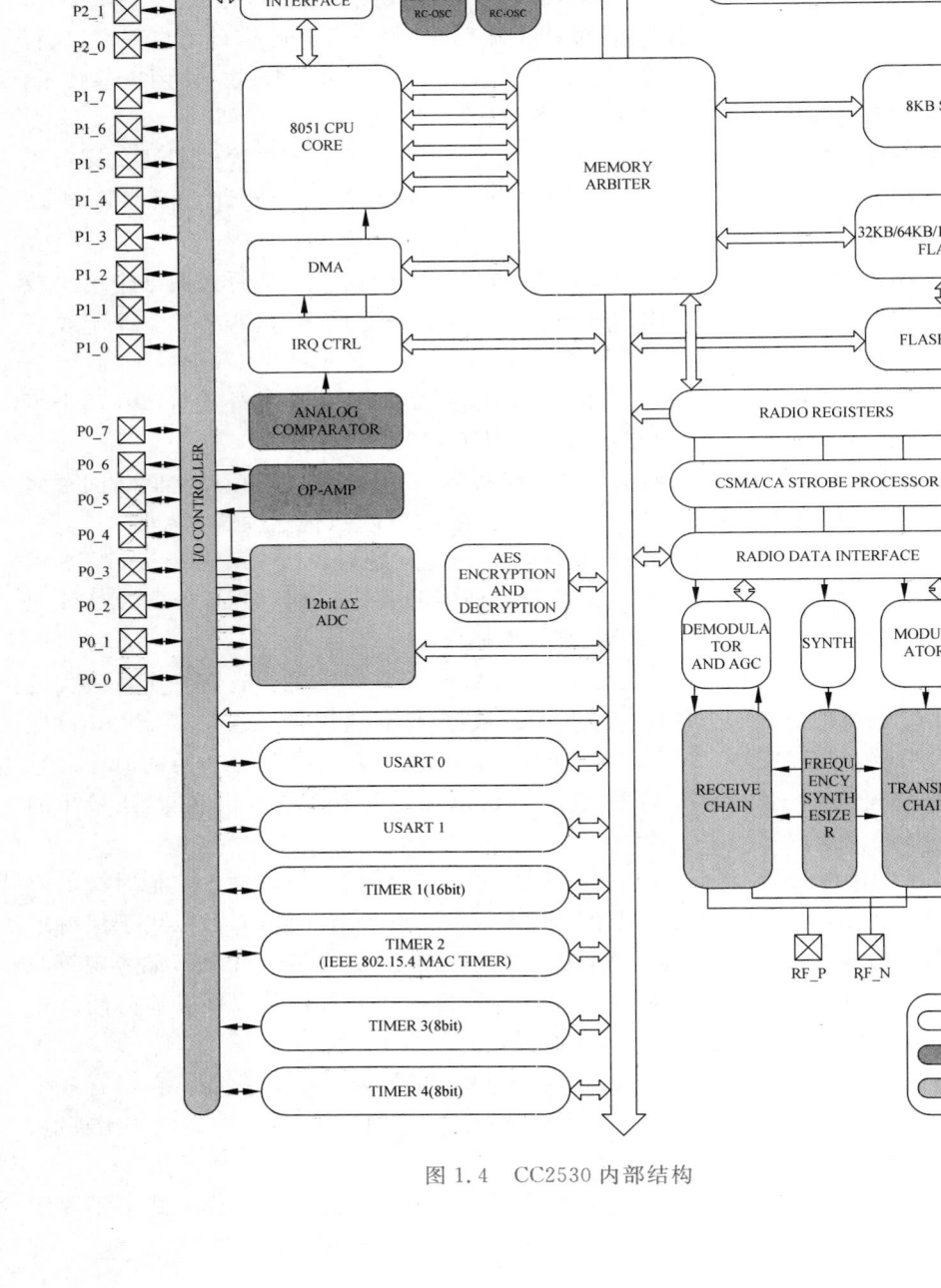

图 1.4　CC2530 内部结构

是一个超低功耗的 SRAM,当数字部分掉电时能够保留自己的内容,这对于低功耗应用是一个很重要的功能。

32KB/64KB/128KB/256KB 闪存为设备提供了可编程的非易失性程序存储器,映射到 CODE 和 XDATA 存储空间。除了保存程序代码和常量,非易失性程序存储器允许应用程序保存必须保留的数据,这样在设备重新启动之后可以使用这些数据。

(2) 外设

CC2530 单片机包括多种不同的外设,允许应用程序设计者开发先进的应用。

调试接口执行一个专有的两线串行接口通信,用于内电路调试。通过这个调试接口,可以执行整个闪存存储器的擦除、控制使能哪个振荡器、停止和开始执行用户程序、执行8051 内核提供的指令、设置代码断点,以及内核中全部指令的单步调试。使用这些技术,可以很好地执行内电路的调试和外部闪存的编程。

设备含有内存存储器以存储程序代码。闪存存储器可通过用户软件和调试接口编程。闪存控制器处理写入和擦除嵌入式闪存存储器。闪存控制器允许页面擦除和 4B 编程。

I/O 控制器负责所有通用 I/O 引脚。CPU 可以配置外设模块是否控制某个引脚或它们是否受软件控制,如果是,每个引脚配置为一个输入还是输出,是否连接一个上拉或下拉电阻。

CPU 中断可以分别在每个引脚上使能。每个连接到 I/O 引脚的外设可以在两个不同的 I/O 引脚位置之间选择,以确保在不同应用程序中的灵活性。

系统可以使用一个多功能的五通道 DMA 控制器,使用 XDATA 存储空间访问存储器,因此能够访问所有物理存储器。每个通道(触发器、优先级、传输模式、寻址模式、源、目标指针和传输计数)用 DMA 描述符在存储器任何地方配置。许多硬件外设(AES 内核、闪存控制器、USART、定时器、ADC 接口)通过使用 DMA 控制器在 SFR 或 XREG 地址和闪存/SRAM 之间进行数据传输,获得高效率操作。

定时器 1 是一个 16 位定时器,具有定时器、计数器、PWM 功能。它有一个可编程的分频器,一个 16 位周期值和 5 个各自可编程的计数器/捕获通道,每个都有一个 16 位比较值。每个计数器/捕获通道可以用作一个 PWM 输出或捕获输入信号边沿的时序。它还可以配置在 IR 产生模式,计算定时器 3 周期,输出和定时器 3 的输出相与,用最小的CPU 互动产生调制的消费型 IR 信号。

定时器 2(MAC 定时器)是专门为支持 IEEE 802.15.4MAC 或软件中其他时槽的协议设计的。该定时器有一个配置的定时器周期和一个 8 位溢出计数器,可以用于保持跟踪已经经过的周期数。一个 16 位捕获寄存器也用于记录接收/发送一个帧开始界定符的精确时间,或传输结束的精确时间,还有一个 16 位输出比较寄存器可以在具体时间产生不同的选通命令(开始 Rx、开始 Tx 等)到无线模块。

定时器 3 和定时器 4 是 8 位定时器,具有定时器、计数器、PWM 功能。它们有一个可编程的分频器,一个 8 位的周期值,一个可编程的计数器通道,具有一个 8 位的比较值。每个计数器通道可以用作一个 PWM 输出。

睡眠定时器是一个超低功耗的定时器,在除了供电模式 3 的所有工作模式下不断运行。典型应用是作为实时计数器,或作为一个唤醒定时器跳出供电模式1或模式2。

ADC 支持 7～12 位分辨率,分别在 30kHz 或 4kHz 的带宽。DC 和音频转换可以使用高达 8 个输入通道(端口 0)。输入可以选择作为单端或差分。参考电压可以是内部电压、AVDD 是一个单端或差分外部信号。ADC 还有一个温度传感输入通道。ADC 可以自动执行定期抽样或转换通道序列的程序。

随机数发生器使用一个 16 位 LFSR 来产生伪随机数,该随机数可以被 CPU 读取或由选通命令处理器直接使用。例如,随机数可以用作产生随机密钥,用于安全。

AES 协处理器允许用户使用带有 128 位密钥的 AWS 算法加密和解密数据。这一内核能够支持 IEEE 802.15.4MAC 安全、ZigBee 网络层和应用层要求的 AES 操作。

一个内置的看门狗允许设备在固件挂起时复位自身。当看门狗定时器由软件使能,它必须定期清除;否则,超时它就复位设备。或者它可以配置用作一个通用 32kHz 定时器。

USART0 和 USART1 每个被配置为一个 SPI 主/从或一个 UART。它们为 RX 和 TX 提供了双缓冲,以及硬件流控制,因此非常适合于高吞吐量的全双工应用。每个都有自己的高精度波特率发生器,因此可以使普通定时器空闲出来用作其他用途。

(3)时钟和电源管理

数字内核和外设由一个 1.8V 低差稳压器供电,具有电源管理功能,可以实现使用不同供电模式来延长电池寿命。

(4)无线电相关

CC253x 系列提供了一个 IEEE 802.15.4 兼容无线收发器,RF 内核控制模拟无线模块。另外,它提供了 MCU 和无线设备之间的一个接口,这使可以发出信不信、读取状态、自动操作和确定无线设备事件的顺序。无线设备还包括一个数据包过滤和地址识别模块。

2. CC2530 单片机引脚

CC2530 单片机采用 QFN-40 封装,有 40 个引脚,可分为 I/O 引脚、电源引脚和控制引脚,如图 1.5 所示。

(1)I/O 端口引脚功能

CC2530 单片机有 21 个数字输入/输出引脚,可以配置为通用数字 I/O 引脚或外设 I/O 引脚,即配置为 CC2530 内部 ADC、定时器或 USART 的 I/O 引脚。具体由用户在程序中设置特殊功能寄存器(SFR)来实现。

此外,I/O 端口具备以下重要特性:输入时具备上拉或下拉能力;所有 I/O 口具有外部中断能力,这些外部中断可以唤醒休眠模式。

(2)电源引脚功能

AVDD1～AVDD6 为模拟电路提供 2.0～3.6V 工作电压。

DVDD1～DVDD2 为 I/O 口提供 2.0～3.6V 电压。

DCOUPL 提供 1.8V 的去耦电压,此电压不为外电路使用。

(3)控制引脚功能

XOSC_Q1:接 32MHz 外部晶振引脚 1。

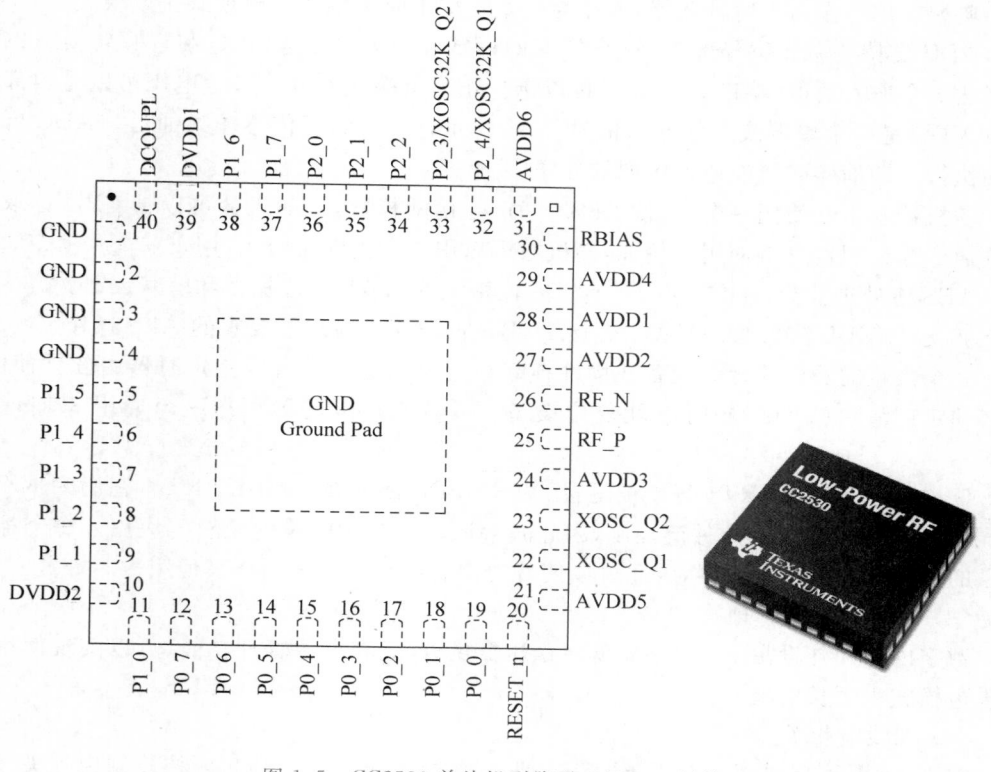

图 1.5　CC2530 单片机引脚及 QFN-40 封装

XOSC_Q2：接 32MHz 外部晶振引脚 2。

RF_N：RX 期间负 RF 输入信号到 LNA。

RF_P：RX 期间正 RF 输入信号到 LNA。

RESET_n：外部复位引脚，输入低电平有效，将 MCU 复位，此时，MCU 被初始化为默认状态。

RBIAS：为参考电流提供精确的偏置电阻。

3. CC2530 的增强型 8051 内核

CC2530 包含一个"增强型"工业标准的 8051 微控制器内核，使用标准的 8051 指令集。因为以下指令执行比标准的 8051 更快：

- 每个指令周期是一个时钟，而标准的 8051 每个指令周期是 12 个时钟；
- 消除了总线状态的浪费。

CC2530 的"增强型 8051"内核的对象代码兼容"标准 8051"微控制器，即对象代码可以使用"标准 8051"的编译器或汇编器编译。因为"增强型 8051"内核使用了不同于其他8051 类型的一个指令时序，所以两者编译时略有不同。如"标准 8051"微控制器包含的外设单元指令代码在"增强型 8051"上不能正确运行。

（1）复位

CC2530 有 5 个复位源。以下事件产生复位：

- 强制 RESET_N 输入引脚为低；
- 上电复位条件；
- 布朗输出复位条件；
- 看门狗定时器复位条件；
- 时钟丢失复位条件。

复位之后初始条件如下：

- I/O 引脚配置为带上拉的输入(P1.0 和 P1.1 是输入,但是没有上拉/下拉)；
- CPU 程序计数器装在 0x0000,程序执行从这个地址开始；
- 所有外设寄存器初始化为各自复位值；
- 看门狗定时器禁用；
- 时钟丢失探测器禁用。

（2）存储器

① 物理存储器。CC2530 有三个物理存储器：闪存程序存储器、SRAM 和存储映射存储器。

② 存储空间。CC2530 的 8051CPU 有 4 个不同的存储空间。8051 有单独的存储空间用于程序存储和数据存储。8051 存储空间如下。

CODE 为程序存储器,是一个只读的存储空间,用于存储程序代码和一些常量,寻址空间为 0x0000~0xFFFF,即存储空间地址是 64KB。

DATA 为数据存储器,是一个可读/写的数据存储空间,用于存放程序运行过程中的数据,寻址空间为 0x00~0xff,即存储空间地址是 256B。其中较低的 128B 可以直接或间接寻址,较高的 128B 只能间接寻址。

XDATA 为外部数据存储器,是一个可读/写的数据存储空间,主要用于 DMA 寻址。与 CODE 共用地址总线,因此寻址空间为 0x0000~0xFFFF,即存储空间地址是 64KB,只能进行间接寻址,而且访问 XDATA 存储器慢于访问 DATA 存储器。

SFR 为特殊功能寄存器,是一个可读/写的寄存器存储空间,可以直接被一个 CPU指令访问。这一存储空间含 128B。对于地址是被 8 整除的 SFR 寄存器,每一位还可以单独寻址。

③ 存储器的映射。映射就是将 CC2530 的物理存储器映射到其存储空间上。8KB SRAM 映射到 DATA 存储空间和 XDATA 存储空间的一部分。32KB/64KB/128KB/256KB 闪存程序存储器映射到 CODE 和 XDATA 存储空间。

四、通用 I/O 端口

CC2530 单片机有 21 个数字 I/O 引脚,可以配置为通用数字 I/O 引脚或外设 I/O 引脚,当用作通用 I/O 端口时,P0 和 P1 口是完整的 8 位 I/O 端口,P2 只有 5 位可以使用。其中,P1.0 和 P1.1 有 20mA 的输出驱动能力,其他 I/O 引脚具备 4mA 的驱动能力。所有 I/O 口均可以通过 SFR 寄存器 P0、P1 和 P2 进行位寻址和字节寻址。

1. 配置寄存器 PxSEL

寄存器 PxSEL(其中 x 为端口标号 0~2)用来设置端口每个引脚为通用 I/O 或者是外部设备 I/O。复位后,所有的数字输入/输出引脚都设置为通用输入引脚,寄存器 P0SEL 配置见表 1.1。

表 1.1　P0SEL(0xF3)——端口 0 功能选择寄存器

位	名称	复位	R/W	描　述
7:0	SELP0_[7:0]	0x00	R/W	P0.7 到 P0.0 功能选择 0:通用 I/O　　　1:外设功能

2. 配置寄存器 PxDIR

寄存器 PxDIR 用来设置每个端口引脚为输入或输出。只要设置 PxDIR 中的指定位为 1,其对应的引脚口就被设置为输出,寄存器 P0DIR 见表 1.2。

表 1.2　P0DIR(0xFD)——端口 0 方向选择寄存器

位	名称	复位	R/W	描　述
7:0	DIRP0_[7:0]	0x00	R/W	P0.7 到 P0.0 的 I/O 方向 0:输入　　　1:输出

3. 配置寄存器 PxINP

寄存器 PxINP 用作输入时,通用 I/O 端口引脚可以设置为上拉、下拉或三态操作模式。复位后,所有的端口均设置为带上拉的输入。要取消输入的上拉或下拉功能,就要将寄存器 PxINP 中的对应位设置为 1。I/O 端口引脚 P1.0 和 P1.1 没有上拉或下拉功能。注意任何一个 I/O 引脚配置为外设 I/O 引脚便没有上拉或下拉功能,即使外设功能是一个输入。寄存器 PxINP 见表 1.3~表 1.5。

表 1.3　P0INP(0xF6)——端口 0 输入模式选择寄存器

位	名称	复位	R/W	描　述
7:0	MDP0_[7:0]	0x00	R/W	P0.7 到 P0.0 的 I/O 输入模式 0:上拉/下拉　　　1:三态

表 1.4　P1INP(0xF6)——端口 1 输入模式选择寄存器

位	名称	复位	R/W	描　述
7:2	MDP1_[7:2]	0x00	R/W	P1.7 到 P1.2 的 I/O 输入模式 0:上拉/下拉　　　1:三态
1:0	—	00	R0	不使用

表 1.5　P2INP(0xF7)——端口 2 输入模式选择寄存器

位	名称	复位	R/W	描　述
7	PDUP2	0	R/W	端口 2 上拉/下拉选择。对所有端口 2 引脚设置为上拉/下拉输入。 0：上拉　　1：下拉
6	PDUP1	0	R/W	端口 1 上拉/下拉选择。对所有端口 1 引脚设置为上拉/下拉输入。 0：上拉　　　1：下拉
5	PDUP0	0	R/W	端口 0 上拉/下拉选择。对所有端口 0 引脚设置为上拉/下拉输入。 0：上拉　　　1：下拉
4:0	MDP2_[4:0]	00000	R/W	P2.4 到 P2.0 的 I/O 输入模式。 0：上拉/下拉　　　1：三态

举例：

```
PODIR | = 0x01;  //设置 P0_0 为输出
```

任务实施

一、硬件设计

为了便于设备的维护与扩展,将该任务硬件分为两个部分,即 CC2530 核心板、项目扩展板。核心板就是 CC2530 最小系统板,扩展板上预留有核心板的接口插座。

1. CC2530 核心板设计

CC2530 核心板原理图参照 TI 公司给出的 CC2530 使用手册中的方案来设计,如图 1.6 所示。Q1 为核心板接口插座,通过这个插座和扩展板相连。

(1) CC2530 引脚 10、21、24、27、28、29、31 和 39 需要接 3.0～3.6V 电源。

(2) 引脚 1、2、3 和 4 需接地。

(3) 引脚 30 需要连接提供基准电流的 56kΩ 的电阻。

(4) 引脚 40 接 1μF 的退耦电容,为 1.8V 数字供电退耦。

(5) 引脚 32、33 接 32MHz 晶振,引脚 22、23 接 32.768kHz 时钟晶振。

2. 扩展板设计

扩展板包括电源模块电路、复位电路、仿真器下载调试程序的接口电路、4 个 LED 灯电路、核心板接口插座。

（1）电源模块电路

电源模块电路采用外部 5V 电源供电,通过电源适配器与电源接口相连,由扩展板上的电源转换模块转换为 3.3V 电压为整个电路板供电。电源部分原理图如图 1.7 所示。其中 J1 为电源接口,输出 5V 电源,SWITCH 为开关,5V 电压经过电压转换电路将其转换成 3.3V 电压为整个电路板供电。

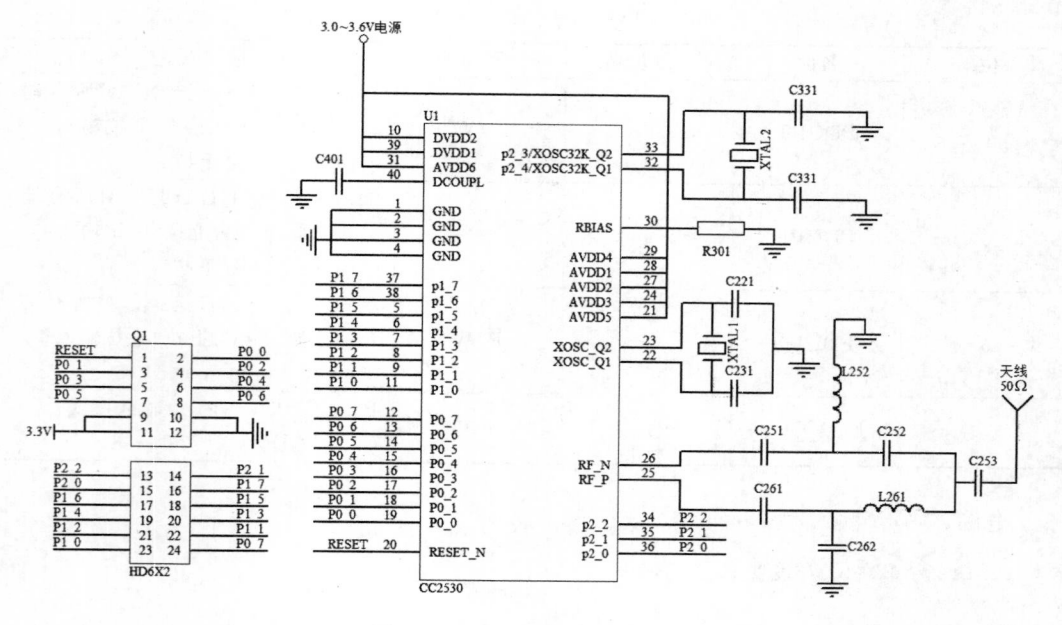

图 1.6　CC2530 核心板原理图

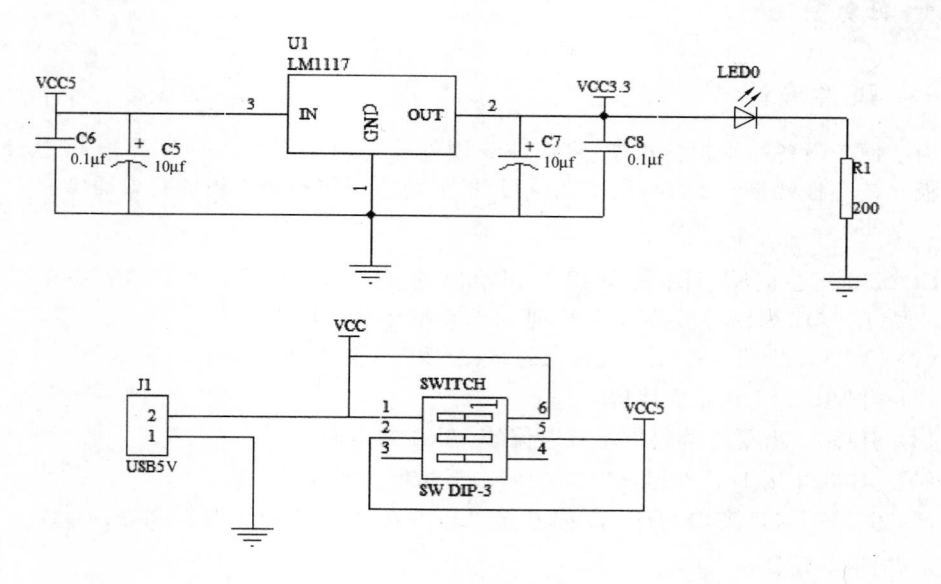

图 1.7　电源部分原理图

电压转换电路采用 LM1117 3.3V 的电压转换芯片,其中 C5 为输入旁路电容,C7 为输出旁路电容,建议用钽电容。

LM1117 芯片是一个低压差电压调节器,提供 5 个固定电压输出(1.8V、2.5V、2.85V、3.3V 和 5V)的型号,还有可调电压的型号,通过 2 个外部电阻可实现 1.25～13.8V 输出电压范围,输出电流可达 800mA。封装形式有多种,本系统中选用的是 SOT-223 封装,如图 1.8 所示。

（2）复位电路

手动按键复位电路原理图如图 1.9 所示。复位端经过电阻接 3.3V,通过电容接地,按键 S1 一端接 CC2530 的 RESET 引脚,另一端接地,RESET 引脚是低电平复位,所以该电路可以上电后按下 S1 键完成系统的复位。

（3）JPDEBUG 接口

JPDEBUG 接口是连接仿真器下载调试程序的接口,其原理图如图 1.10 所示。根据 CC2530 数据手册,P2_1、P2_2 为调试接口,所以引脚 3 接 P2_2,引脚 4 接 P2_1,引脚 1 接地,引脚 2 接电源,引脚 7 接 CC2530 的 RESET 引脚。

图 1.8　LM1117 封装

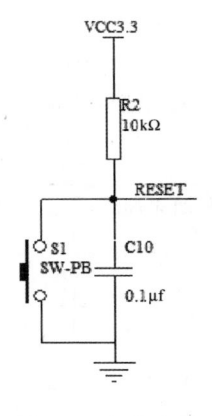
图 1.9　复位电路

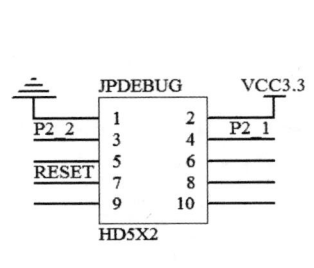
图 1.10　JPDEBUG 接口

（4）LED 电路

4 个 LED 灯分别接 CC2530 的 P0_0、P0_1、P0_2、P0_3,如图 1.11 所示。LED 灯实际上是一个发光二极管,由于发光二极管具有单向导电特性,即只有在正向电压时才能导通发光,单片机输出引脚 P0_0 接发光二极管（LED1）的负极,所以 P0_0 引脚输出低电平 LED1 点亮,P0_0 引脚输出高电平 LED1 熄灭,为了避免使流过 LED 管的电流太大而烧坏 LED 管和单片机,需在电源经 LED 到单片机引脚的电路上串入一个限流电阻。同理,其他三个引脚 P0_1～P0_3 也按此连接。

LED 的封装形式多样,常见的有直插式封装和贴片式封装。直插式封装两条引脚中较长的一条是正极,靠近负极的塑封边缘有一个被切平的标记,可用来识别已剪脚元件的引脚。贴片式封装又有不同的封装尺寸,如常用的 0805、0603 等封装尺寸,在这些封装底部有"T"字形或倒三角形符号,"T"字一横的一边是正极,三角形符号的"边"靠近正极,"角"靠近的是负极。

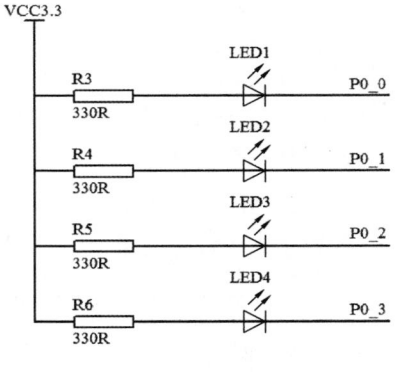
图 1.11　LED 电路

二、绘制原理图及设计 PCB

在计算机中新建一个项目文件夹,命名为"自动窗帘控制系统硬件电路",以后本项目创建的电路设计文件都保存在该文件夹下。打开 protel 99SE 软件,新建一个项目,项目名为"自动窗帘控制系统",双击"Documents"文件夹图标,在空白处右击鼠标,选择新建一个原理图文件,文件名为"自动窗帘控制系统.Sch",并保存。按照同样的方法再新建一个原理图库文件、PCB 文件和 PCB 库文件,分别命名为"自制原理图元件库.Lib""自动窗帘控制系统.Pcb"和"自制 PCB 元件库.Lib"。

1. 绘制原理图

在设计制作流水灯任务中,扩展板主要用到电源插座、5V 转 3V 电路、复位电路、调试电路、调试器接口、核心板接口、流水灯组成,所需元件见表 1.6。

表 1.6　流水灯任务所需元件清单

功能电路	元件标号	元件名称	原理图元件库	元件注释	封装	PCB 元件封装库
电源插座	J1	CON2	Miscellaneous Devices. Lib	USB5V	DYCK	
5V 转 3V 电路	U1	LM1117-3.3	自制原理图元件库. Lib	LM1117	LM1117-3.3	自制 PCB 元件库. Lib
	SWITCH	SW DIP-3		SW DIP-3	SWITCH	
	C5、C7	CAPACITOR POL		10μF	CAP	
	LED0	LED			0805-LED	
	C6、C8	CAP	Miscellaneous Devices. Lib	0.1μF	0805	
	R1	RES2		200Ω	0805	PCB Footprints. Lib
复位电路	R2	RES2		10KB	0805	
	RS	SW-PB		SW-PB	KEY	自制 PCB 元件库. Lib
	C10	CAP		0.1μF	0805	PCB Footprints. Lib
调试器接口	JPDEBUG	HD5X2	自制原理图元件库. Lib	HD5X2	IDC10	自制 PCB 元件库. Lib
核心板接口	DIP24	HD6X2		HD6X2	CC2530	
流水灯	LED1	LED1			0805-LED	
	R3	RES2	Miscellaneous Devices. Lib	330Ω	0805	

双击以上创建的"自动窗帘控制系统.Sch"原理图文件,选择菜单命令"Design"→"Options",设置图纸相应属性,在"Sheet Options"选项卡中,"Standard Style"纸张类型选择"A4"纸,其他保持默认设置。由于 Protel 99SE 原理图元件库中没提供 LM1117 芯片、调试器接口、核心板接口等元件,因此要根据这些元件的引脚创建原理图元件。

（1）创建原理图元件

双击"自制原理图元件库.Lib"文件，出现原理图库元件编辑区，如图1.12所示。

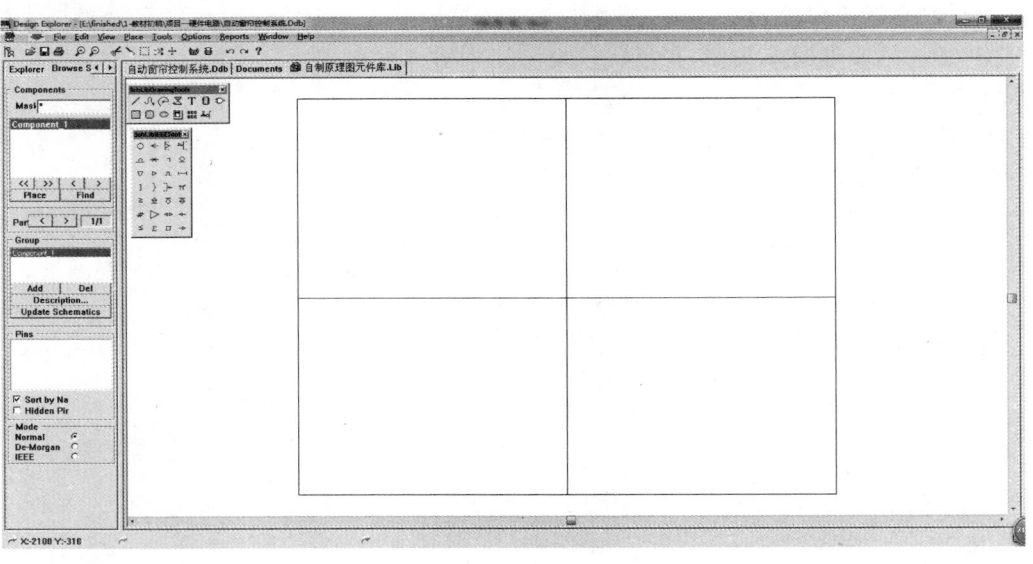

图1.12 原理图库元件编辑区

选择"Tools"→"New Component"，在弹出的对话框中输入元件名称"LM1117"，然后单击"OK"按钮。选择"Edit"→"Jump"→"Origin"命令，或者按Ctrl＋Home组合键，将光标定位到编辑区的原点位置。

选择"Place"→"Rectangle"菜单命令，移动鼠标，此时出现一个矩形框跟着鼠标光标移动，单击，然后拖动鼠标到合适的位置再单击，绘制一个直角矩形。

选择"Place"→"Pins"菜单命令，对照图1.8所示LM1117封装在矩形区域放3个引脚，引脚放置过程中，可按Space键旋转引脚的角度。

引脚放置完成后，需要修改其属性。双击引脚，在弹出的Pin对话框中输入其相应属性，如图1.13所示。对照图1.8，将三个引脚属性修改好，LM1117元件如图1.14所示。

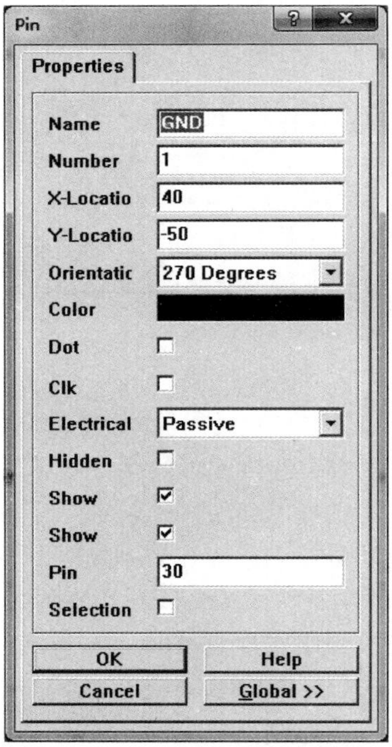

最后在SCH Library工作面板中双击"Description"按钮，在弹出的对话框中，将Default属性设置为"U?"，其中"?"表示标识号可以自动递增，在元件描述"Descriptions"属性设置为"LM1117"。单击"OK"按钮，LM1117原理图库元件创建结束。

用同样的方法可以创建调试器接口、核心板接口、

图1.13 Pin对话框

按键等原理图库元件。

（2）放置元件

双击"自动窗帘控制系统.Sch"文件，在 Browse Sch 面板中选择相关的原理图库文件，在"Filte"过滤栏中输入元件名称，再单击相应元件，并移动鼠标，将表 1.6 所示元件放置在原理图编辑区，最后双击元件，将名称等相应属性修改过来，元件布局即完成，如图 1.15 所示。

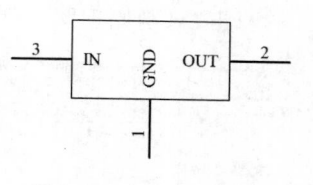

图 1.14　LM1117 元件

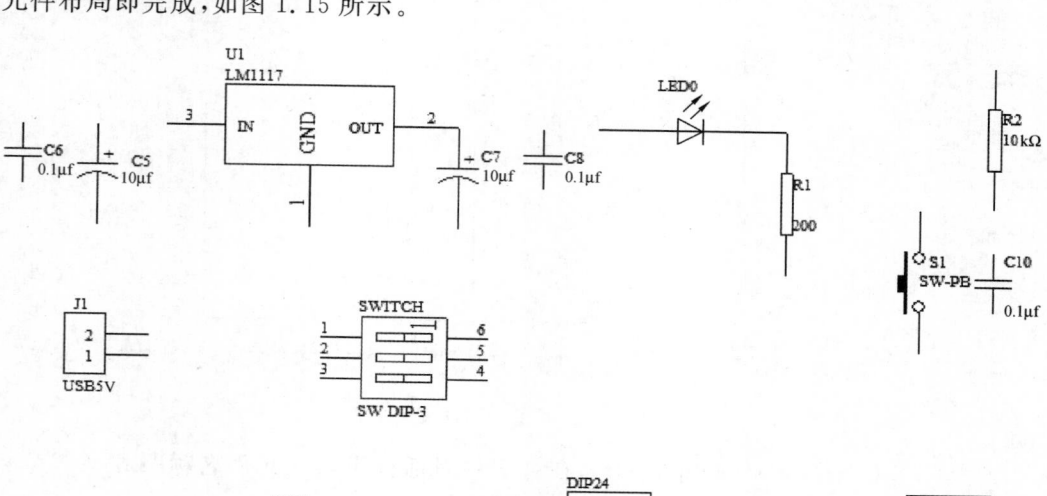

图 1.15　元件布局

（3）连接元件

选择"Place"→"Wire"菜单命令，移动鼠标到需要连接导线的起点位置，单击鼠标，并拖动鼠标到终点位置，单击鼠标，完成一根线的设置，同样的方法完成其他线的设置。选择"Place"→"Net Label"菜单命令，放置网络标号，然后双击网络标号，在弹出的对话框中修改网络属性，如图 1.16 所示，将网络标签改为 P0_0。

（4）ERC 检查及生成网络表

在绘制电路图过程中，可能会出现一些人为错误。有些错误可以忽略，有些错误却是致命的。如 VCC 和 GND 短路。Protel 软件提供了对电路的 ERC 检查，利用软件测试用户设计的电路,以便找出这些错误。

选择"Tools"→"ERC"菜单命令,系统弹出"Setup Electrical Rule Check"对话框,设置完毕单击"OK"按钮,进行 ERC 检查。

ERC 检查没有错误后,便可以生成原理图的网络表。网络表是表示电路原理图或印制电路板元件连接关系的文本文件。它是连接原理图和电路板图的桥梁。网络表的主文件名和电路图的主文件名相同,扩展名为. Net。

在原理图界面中,选择"Design"→"Create Netlist"菜单命令,在弹出对话框中单击"OK"按钮,生成当前项目的网络表文件"自动窗帘控制系统. Net"。

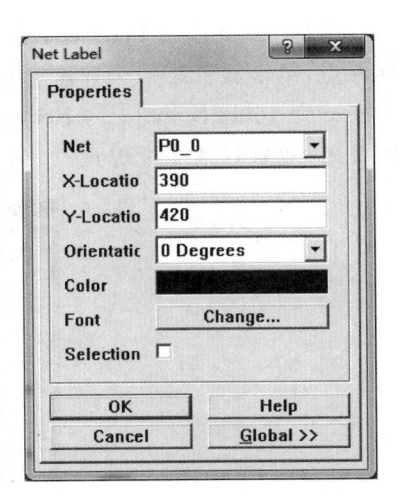

图 1.16　修改网络标签

2. 设计 PCB

生成了原理图的网络表文件后,接下来就可以设计 PCB。设计 PCB 一般有三个步骤:创建 PCB 库元件(如果所有元件 PCB 库中都能提供则可以省略这一步)、装入网络表和元件、自动布局和布线。由于本任务中元件较少,所以整个项目只设计了一块 PCB。因此只介绍如何创建 PCB 库元件。

由于 Protel 99SE PCB 元件库中没有提供 LM1117 芯片、带自锁功能按键、调试器接口、核心板接口等元件,因此要根据这些元件的实际尺寸画出该元件的封装图形。

双击打开"自制 PCB 元件库. Lib"文件,出现 PCB 库元件编辑区,如图 1.17 所示。

图 1.17　PCB 库元件编辑区

选择"Tools"→"Pad"菜单命令,光标变成十字形,并带有一个焊盘。移动光标到坐标原点,单击放置第一个焊盘。双击焊盘,在弹出的"Pad"对话框中设置 X-Size 为 60mil,Y-Size 为 100mil,Shape 为 Rectangle,Designator 的值为 1,如图 1.18 所示。按照焊盘间距要求,放置其他 2 个焊盘,如图 1.19 所示。

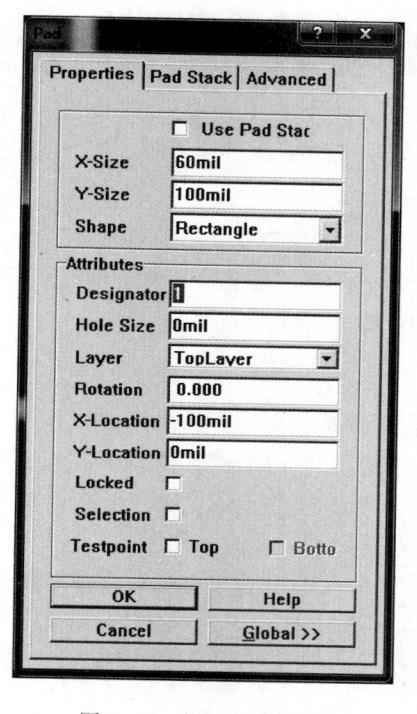

图 1.18 修改焊盘参数

接下来绘制外形轮廓。将工作层切换到顶层丝印层,即 TopOverLay 层,选择"Place"→"Track"菜单命令,绘制元件的边框,完成绘制外形轮廓的元件封装的效果如图 1.20 所示,右击左边 Components 面板区的元件名,重命名为 LM1117-3.3,并保存。

按以上方法绘制其他元件 PCB 库元件。

图 1.19 完成焊盘放置的元件封装

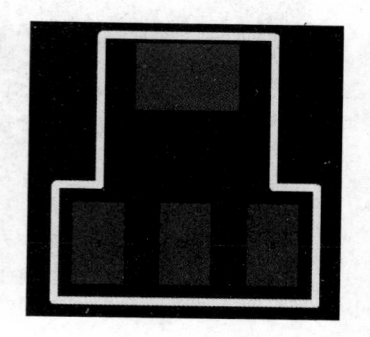

图 1.20 完成绘制外形轮廓的元件封装

三、焊接电路板

1. 基本工具和材料

完成焊接工作需要使用的基本工具如图 1.21 所示。数字万用表通常用来检测元件和电路；镊子在焊接时用来夹住小的元件；电烙铁用来焊接元件；吸锡器在拆卸元件时用来吸收锡液。

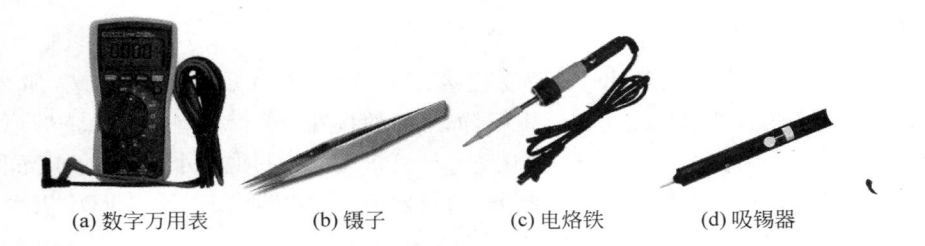

(a) 数字万用表   (b) 镊子   (c) 电烙铁   (d) 吸锡器

图 1.21 焊接用的基本工具

准备表 1.6 所示的元件和制作 PCB 电路板，如图 1.22 所示。

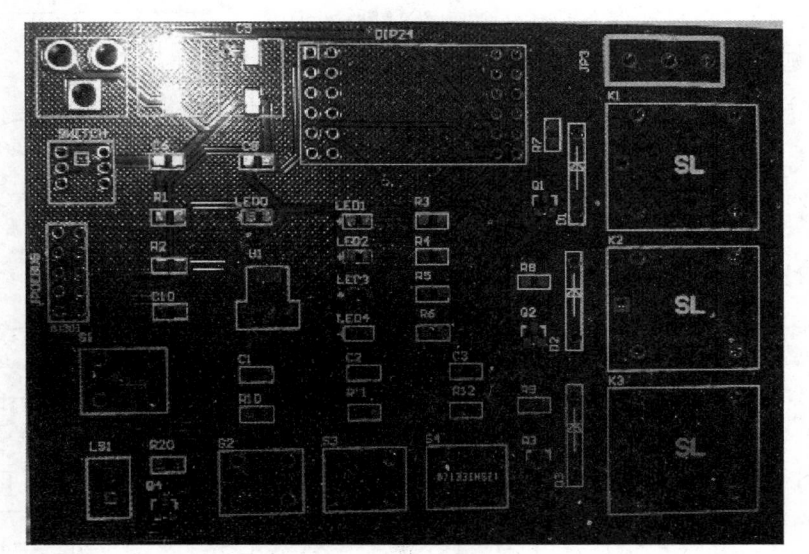

图 1.22 项目 1 任务 1 焊接前

2. 实际操作

（1）检测发光二极管

利用发光二极管的特性，可以用数字万用表的二极管检测挡位，检测其性能或判别引脚极性，给其加正向电压时二极管点亮，加反向电压时二极管不发光。

（2）焊接电路板

本任务要求将表 1.6 所示的元件焊接到扩展板 PCB 对应位置，焊接时应遵循"先低后高、先内后外、先耐热后不耐热"的顺序焊接。

（3）检查焊接质量

首先观察焊点和元件，检查有无漏焊、连焊或虚焊，对肉眼观察不能确定的焊点，则应用放大镜观察或用万用表检测，对确有问题的焊点要进行补焊。

将硬件电路按设计好的电路原理图和 PCB 焊接元件后，把 CC2530 核心板和扩展板通过 Q1 插座连接，CC2530 写入器一端接扩展板的 JPDEBUG，另一端接计算机的 USB 接口，完成配置后，下面就可以编写程序。

四、软件设计

从硬件连接图中可以看出，如果要让接在 P0_0 口的 LED1 灯亮起来，那么只要把 P0_0 口的电平变为低电平就可以；相反，如果要使接在 P0_0 端口的 LED1 灯熄灭，只需把 P0_0 的电平变为高电平。同理，接在 P0_1～P0_3 口的其他 3 个 LED 灯点亮和熄灭的方法同 LED1，因此要实现流水灯的功能，只要将发光二极管 LED1～LED4 依次点亮、熄灭，4 只 LED 便会一亮一暗地工作。

要特别说明的是，由于人眼的视觉暂留以及单片机执行每条指令的时间很短，在控制二极管亮灭时应该延时一段时间，即亮的时候，让它亮一段时间，然后再熄灭，再延时一段时间再亮一下二极管。

1. 程序流程图

根据以上分析，选用 P0 端口的 4 个引脚 P0_0～P0_3 作为输出引脚，1 只引脚控制 1 只 LED 灯。设置 P0_0 脚为低电平，使第 1 只 LED 灯点亮，并延时一段时间，然后设置 P0_1 脚为低电平，使第 2 只 LED 灯点亮，并延时一段时间，以此方法设置直到第 4 只 LED 灯点亮，然后再设置 P0_0～P0_3 4 个脚全为高电平，使 4 只 LED 灯全熄灭，这一过程就完成了流水灯从第 1 只灯到第 4 只灯的轮流点亮再一起熄灭。流水灯程序流程如图 1.23 所示。

2. 编写流水灯程序

CC2530 编程风格与基于普通的 8051 的 C 语言编程风格相同。程序包括头文件、初始化函数、主函数及其他中断函数。4 个 LED 灯轮流点亮程序如下。

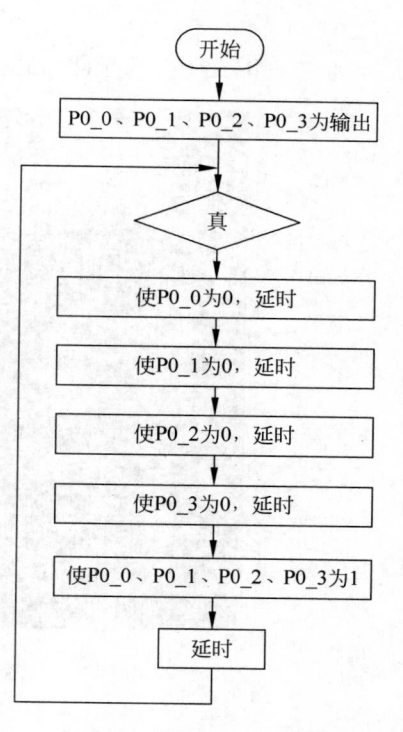

图 1.23　流水灯程序流程

本书程序可以登录清华大学出版社网站 http://www.tup.com.cn 免费下载，也可发送电子邮件至 63736425@qq.com 免费索取。

```
// ************************************************** //
//文件名称：led_1.c
//功能：LED 流水灯
//描述：操作 I/O 口控制 4 个 LED 灯顺序点亮与熄灭
// ************************************************** //
```

```
#include < ioCC2530.h>
void delay(void);
#define LED1 P0_0        //将 P0.0 定义为宏
#define LED2 P0_1        //将 P0.1 定义为宏
#define LED3 P0_2        //将 P0.2 定义为宏
#define LED4 P0_3        //将 P0.3 定义为宏
// ******************************************* //
//名称: InitLed()
//功能:设置 LED 灯相应的 I/O 口
//入口参数:无
//出口参数:无
// ******************************************* //
void InitLed(void)
{
  P0DIR | = 0x0f;        //设置 P0_0、P0_1、P0_2、P0_3 为输出
}
// ******************************************* //
//名称: main()
//功能:控制 4 个 LED 轮流点亮
//输入参数:无
//返回参数:无
// ******************************************* //
void main( void )
{
  unsigned char k,m;
  InitLed();
  while(1)              //循环
  {
      LED0 = 0;         //显示字送 P0 口
      Delay();          //延时
      LED1 = 0;
      Delay();          //延时
      LED2 = 0;
      Delay();          //延时
      LED3 = 0;
      Delay();          //延时
      LED0 = 1;         //熄灭 4 个灯
      LED1 = 1;
      LED2 = 1;
      LED3 = 1;
      Delay();          //延时
  }
}

// *********************************
//功能:实现软件延时
//入口参数:无
//出口参数:无
// *********************************
void Delay(void)
{
  unsigned int i;
  unsigned char j;
```

```
    for(i = 0;i < 1000;i++)
    {
      for(j = 0;j < 200;j++)
      {
        asm("NOP");
        asm("NOP");
        asm("NOP");
      }
    }
}
```

程序说明：

以. h 结尾的文件为头文件，头文件中一般定义程序需要的变量或函数的声明等。一般头文件在源程序开始用包含命令"♯include"包含在源程序中。头文件有两类，一类是为芯片专门定义的，还有一类用户自定义的头文件。上面程序中的头文件"ioCC2530. h"就是 CC2530 芯片自带的头文件，包含 CC2530 芯片内部寄存器以及存储器的访问地址、芯片引脚和中断向量的定义。所以基于 CC2530 编程中，必须在源程序一开始将头文件"ioCC2530. h"包含到源程序中。

根据硬件原理图，发光二极管 LED 连接 P0_0、P0_1、P0_2、P0_3 4 个口，程序中将 4 个口作了宏定义。如♯define LED1 P0_0 语句，将 P0_0 设置为宏，在以后使用 P0_0 的地方就可以用 LED1 来替代，若实际应用中将 LED1 接到其他接口，程序设计中也只要将这句话中的 P0_0 改成新的接口就可以，方便程序的移植。

在项目工程中为了增强程序的可移植性和可维护性，一般将一些初始化配置写入一个函数中，称为初始化函数。一个项目工程中可以有多个初始化函数，如中断初始化函数、串口初始化函数、定时器初始化函数等。本例中 InitLed() 函数是 LED 接口初始化函数，用来配置 LED 对应接口寄存器信息。P0DIR ｜= 0x0f; 语句设置了 P0 口方向寄存器的第 0 位、第 1 位、第 2 位、第 3 位为 1，即将 P0_0、P0_1、P0_2、P0_3 引脚设置为输出。

Delay() 函数通过多次执行 NOP 指令完成延时功能。NOP 指令是一条空指令，执行该指令时只是占用一条指令的执行时间，但是什么也不做。单片机编程中经常把 NOP 指令作为循环体，用于消耗 CPU 时间，实现延时的目的，通常把这种延时称为软件延时。

与普通的 C 语言一样，CC2530 程序中将 main() 函数作为程序的入口函数，即主函数。当程序比较大时，在主函数中一般不直接编写与程序相关算法，而是调用其他子函数来实现程序的功能，使函数看起来简单明了且易于程序的维护。本例中主函数中调用了 LED 初始化函数和延时函数，实现控制 4 个 LED 灯循环显示的功能。

分析以上程序，延时程序的延时时间是固定的，可以将延时程序作如下修改。

```
// ***************************** //
//名称: delay_ms()
//功能: 毫秒为单位延时
//入口参数: ms
//出口参数: 无
// ***************************** //
```

```
void delay_ms(unsigned int ms)
{
  unsigned int i,j;
  for(i = 0;i < ms;i++)
  {
    for(j = 0;j < 500;j++);
  }
}
```

主程序中只要将调用延时函数语句改为 delay_ms(500),则每执行一次 delay_ms (500);语句,就可约延时 0.5s。

通过阅读以上程序,发现很多重复的语句,其实这是最没效率的写法,但是它的优点是比较容易理解,也很直观。下面可以优化程序,让程序更简洁、短小些。

P0 端口是一个 8 位的寄存器,其实只用到它的低 4 位,即 P0_0、P0_1、P0_2、P0_3,如果给寄存器 P0 口赋二进制值(11111110)$_2$,就表示一次性给 P0 口的第 0 位送了低电平,其他 7 位引脚置了高电平,实现了第 1 只 LED 灯亮,其他灯灭。根据这个原理,要实现流水灯,只需每隔一段时间,给 P0 口寄存器赋二进制值(11111110)$_2$、(11111101)$_2$、(11111011)$_2$、(11110111)$_2$。按此思路,可以将程序优化如下:

```
// ************************************************ //
//文件名称: led_2.c
//功能: LED 流水灯
//描述: 操作 I/O 口控制 4 个 LED 灯顺序点亮与熄灭
// ************************************************ //
# include < ioCC2530.h>
void delay(void);
# include < ioCC2530.h>
void delay(void);
void main( void )
{    unsigned char k,m;
     InitLed();
     while(1)           //循环
     {
       m = 0xfe;        //显示字初值为 0xfe
       for(k = 0;k < 4;k++)
       {
         P0 = m;        //显示字送 P0 口
         Delay();       //延时
         m << = 1;      //显示字左移一位
       }
       P0 |= 0x0f;      //熄灭 4 个灯
       Delay();         //延时
     }
}
```

其中 InitLed()函数和 Delay()函数前面已有叙述。

软件算法理解了,接下来就可以进行软硬件联调。

五、软硬件联调

单片机系统的硬件调试和软件调试是不能分开的,许多硬件错误是在软件调试过程中被发现并纠正的。通常可以先排除硬件明显错误,再和软件结合起来调试以进一步排除故障。

电路板焊接完成后,已经静态检查了电路板质量,接下来可以使用万用表等测试仪器,检查电路中各器件及引脚是否连接正确,是否有短路故障。没有问题后,就可以开始软硬件联调。

软硬件联调要用到 CC2530 的软件开发平台 IAR Embedded Workbench(简称 IAR 或 EW)软件。

IAR 的 C/C++ 交叉编译器和调试器是完整且容易使用的嵌入式应用开发工具,对不同的微处理器提供不同的版本,且提供一样直观的用户界面。IAR 包括嵌入式 C/C++ 优化编译器、汇编器、连接定位器、库管理员、项目管理器和 C-SPY 调试器。使用 IAR 编译器可以节省硬件资源,最大限度地降低产品成本,提高产品竞争力。IAR 支持大量的 8 位、16 位以及 32 位的微处理器结构和各种仿真器、调试器紧密结合,使用户在开发和调试过程中,仅仅使用一种开发环境界面,就可以完成多种微控制器的开发工作。IAR 的安装及设置见附录。

安装 IAR 软件,在 IAR 软件中就可以把程序编辑后,对程序进行编译,生成需要的可以下载到单片机里的文件。再将硬件连接好,然后选择菜单"Projcet"→"Make",看屏幕下方提示栏里若无编辑错误,再选择菜单"Compile",对文件进行编译,以上两步也可以合并一步进行,即直接选择菜单"Compile All",此时生成了可以下载到单片机里的文件,然后再选择菜单"Project"→"Download and Debug",将程序下载到目标板中。再选择"Debug"→"Go",即在目标板上运行程序,看到实验效果。

任务拓展

前面设计了流水灯,显示样式比较单一,每个灯逐次点亮再一起熄灭,不断循环。现在希望在原来的基础上,即不修改硬件电路的基础上增加新的功能。

一、增加显示花样

(1) 写程序并在自己的电路板上调试通过,实现流水灯从第 1 只显示到第 4 只,然后再从第 4 只显示到第 1 只。期间只有一只 LED 是亮着的。

(2) 写程序并在自己的电路板上调试通过,实现流水灯从第 1 只依次亮起到第 4 只,然后从第 4 只依次熄灭到第 1 只。

二、改变闪烁频率

(1) 写程序并在自己的电路板上调试通过,实现流水灯依次亮起到另一端,要求在灯亮过程中,灯亮的速度越来越快。

(2) 写程序使 4 只灯分别闪烁,每只灯闪烁的时间依次是 1s、2s、3s、4s。

任务 2　设计制作按键控制 LED 灯

在本任务中,首先介绍按键、抖动等本次任务中的相关知识,然后给出制作按键控制流水灯所需的元件及型号,读者可以照此购买并制作学习,给出按键控制 LED 灯的硬件连接原理图、按键控制 LED 灯的硬件电路 PCB 的制作方法、焊接方法,给出按键控制 LED 灯的单片机 CC2530 程序,最终实现软硬件联调。

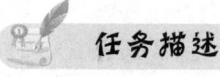

任务描述

设计并制作按键控制 LED 灯,按下 1 号键时,点亮 1 号灯;按下 2 号键时,点亮 2 号灯;按下 3 号键时,点亮 3 号灯,重复按对应按键时,则对应控制灯熄灭。

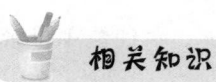

相关知识

一、按键及其分类

按键是单片机系统中最常用的一种输入设备。按键按照结构原理可分为触点式开关按键和无触点式开关按键;按照结构形式可分为独立式按键和矩阵式按键;按照接口原理可分为编码键盘和非编码键盘;按照读入键的方式可分为直读方式按键和扫描方式按键;按 CPU 响应方式可分为查询方式按键和中断控制方式按键。常见的按键如图 1.24 所示。

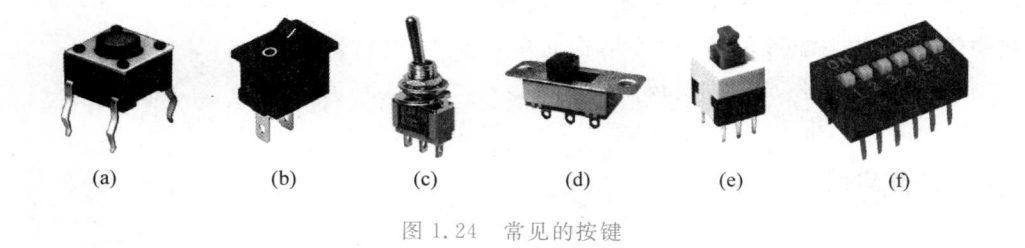

(a)　　　　(b)　　　　(c)　　　　(d)　　　　(e)　　　　(f)

图 1.24　常见的按键

二、键的抖动和消抖

常见的系统中一般都采用机械触点式按键开关,在按键按下或释放瞬间,由于机械触点弹性作用的影响,通常伴随一连串的抖动,其抖动过程如图 1.25 所示。

抖动时间由按键的机械特性决定,一般为 5~10ms。触点抖动期间引起的电压信号波动,有可能使 CPU 误读为多次按键操作,从而形成误判。为了保证 CPU 对一次按键操作只确认一次按键,必须消除抖动。按键的消抖,通常有硬件和软件两种办法。

硬件消抖:通常在按键较少的情况下采用。一般采用双稳态消抖电路和滤波积分电路。RC 滤波消抖电路如图 1.26 所示。

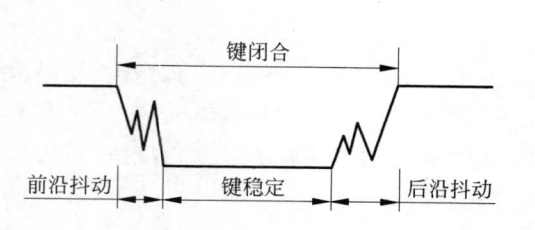

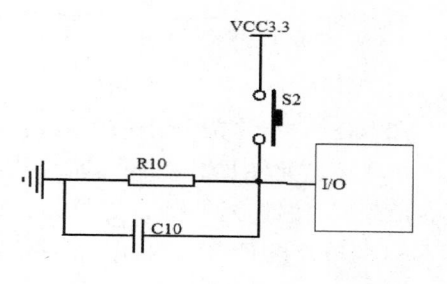

图 1.25 按键抖动波形

图 1.26 RC 滤波消抖电路

软件消抖:如果按键较多,硬件消抖无法胜任,常采用软件消抖。一般采用软件延时的方法,在第一次检测到有键按下时,执行一个 10ms 左右的延时程序(具体时间应根据使用的按键情况进行调整),再确认该键是否仍保持闭合状态电平。若仍保持闭合状态电平,则确认该键处于稳定闭合状态,从而消除抖动的影响。

按键电路有多种连接和识别方法,主要有独立式按键和矩阵式按键。本任务中讲解独立式按键,矩阵式按键在项目 2 中讲解。

独立式按键就是每一个按键单独占用一个 I/O 口,如图 1.27 所示,上拉电阻保证了按键断开时,I/O 线有确定的高电平(当 I/O 端口内部有上拉电阻时,外电路可以不接上拉电阻),每个 I/O 口的按键工作状态不会影响其他 I/O 口的工作状态。当其中任意一键被按下时,它所对应的端口电平变成低电平;若无键按下,则所有端口的电平均为高电平。这种电路的优点是电路配置灵活,软件结构简单,但占用 I/O 口资源多,适合少量按键的情况。

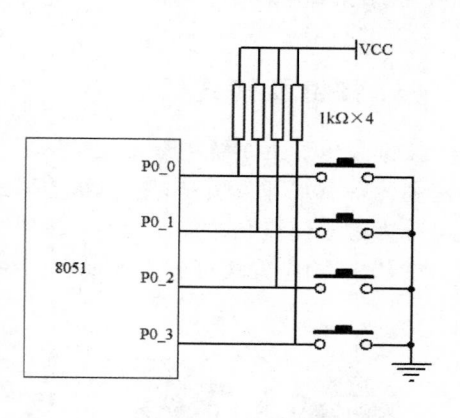

图 1.27 独立式按键硬件电路

 任务实施

一、硬件设计

前面已经完成了流水灯的制作,硬件部分包括核心板的设计、扩展板中电源模块电路、复位电路、调试接口电路、LED 电路都进行了介绍,现在只要增加键盘电路即可,下面将 LED 电路稍作修改。

根据任务要求,设置三个按键,由于按键较少,采取硬件消抖法。三个按键一端分别接 P1_0、P1_1、P1_2,另一端接 3.3V,每个按键串一个 RC 滤波消抖电路。当按键没按下时,对应 I/O 口为低电平,当按键按下去时,由于 C 两端的电压不能突变,等 C 达到充电电压时,对应 I/O 口的电压才会为高电平,此充电时间正好避开了按键抖动的影响。三个 LED 分别接 P0_0、P0_1、P0_2,当端口给低电平时,LED 发光二极管点亮,否则 LED 发光二极管熄灭。按键和 LED 电路如图 1.28 所示。

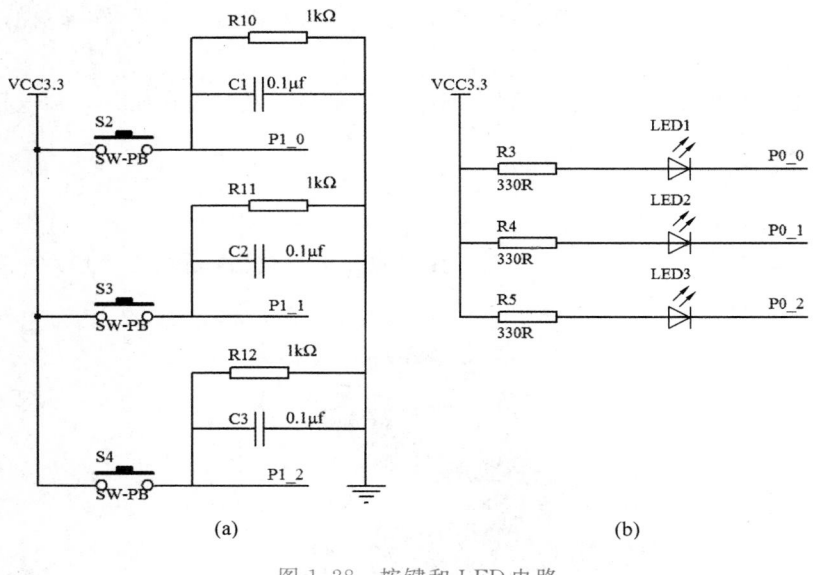

图 1.28 按键和 LED 电路

二、绘制原理图

在按键控制 LED 任务中,只需增加硬件构成一个按键电路,所需元件见表 1.7。

表 1.7 按键控制 LED 所需增加的元件

功能电路	元件标号	元件名称	原理图元件库	元件注释	封装	PCB 元件封装库
按键电路	R2	RES2	Miscellaneous Devices. Lib	10kΩ	0805	PCB Footprints. Lib
	C10	CAP		0.1μF	0805	
	RS	SW-PB		SW-PB	KEY	自建 PCB 元件库. Lib

由于本任务中所用的元件在系统自带的元件库和用户自建库中均已存在,所以不需要创建原理图库元件。

1. 放置元件

双击"自动窗帘控制系统. Sch"文件,在 Browse Sch 面板中选择相关的原理图库文件,在"Filte"过滤栏中输入元件名称,再单击相应元件,并移动鼠标,将表 1.7 所示元件放置在原理图编辑区,最后双击元件,将名称等相应属性进行修改,元件布局即可完成。

2. 连接元件

选择"Place"→"Wire"菜单命令,移动鼠标到需要连接导线的起点位置,单击鼠标,并拖动鼠标到终点位置,单击鼠标,完成一根线的设置,同样的方法完成其他线的设置。选择"Place"→"Net Label"菜单命令,放置网络标号,然后双击网络标号,在弹出的对话框中修改网络属性。

由于本任务中不需单独制作电路板,所以生成原理图网络表到任务 3 再一起完成。

三、焊接电路板

焊接所需基本工具同任务 1。

本任务需要在扩展板上增加简单键盘接口电路的元件,准备表 1.7 所示元件和 PCB 电路板。焊接的电路板如图 1.29 所示。

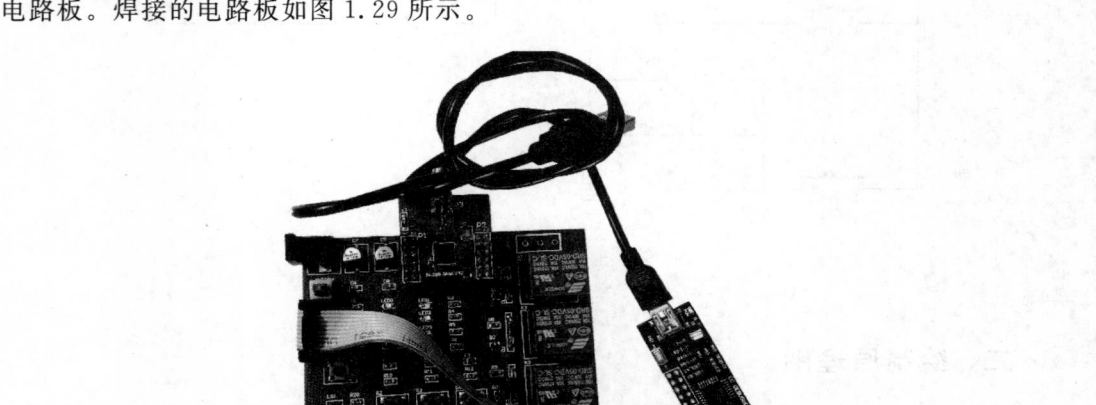

图 1.29　焊接的电路板

四、软件设计

从硬件连接图中可以看出,当按键 S2 没有按下时,P1_0 引脚得到低电平,而当按键 S2 按下时,P1_0 引脚得到高电平,只要在程序中判断 P1_0 为高电平,则说明 S2 键是按下的,此时,设置 LED1 灯对应的 P0_0 引脚为低电平,这时,LED1 灯点亮。相反,如果 P1_0 为低电平,则说明 S2 没有按下,这果设置 P0_0 为高电平。同样的方法,可以判断 S3 键和 S4 键的状态,从而根据它们的状态来设置 LED2 和 LED3 灯的亮或熄灭。

1. 程序流程图

根据以上分析,程序编写的思路是:选用 P0 端口的 3 个引脚 P0_0～P0_2 作为输出引脚,1 只引脚控制 1 只 LED 灯;选用 P1 端口的 3 个引脚 P1_0～P1_2 作为输入引脚,1 只引脚接 1 个按键,然后逐次判断 P1_0 是否为 1,若为 1 说明对应的按键 S2 按下了,这时将 P0_0 引脚取反,即让 LED1 灯的状态也取反。由于人眼视觉暂留效应,需要再延时一会儿。同样的方法判断其他两个按键状态，设置两个 LED。具体程序流程如图 1.30 所示。

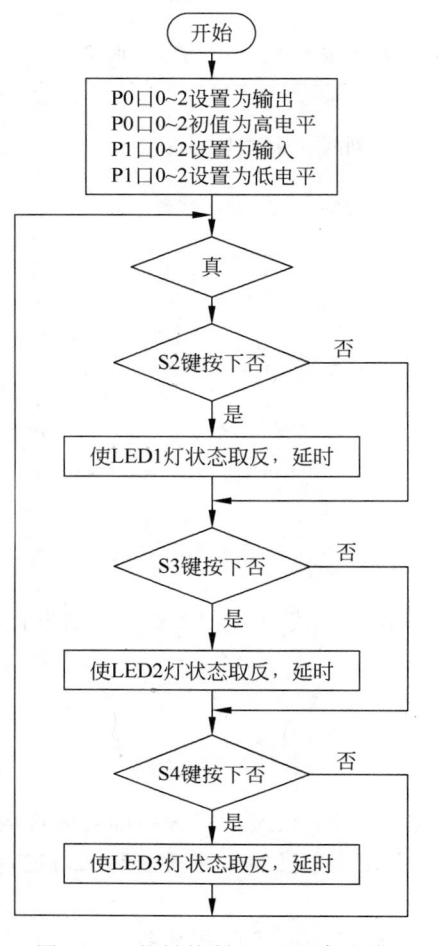

图 1.30 按键控制 LED 程序流程

2. 编写按键控制报警灯程序

```
// ********************************************* //
//名称：main()
//功能：三个按键分别控制三个 LED 的状态
//入口参数：无
//出口参数：无
// ********************************************* //
void main( void )
{
    P0DIR | = 0xf7;        //P0 口方向寄存器的 0～2 设置为输出
    P0| = 0x77;            //P0 口寄存器的 0～2 设置初值为高电平
    P1DIR& = 0xf8;         //P1 口方向寄存器的 0～2 设置为输入
    P1& = 0xf8;            //P1 口寄存器的 0～2 设置初值为低电平
```

```
while(1)
{
    if(P1_0 == 1)      //判断 S2 键是否按下
    {
        P0_0 = !P0_0;//若按下,将 LED1 灯状态取反
        delay_ms(500);
    }
    if(P1_1 == 1)      //判断 S3 键是否按下
    {
        P0_1 = !P0_1;//若按下,将 LED2 灯状态取反
        delay_ms(500);
    }
    if(P1_2 == 1)      //判断 S4 键是否按下
    {
        P0_2 = !P0_2;//若按下,将 LED3 灯状态取反
        delay_ms(500);
    }
}
}
```

五、软硬件联调

根据已有的电路原理图和程序代码,在 IAR 软件中进行程序编辑、编译、生成下载,得到正确的效果。

任务拓展

(1) 前面设计了按键控制 LED,按键消抖采用的是硬件电路消抖的方法,如果采用软件消抖,如何实现呢? 写程序并在自己的电路板上调试通过,修改按键控制 LED 程序,按键消抖采用软件消抖。

(2) 在本任务电路板上,编写一段程序实现每按键 1 次点亮 1 只 LED,到全部 LED 点亮后再按下按键时 LED 全部熄灭,并按此规律循环。

(3) 设计 2×4 独立式按键和 4 个 LED 小灯的单片机控制电路,两个按键分别控制一个 LED 灯的亮和灭。即按键 1 按下,LED1 灯亮;按键 2 按下,LED1 灯灭;按键 3 按下,LED2 灯亮;按键 4 按下,LED2 灯灭,以此类推。

(4) 设计 4 个独立式按键和 4 个 LED 小灯的单片机控制电路,每个键按下,对应的 LED 灯亮,再按,对应的 LED 灯灭。

任务 3　设计制作自动窗帘控制器

在本任务中,首先介绍喇叭、继电器等本任务中的相关知识,然后给出了制作自动窗帘控制器所需的元件及型号,读者可以照此购买并制作学习,给出自动窗帘控制器的硬件

原理图，硬件 PCB 设计方法、焊接方法，给出自动窗帘控制器的单片机 CC2530 程序，最终实现软硬件联调。

设计并制作自动窗帘控制器，三个按键分别控制窗帘的开、关、停，按键时伴有蜂鸣器的提示音，三个 LED 指示灯分别指示窗帘当前的状态。

一、喇叭和蜂鸣器

喇叭和蜂鸣器是单片机系统中常用的输出设备，如图 1.31 所示。

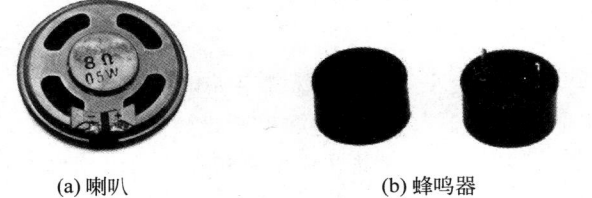

(a) 喇叭　　　　　　　(b) 蜂鸣器

图 1.31　喇叭和蜂鸣器

蜂鸣器和喇叭的主要区别：蜂鸣器是有源器件，喇叭是无源器件。蜂鸣器直接接固定直流电压，通电即发出固定频率的声音，只能用固定电压驱动，声音频率是出厂固定的。喇叭通过驱动器可以发出各种声音。音响、MP3、手机上都使用了喇叭，声音频率是可以改变的。有些报警器只能发出"滴滴"声，一般都是使用了蜂鸣器。

电磁式喇叭的发声原理是电流通过电磁线圈，使电磁线圈产生磁场来驱动振动膜发声，因此需要一定的电流才能驱动它。单片机 I/O 引脚输出的电流较小，单片机输出的 TTL 电平基本上驱动不了喇叭，因此需要一个电流放大电路。单片机一般通过一个晶体管 921 来放大电流，驱动喇叭，发出声音。

蜂鸣器驱动比较简单，如 5V 蜂鸣器，两端加 5V 电压就能发出声音。

二、继电器

继电器是一种控制器件，通常应用于自动控制电路中，它实际上是用较小的电流去控制较大电流的一种"自动开关"。在电路中起着自动调节、安全保护、转换电路等作用。

继电器可分为电气量(如电流、电压、频率、功率等)继电器及非电量(如温度、压力、速度等)继电器两大类。

继电器根据结构可分为电磁继电器、热敏干簧继电器、固态继电器等。不同的结构具有不同的工作原理。

本任务中采用的是电磁继电器。电磁继电器一般由铁心、线圈、衔铁、触点簧片等组成,如图 1.32 所示。只要在线圈两端加上一定的电压,线圈中就会流过一定的电流,从而产生电磁效应,衔铁会在电磁力吸引的作用下克服弹簧的拉力吸向铁心,从而带动衔铁的动触点与静触点(动合触点)吸合。当线圈断电后,电磁吸力消失,衔铁在弹簧的作用力下返回原来的位置,使动触点与原来的静触点(动断触点)吸合。这样吸合、释放,从而达到在电路中的导通、切断的目的。对于继电器的"动合、动断"触点,可以这样来区分:继电器线圈未通电时处于断开状态的静触点,称为"动合触点";处于接通状态的静触点称为"动断触点"。继电器原理如图 1.33 所示。

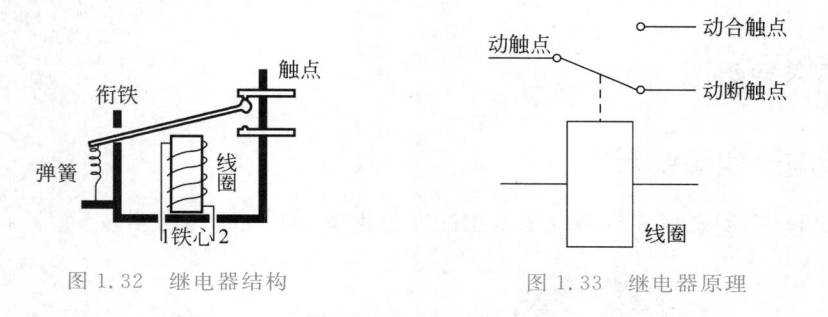

图 1.32 继电器结构   图 1.33 继电器原理

通过控制 I/O 口的高低电平,可以实现继电器的通断。由于 CC2530 的 I/O 口驱动能力有限,不能直接驱动继电器,需要对驱动电平进行放大。如图 1.34 所示,I/O 端口通过电阻和三极管来驱动继电器,动合触点和动断触点能通过强电流,用来接负载。继电器旁边并联的二极管是续流二极管。由于继电器线圈是个电感,关断时会产生瞬间反向高压,为防止损坏三极管和线圈,所以需要并联续流二极管。

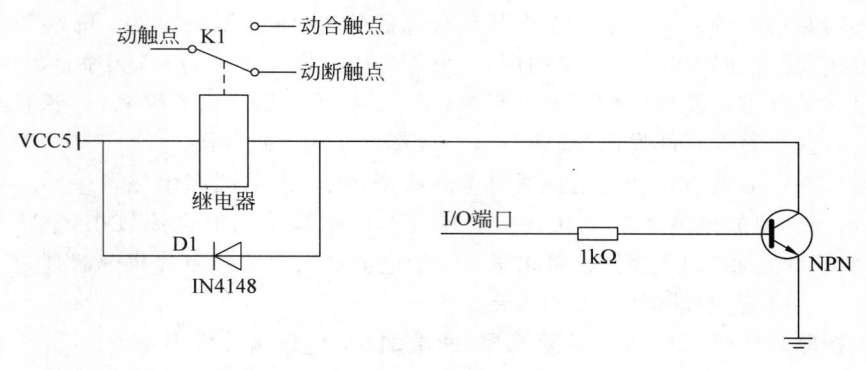

图 1.34 继电器驱动原理

一般单片机控制板只有 3~5V 电源,如果需要控制 220V 的电压设备,最简单的方式就是通过继电器,由于继电器通过电隔离,保证了操作安全。

三、窗帘电动机

本任务采用的是晨风公司 LY-02 型电动窗帘电动机,其中控接线示意图如图 1.35 所示。图中标示的火线、零线、接地线连接 220V 三线插座。6P 水晶接口只用到 1、2、4 引脚,当短接 1 与 2 线时,电动机正转;短接 1 与 4 线时,电动机反转;短接 1、2、4 线时,电动机停止。

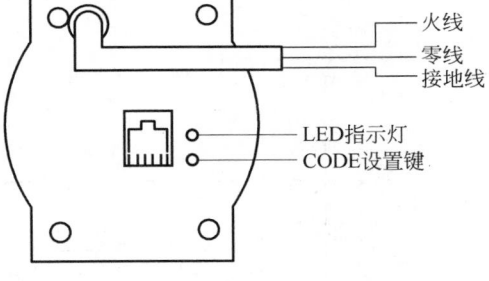

火线
零线
接地线

LED指示灯
CODE设置键

6P水晶接口

1 2 3 4 5 6
公 关 空 打 空 空
共 闭 开
线 线 线

控制电动机正、反转:
短接1与2线控制电动机正转
短接1与4线控制电动机反转
短接1、2、4线控制电动机停止

图 1.35 窗帘电动机中控接线示意图

任务实施

一、硬件设计

前面已经完成了按键控制 LED 的制作,硬件部分已包括核心板的设计,扩展板中电源模块电路、复位电路、调试接口电路、LED 电路都进行了介绍,现在只要增加继电器控制电路和蜂鸣器电路即可。

根据任务要求,参考上一个任务,设计三个按键,分别用来控制窗帘的打开按键、关闭按键、停止按键,三个按键一端分别接 P1_0、P1_1、P1_2,另一端接 3.3V,每个按键串一个 RC 滤波消抖电路。

设计一个三芯接口 JP3,分别接窗帘电动机的 1 号、4 号和 2 号引脚。

设计三个继电器,每个继电器的线圈端并联一个续流二极管,另外每个继电器线圈一端接＋5V 电源,另一端接一个三极管集电极,该三极管基极接一个电阻再分别接 P0_4、P0_5、P0_6,各发射极连接后接地。继电器 K1 和 K2 的动触点相连并连接窗帘电动机的 1 号引脚,K3 的动触点接窗帘电动机的 2 号引脚,K1 的动合触点接窗帘电动机的 4 号引脚,K2 和 K3 的动合触点相连并连接窗帘电动机的 2 号引脚。从原理图来看,当单片机给 P0_4 高电平时,三极管 Q1 导通,继电器 K1 线圈中有电流通过,此时 K1 的动触点与动合触点吸合,即窗帘电动机的 1 脚和 4 脚相连。根据窗帘电动机的原理,此时窗帘电动机可正转,窗帘缓缓拉开。当单片机给 P0_5 高电平时,三极管 Q2 导通,继电器 K2 线圈中有电流通过,此时 K2 的动触点与动合触点吸合,即窗帘电动机的 1 脚和 2 脚相连,根据窗帘电动机的原理,此时窗帘电动机可反转,窗帘缓缓闭合。当单片机给 P0_6 高电平时,三极管 Q3 导通,继电器 K3 线圈中有电流通过,此时 K3 的动触点与动合触点吸合,即窗帘电动机的 4 脚和2脚相连,根据窗帘电动机的原理,此时窗帘电动机停止转动,窗帘也停止。电路如图 1.36 所示。

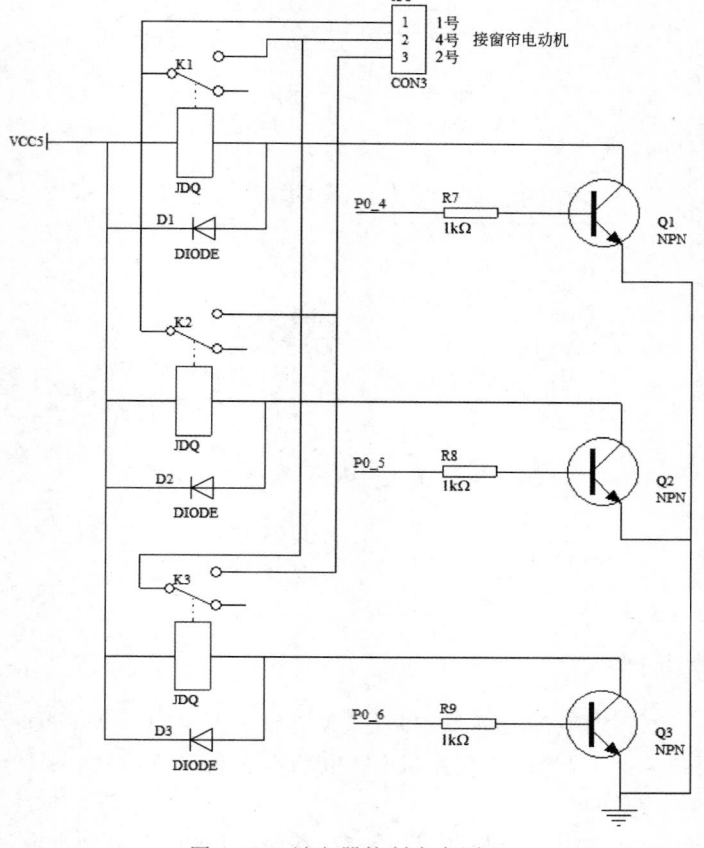

图 1.36　继电器控制窗帘原理

由于单片机引脚电流驱动能力不够,在 P0_7 引脚上通过一个电阻接上一个驱动管,将电流放大驱动喇叭正常工作。喇叭电路如图 1.37 所示。

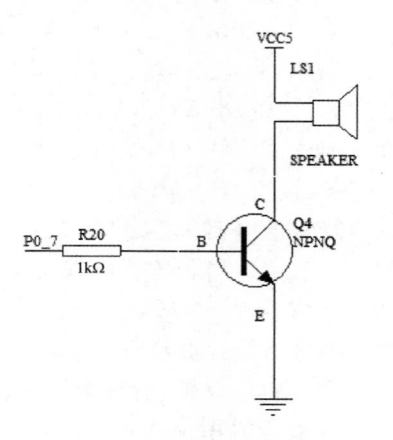

图 1.37　喇叭电路

二、绘制原理图及设计 PCB

1. 绘制原理图

在前面任务基础上,本任务中,只需增加硬件构成一个继电器控制窗帘电路,所需增加的元件见表 1.8。

表 1.8　自动窗帘控制器所需增加的元件

功能电路	元件标号	元件名称	原理图元件库	元件注释	封装	PCB 元件封装库
继电器电路	JP3	CON3	自制原理图库. Lib	CON3	JDQSIP3	自制 PCB 库. Lib
	K1、K2、K3	JDQ		JDQ	JDQ	
	R7、R8、R9	RES2	Miscellaneous Devices. Lib	10kΩ	0805	PCB Footprints. Lib
	D1、D2、D3	DIODE		DIODE	DIODE	自制 PCB 库. Lib
蜂鸣器电路	Q1、Q2、Q3	NPNQ	自制原理图库. Lib	NPN	SOT-23	PCB Footprints. Lib
	Q4	NPNQ		NPN	SOT-23	
	LS1	SPERKER	Miscellaneous Devices. Lib	SPEAKER	SIP2	PCB Footprints. Lib
	R20	RES2		1kΩ	0805	

由于 Protel 99SE 原理图元件库中没提供贴片 NPN 三极管等元件,因此要根据这些元件的引脚创建原理图元件。

（1）创建原理图元件

由于要创建的贴片 NPN 三极管元件和 Protel 99SE 的 Miscellaneous Devices. Lib 库中提供的 NPN 元件相似,因此只要把 NPN 元件复制到自制原理图库文件中,稍作修改即可。

双击“自动窗帘控制系统. Sch”文件,在左方“Browse Sch”选项卡中选择 Miscellaneous Devices. Lib 库文件,在下方的元件列表中找到“NPN”元件,选择它并单击“Edit”按钮,在右方库文件编辑区用鼠标选中该元件,按 Ctrl＋C 组合键。双击“自制原理图元件库. Lib”文件,选择“Tools”→“New Component”,在弹出的对话框中输入元件名称“NPNQ”,然后单击“OK”按钮,再按 Ctrl＋V 组合键,原系统库中的元件便复制到自制原理图库中。双击屏幕左方的“Pins”选项中的引脚选项,改成 B(1)、C(3)、E(2),修改好的三极管元件如图 1.38 所示。

最后在 SCH Library 工作面板中双击“Description”按钮,在弹出的对话框中,将 Default 属性设置为“A?”,其中“?”表示标识号可以自动递增,将元件描述“Descriptions”属性设置为“9013”。单击“OK”按钮,9013 原理图库元件创建结束。

用同样的方法可以复制 Protel 99SE 的 Miscellaneous Devices. Lib 库中提供的继电器元件 RELAY-SPDT,稍作修改后保存为 JDQ,如图 1.39 所示。

最后在 SCH Library 工作面板中双击“Description”按钮,在弹出的对话框中,将 Default 属性设置为“D?”,其中“?”表示标识号可以自动递增,将元件描述“Descriptions”属性设置为“继电器”。单击“OK”按钮,继电器原理图库元件创建结束。

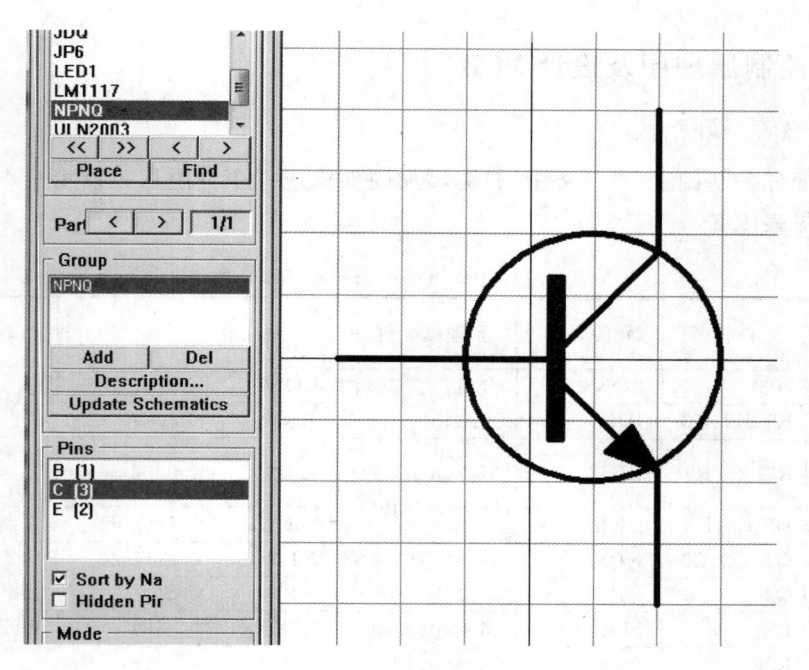

图 1.38 NPNQ 元件

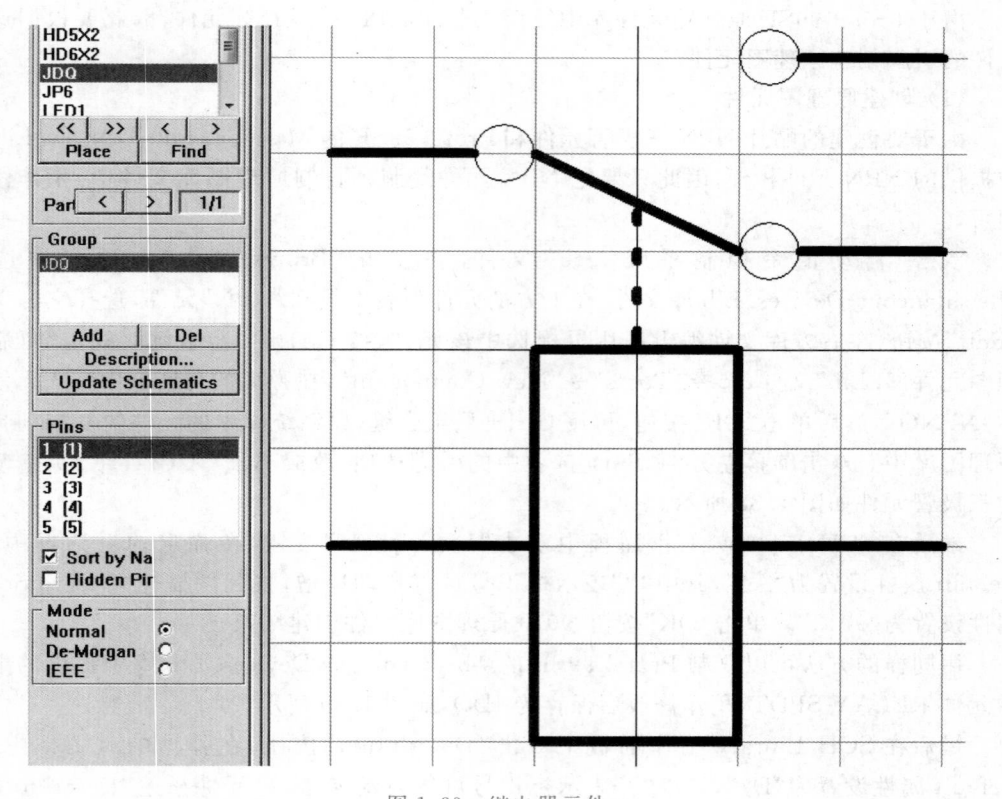

图 1.39 继电器元件

（2）放置元件

双击"自动窗帘控制系统.Sch"文件，在 Browse Sch 面板中选择相关的原理图库文件，在"Filte"过滤栏中输入元件名称，再单击相应元件，并移动鼠标，将表 1.8 所示元件放置在原理图编辑区，最后双击元件，将名称等相应属性进行修改，元件布局即可完成，如图 1.40 所示。

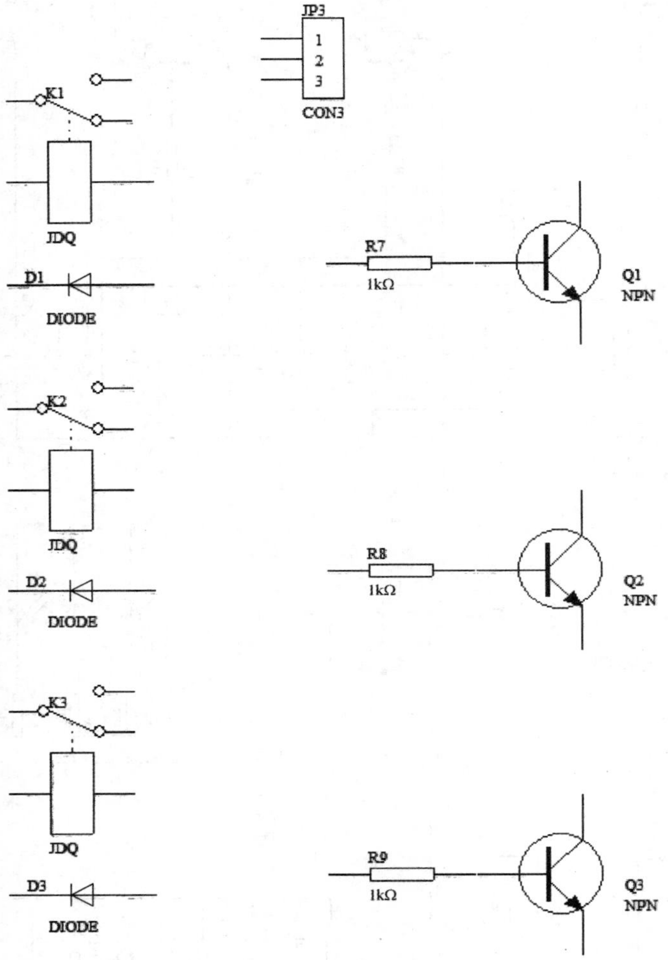

图 1.40　元件布局

（3）连接元件

选择"Place"→"Wire"菜单命令，移动鼠标到需要连接导线的起点位置，单击鼠标，并拖动鼠标到终点位置，单击鼠标，完成一根线的设置，用同样的方法完成其他线的设置。选择"Place"→"Net Label"菜单命令，放置网络标号，然后双击网络标号，在弹出的对话框中修改网络属性，和任务 1、任务 2 元件一起构成如图 1.41 所示原理图。

（4）ERC 检查及生成网络表

选择"Tools"→"ERC"菜单命令，系统弹出"Setup Electrical Rule Check"对话框，设置完毕单击"OK"按钮，进行 ERC 检查。

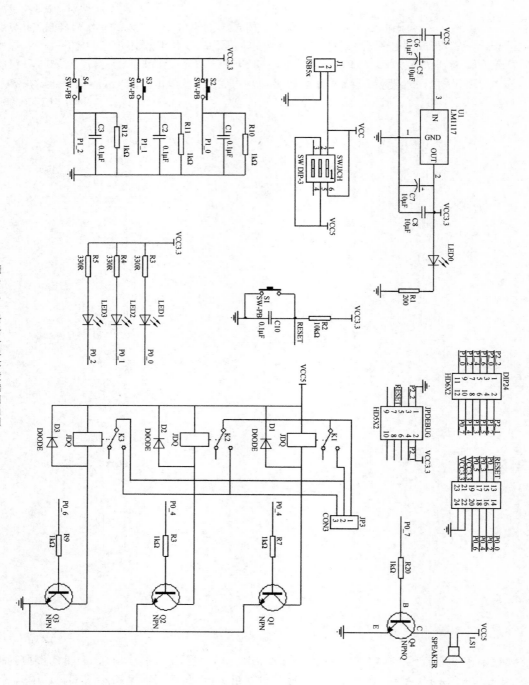

图 1.41 窗帘自动控制器原理图

嵌入式应用基础实训教程

ERC 检查没有错误后,便可以生成原理图的网络表。在原理图界面中,选择"Design"→"Create Netlist"菜单命令,在弹出对话框中单击"OK"按钮,生成当前项目的网络表文件"自动窗帘控制系统.Net"。

2. 设计 PCB

由于 Protel 99SE PCB 元件库中没有提供继电器、继电器插座 CON3、二极管 IN4148 等元件,因此要根据这些元件的实际尺寸画出该元件的封装图形。

(1) 创建 PCB 库元件

双击打开"自制 PCB 元件库.Lib"文件,出现 PCB 库元件编辑区。

选择"Tools"→"Pad"菜单命令,光标变成十字形,并带有一个焊盘。移动光标到坐标原点,单击鼠标放置第一个焊盘。双击焊盘,在弹出的"Pad"对话框中设置 X-Size 为 80mil,Y-Size 为 80mil,Shape 为 Rectangle,Designator 的值为 1,Hole Size 为 50mil,如图 1.42 所示。按照焊盘间距要求,放置其他 2 个焊盘。

接下来绘制外形轮廓。将工作层切换到顶层丝印层,即 TopOverLay 层,选择"Place"→"Track"菜单命令,绘制元件的边框,完成绘制外形轮廓的元件封装的效果如图 1.43 所示,右击左边 Components 面板区的"Rename"按钮,重命名为 JDQ 并保存。

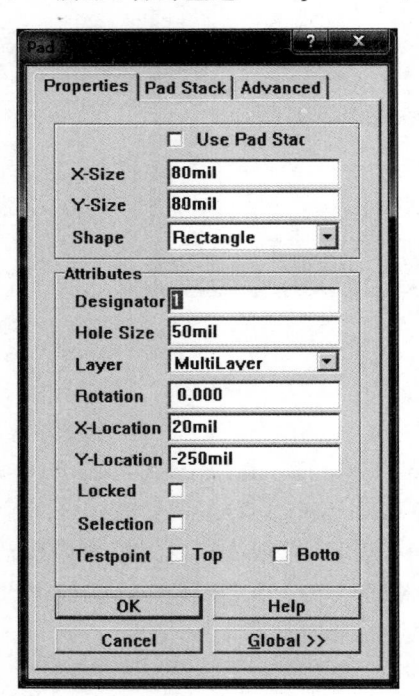

图 1.42　修改焊盘参数

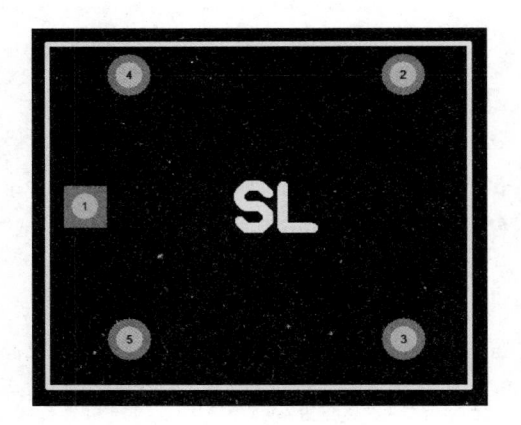

图 1.43　继电器封装

按以上方法绘制继电器插座 CON3、二极管 IN4148PCB 库元件。

(2) 载入网络表和元件

双击打开"自动窗帘控制系统.PCB"文件,然后单击禁止布线层"Keep Out Layer",选择"Place"→"Line"菜单命令,在 PCB 编辑区绘制一个矩形禁止布线区。

选择"Design"→"Load Nets"菜单命令,在弹出对话框的"Netlist File"文本框中输入加载的网络表文件名,若不知道网络表文件的位置,单击"Browse"按钮,可以选择网络表文件,正确选取网络表文件后,系统开始自动生成网络表宏,如图 1.44 所示,再单击"Execute"按钮,完成网络表和元件的装入。装入的元件重叠在电路板的电气边界内,元件与连线都用绿色表示。

如果生成网络表宏时出错,常见的错误是在原理图中没有设定元件的封装,或者封装不匹配,此时应返回原理图编辑器中,修改错误,并重新生成网络表。

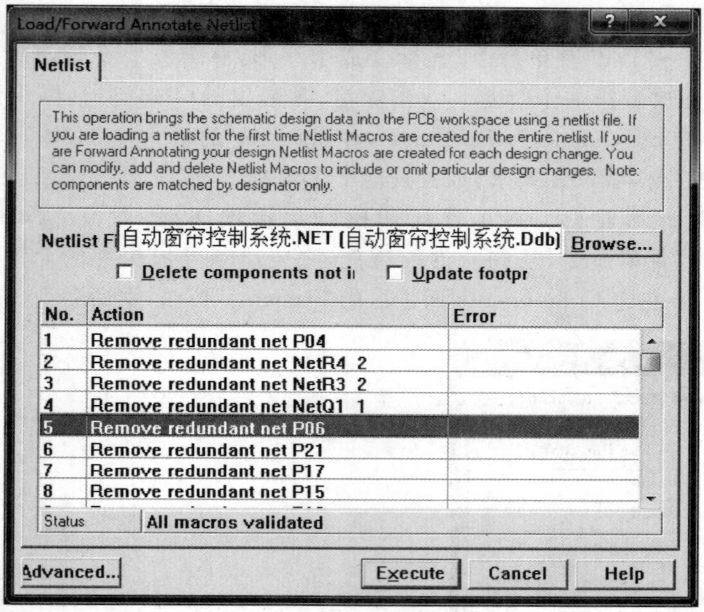

图 1.44　生成网络表宏信息

（3）自动布线

布线有手动布线和自动布线两种,本任务元件少,适合自动布线。在 PCB 编辑器下,执行"Design"→"Ruler"菜单命令,弹出"Design Ruler"对话框。在"Rule Classes"选项中选择"Width Constraint",双击下方的"Width",设置 Minimum、Maximum、Preferred 线宽均为 15mil。将电源线和地线的线宽设置为 30mil,其他均采用默认设置。用鼠标拖动各元件并定位到合适的位置,选择"Auto Route"→"All"菜单命令,在弹出对话框中选择"Route All"按钮,自动布线结束。窗帘自动控制器的 PCB 图如图 1.45 所示。

三、焊接电路板

1. 基本工具和材料

焊接所需基本工具同任务 1。

本任务需要在扩展板上增加继电器控制电路的元件,准备表 1.8 所示元件和 PCB。

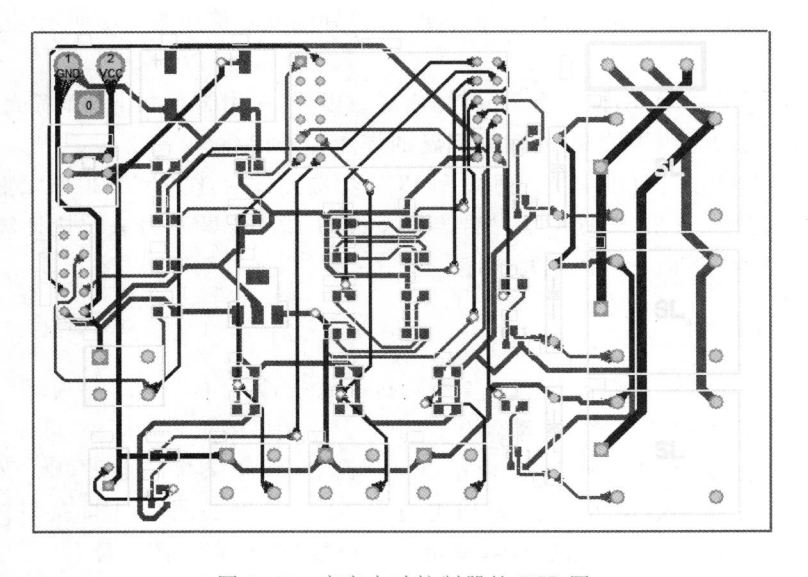

图 1.45　窗帘自动控制器的 PCB 图

2. 实际操作

（1）检测三极管

本任务使用三极管 9013 驱动器继电器，9013 是 NPN 型三极管，常用的封装有 TO-92 型和 SOT-23 型，其引脚排列如图 1.46 所示。

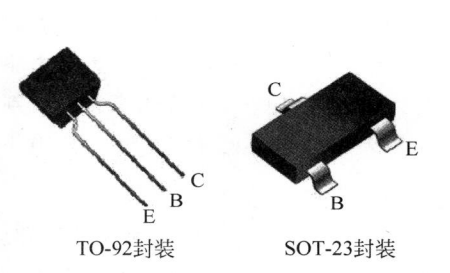

TO-92封装　　　SOT-23封装

图 1.46　三极管 9013 引脚排列

当前，国内晶体三极管有很多种，引脚的排列也不相同，使用不确定引脚排列的三极管，必须进行测量确定各引脚正确的位置，或查找晶体管使用手册，明确三极管的特性及相应的技术参数和资料。

万用表识别三极管引脚的方法如下。

首先判定基极，并区分 NPN、PNP 管。先假设一个极为基极，用万用表 R×100 或 R×1kΩ 挡，黑表笔接基极，红表笔分别测量另两个电极。如果万用表读数在变化，说明假设正确，如果读数不动，假设不正确，应再次假设一个基极。此时黑表笔所接为 NPN 管基极。如万用表读数均不动，假定也正确，说明黑表笔所接为 PNP 基极。

其次判别集电极和发射极引脚。假设为 NPN 管，在找出 B 极后，要分清另外两个引脚。方法是：红、黑表笔分别接除 B 引脚之外的两个引脚，然后用手捏住基极和黑表笔所接引脚，此时万用表读数变小，即阻值变小，则说明黑表笔所接引脚为集电极，红表笔所接引脚为发射极。如读数不变，对换表笔再次测量即可。测 PNP 管时相反，即黑表笔为 E 极，红表笔为 C 极，手捏的为 B、C 极。

（2）焊接电路板

本任务要求将表 1.8 所示元件焊接到扩展板 PCB 对应位置，焊接时应遵循"先低后高、先内后外、先耐热后不耐热"的顺序焊接,焊接好的电路板如图 1.1 所示。

（3）检查焊接质量

首先观察焊点和元件,检查有无漏焊、连焊或虚焊,对肉眼观察不能确定的焊点,则应用放大镜观察或用万用表检测,对确有问题的焊点要进行补焊。

将硬件电路按设计好的电路原理图和 PCB 焊接元件后,把 CC2530 核心板和扩展板通过 Q1 插座连接,CC2530 写入器一端接扩展板的 JPDEBUG,另一端接计算机的 USB 接口,完成配置后,下面就可以编写程序。

四、软件设计

从硬件连接图中可以看出,若 P0_4 引脚接高电平,则三极管 Q1 导通,继电器 K1 中线圈有电流通过,此时继电器 K1 动合开关闭合,JP3 接口的 1、2 脚短路,即窗帘控制器的 1 号、2 号脚短接,窗帘电动机正转,窗帘打开;若 P0_5 引脚接高电平,则三极管 Q2 导通,继电器 K2 中线圈有电流通过,此时继电器 K2 动合开关闭合,JP3 接口的 1、3 脚短路,即窗帘控制器的 1 号、4 号脚短接,窗帘电动机反转,窗帘关闭;若 P0_6 引脚接高电平,则三极管 Q3 导通,继电器 K3 中线圈有电流通过,此时继电器 K3 动合开关闭合,JP3 的 2 号、3 号脚短路,即窗帘控制器的 2 号、4 号脚短接,窗帘电动机停止转动。

P0_4、P0_5、P0_6 是接高电平还是低电平,都可以通过单片机指令来完成,当判断到 P1_0 为低电平,即按键 S2 按下时,此时可以通过指令 P0_4＝1,设置 P0_4 脚为高电平,即打开窗帘;当判断到 P1_1 为低电平,即按键 S3 按下时,此时可以通过指令 P0_5＝1,设置 P0_5 为高电平,即关闭窗帘;当判断到 P1_2 为低电平,即按键 S4 按下时,此时可以通过指令 P0_6＝1,设置 P0_6 为高电平,即窗帘电动机停止。

1. 程序流程图

根据以上分析,程序编写的思路:选用 P0 端口的 3 个引脚 P0_4～P0_6 作为输出引脚,1 只引脚控制 1 只继电器。选用 P1 端口的 3 个引脚 P1_0～P1_2 作为输入引脚,1 只引脚接 1 个按键,然后逐次判断 P1_0 是否为 1,若为 1 说明对应按键 S2 按下了,这时将 P0_4 置 1,即让继电器 K1 动作,窗帘电动机正转,窗帘打开,用同样的方法判断其他两个按键的状态,设置另外两个继电器。程序流程如图 1.47 所示。

2. 编写按键控制窗帘程序

```
// ********************************************* //
//名称: main()
//功能:三个按键分别控制窗帘的开、关、停
//入口参数:无
//出口参数:无
// ********************************************* //
void main( void )
{    P0DIR |= 0x70;        //P0 口方向寄存器的 4～6 设置为输出
     P0& = 0x1f;           //P0 口寄存器的 4～6 设置初值为低电平
     P1DIR& = 0xf8;        //P1 口方向寄存器的 0～2 设置为输入
     P1& = 0xf8;           //P1 口寄存器 0～2 设置初值为低电平
```

```
while(1)
{
    if(P1_0 == 1)     //S2 键(打开窗帘按键)按下
    {
        //继电器 K1 上电,窗帘电动机 1、2 引脚短接,窗帘电动机正转,窗帘打开 P0_4 = 1;
        delay();
        P0_4 = 0;
        delay();
    }

    if(P1_1 == 1)     //S3 键(关闭窗帘按键)按下
    {
        //继电器 K2 上电,窗帘电动机 1、6 引脚短接,窗帘电动机反转,窗帘关闭 P0_5 = 1;
        delay();
        P0_5 = 0;
        delay();
    }

    if(P1_2 == 1)     //S4 键(停止窗帘按键)按下
    {
        //继电器 K3 上电,窗帘电动机 2、6 引脚短接,窗帘电动机停止,窗帘停止 P0_6 = 1;
        delay();
        P0_6 = 0;
        delay();
    }
}
}
```

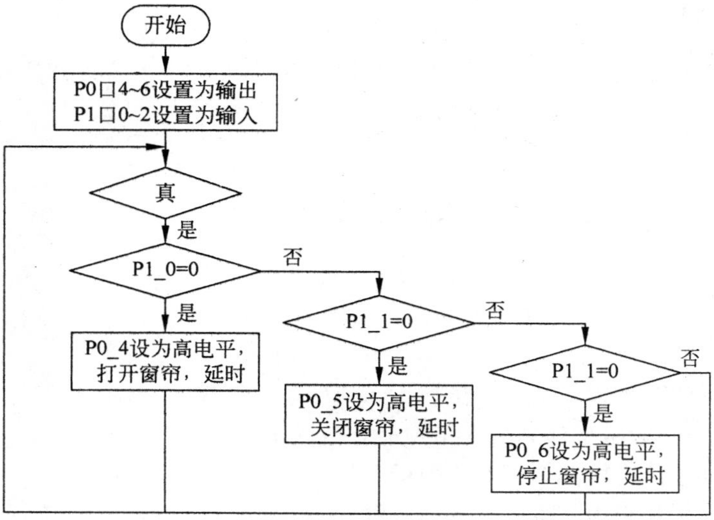

图 1.47　按键控制窗帘开、关、停程序流程

当三个按键分别按下时,窗帘电动机会正转、反转及停止,从而控制了窗帘的开、关和停的动作。可以用三个指示灯来指示窗帘的开、关和停三种状态。可将三个指示灯如任务 3 中图 1.17 所示连线,即分别用 P0_0、P0_1 和 P0_2 接三个指示灯的负极,三个电阻

的一端分别接指示灯的正极，三个电阻的另一端接电源。

　　则以上程序应作如下修改。首先在 I/O 口初始化时，将 P0 口的 P0_0、P0_1 和 P0_2 设置为输出。即

```
PODIR | = 0x77;        //P0 口方向寄存器的 0～2 设置为输出
P0| = 0x77;            //P0 口寄存器的 0～2 设置初值为高电平
```

　　打开窗帘按键的控制代码部分作如下修改，关闭窗帘按键代码和停止窗帘按键代码作相应修改。

```
if(P1_0 = = 1)         //S2 键(打开窗帘按键)按下
{
    P0_4 = 1;          //继电器 K1 上电,窗帘电动机 1、2 引脚短接,窗帘电动机正转,窗帘打开
    P0_0 = !P0_0;      //窗帘打开指示灯 LED1 取反,即点亮
    delay();
    P0_4 = 0;
    delay();
}
```

五、软硬件联调

　　根据已有的电路原理图和程序代码，在 IAR 软件中进行程序编辑、编译、生成下载，得到正确的结果。

任务拓展

　　设计单片机控制电路，包含两个独立式按键，编程实现一个按键控制 220V 电风扇的开和关，另一个按键控制 220V 电灯的亮和灭。

思考与问答

1. 什么是单片机？什么是嵌入式系统？两者间有何关系？
2. CC2530 的并行 I/O 口各有什么异同？作用是什么？
3. 简述复位的用途，复位的方法。
4. 单片机与一般微型计算机在结构上有何区别？
5. CC2530 单片机内部有哪些主要的逻辑部件？
6. CC2530 单片机内部资源是如何配置的？
7. 单片机有哪些应用领域？
8. 独立式键盘如何消抖？如何判断键是否释放？
9. 单片机开发系统的作用是什么？
10. 在实际应用中如何选择单片机？

项目

设计制作智能电子钟

　　智能电子钟是生活中常见的用品。本项目中将带领大家一起动手制作一个以 CC2530 单片机为核心的智能电子钟，依据从简单到复杂的学习规律，在本项目中设置了三个任务：设计制作门牌号码显示器，设计制作按键显示器，设计制作智能电子钟。

　　门牌号码显示器的功能比较单一，它采用 4 位 LED 数码管显示数值，如显示门牌号码 1018。

　　按键显示器在门牌号码显示器的基础上增加了 16 个行列式按键，可以将 16 个按键的值显示到 LED 数码管上。

　　智能电子钟可以在 4 位 LED 数码管上显示时、分或分、秒，如显示"0830"表示 8 点 30 分，也可表示 8 分 30 秒。时钟的计时功能由 CC2530 单片机内部定时器实现。可以通过按键调整、设置时间。实物如图 2.1 所示。

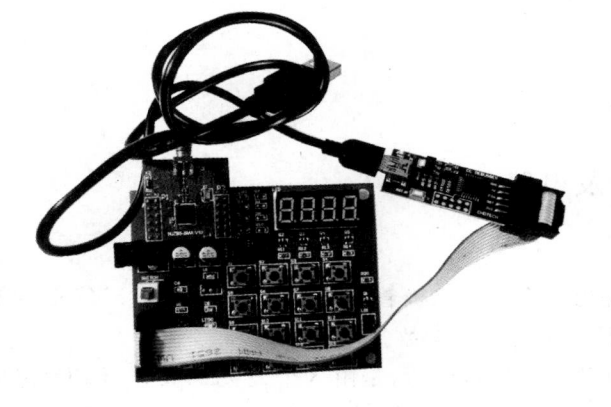

图 2.1　智能电子钟实物

【知识点】

（1）数码管 LED 显示基本编程原理。

（2）CC2530 定时器/计数器的工作原理。

（3）定时接口模块的基本功能与编程基础。

（4）中断的概念、CC2530 的中断。

（5）矩阵键盘电路、扫描的原理。

（6）键值的计算方法。

【技能点】

（1）测试且识别数码管类型。

（2）数码管软件编程。

（3）定时器接口模块编程。

（4）定时器中断编程。

（5）软件编程解决重键问题。

（6）键盘硬件接口电路设计、软件编程。

任务 1　设计制作门牌号码显示器

在本任务中,首先介绍了数码管及其电路、数码管的静态显示和动态显示等相关知识,然后给出制作数码管显示器所需的元件及型号,读者可以照此购买并制作学习,给出了数码管显示器的硬件连接原理图、数码管显示器硬件电路 PCB 的制作方法、焊接方法,给出了数码管显示器的单片机 CC2530 程序,介绍了数码管显示器软硬件联调的方法。

设计并制作一个单片机门牌号码显示器,用单片机的 I/O 口连接 4 连排 8 段数码管,使 8 段数码管显示 4 位数字,如 1018。

一、数码管及电路

1. 数码管原理

LED 数码管是由多个发光二极管封装在一起并组成"8"字形的器件,一般用来表示数字形式的温度、日期和时间等参数。

LED 数码管又称为 8 段数码管,是由 8 个发光二极管（LED）组成,每一个位段就是一个发光二极管。一个 8 段数码管分别由 a、b、c、d、e、f、g 位段,加上一个小数点的位段 h（或记作 dp）组成。一个 8 段数码管实物如图 2.2(a)所示。

数码管根据内部 LED 的接法不同可分为共阴极和共阳极两类:将 8 个发光二极管的阴极连接在一起,称为共阴极数码管;将 8 个发光二极管的阳极连接在一起的,称为共阳极数码管。引脚如图 2.2(b)所示。

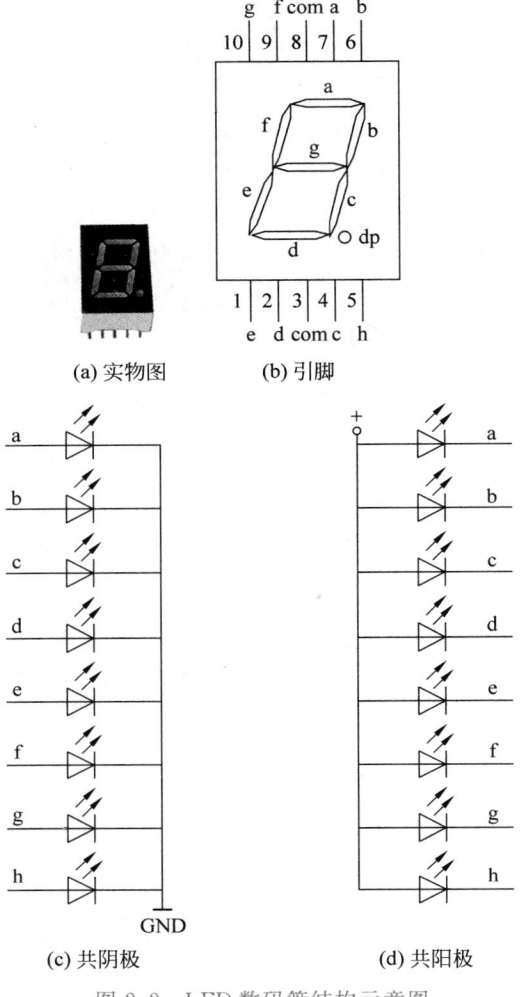

(a) 实物图   (b) 引脚

(c) 共阴极   (d) 共阳极

图 2.2   LED 数码管结构示意图

一位数码管的引脚是 10 个,显示一个"8"字需要 7 个小段,另外还有一个小数点,所以其内部一共有 8 个小的发光极管,还有一个公共端。生产商为了封装统一,单位数码管都封装 10 个引脚,其中第 3 脚和第 8 脚是连接在一起的。而它们的公共端又可分为共阳极和共阴极,图 2.2(c)所示为共阴极内部原理图,图 2-2(d)所示为共阳极内部原理图。

共阴极 8 段数码管的信号端高电平有效,只要在各个位段上加上相应的信号即可使相应的位段发光;共阳极的 8 段数码管则相反,在相应的位段加上低电平即可使该位段发光。单片机可通过 I/O 脚来控制 LED 某段发光二极管的亮灭从而达到显示某个数字的目的。

有时数码管上无小数点,只有 7 个位段,称为 7 段数码管。用户可根据实际需求来选择。

按显示的位数可将数码管分为 1 位、2 位、3 位、4 位、8 位等。

数码管显示的颜色有红、黄、蓝、绿等。

2. 数码管的字形码

在单片机应用系统中,通常将数码管的 a~h 8 个位段对应 1 个字节的 D0~D7,对共阴极数码管来说,数据为 1 则对应位段点亮,数据为 0 则对应位段灭。因此 8 位二进制码就可以表示要显示的字符。为方便起见,通常用 2 位十六进制数表示这 8 位二进制码,并称其为字形码。表 2.1 列出了 0~F 这 16 个数字的共阴极字形码。其中 0 的共阴字形码为 0x3F,若将 CC2530 的 P0.7~P0.0 分别接共阴极数码管的 h、g、f、e、d、c、b、a,将 P0=0x3F,则数码管显示数字 0。根据以上方法可以计算出其他字符的共阳极和共阴极字形码。

表 2.1　共阴极数码管的字形码

显示信息	h	g	f	e	d	c	b	a	共阴极型段码
0	0	0	1	1	1	1	1	1	0x3f
1	0	0	0	0	0	1	1	0	0x06
2	0	1	0	1	1	0	1	1	0x5b
3	0	1	0	0	1	1	1	1	0x4f
4	0	1	1	0	0	1	1	0	0x66
5	0	1	1	0	1	1	0	1	0x6d
6	0	1	1	1	1	1	0	1	0x7d
7	0	0	0	0	0	1	1	1	0x07
8	0	1	1	1	1	1	1	1	0x7f
9	0	1	1	0	1	1	1	1	0x6f
a	0	1	1	1	0	1	1	1	0x77
b	0	1	1	1	1	1	0	0	0x7c
c	0	1	1	1	1	0	0	1	0x39
d	0	0	0	1	1	1	1	0	0x5e
e	0	1	1	1	1	0	0	1	0x79
f	0	1	1	1	0	0	0	1	0x71

在显示时,要将待显示的数字或字符转换成相应的字形码,这个过程称为译码。译码有软译码和硬译码两种方法。

软译码连接是将单片机的 I/O 引脚与 LED 数码管相连接,通过软件编程将要显示的数字或字符对应的字形码直接从端口送入数码管驱动其显示,其硬件连接如图 2.3 所示,软件常用查表法实现。

硬译码连接是通过一些专用芯片来实现字形到字形码的转换,常用 74LS47、74LS48、74LS49、74LS164 等译码驱动器来实现。

二、静态显示和动态显示

1. 静态显示

静态显示是指数码管显示某一字符时,各相应笔段总保持导通或截止状态。图 2.3 所示是一个数码管软译码连接方式,采用了静态显示电路,图中数码管为共阴极,其公共端接地,CC2530 单片机 P0 口的 P0.0~P0.7 分别通过限流电阻 300Ω 与 LED 数码管的

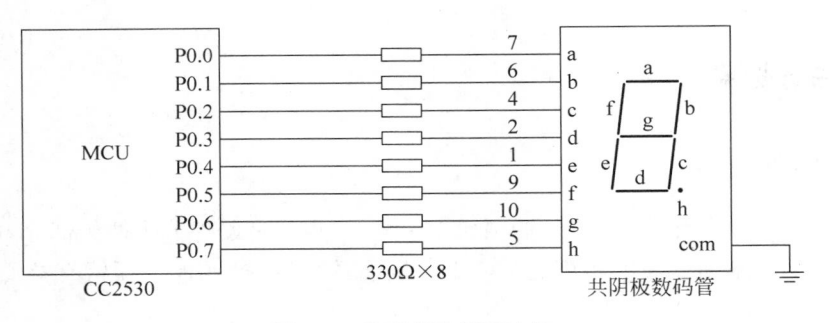

图 2.3 数码管软译码连接

a～h引脚相连，P0口输出共阴极字形码时，数码管会显示出相应的字符。由于静态显示时各位数码管相互独立，若系统需要用静态显示多个数码管时，每一个 I/O 端口就要驱动一个数码管显示，多个数码管就需要多个 I/O 端口。因此这种显示方式编程简单，功耗大，且占用硬件接口资源多，只能用在显示位数少的场合。

2. 动态显示

动态显示时，所有数码管的相同笔段连在一起，而每个数码管的公共端各自独立地受单片机 I/O 口的控制。当 MCU（微控制单元）送出字形码时，所有数码管都接收到相同的字形码，但只有公共端得到有效电平的数码管被点亮，而数码管是否得到有效电平则由该端相连的 I/O 口控制。图 2.4 所示是 4 连排共阴极 8 段数码管的引脚图，动态显示电路，它们的位段信号端（称为数据端）接在一起，可以由 MCU 的一个 8 位端口控制，同时还有 4 个位选信号（称为控制端），用于分别选中要显示数据的数码管，可以用 MCU 另一个端口的 4 个引脚来控制。图 2.5 是 4 连排数码管外形。

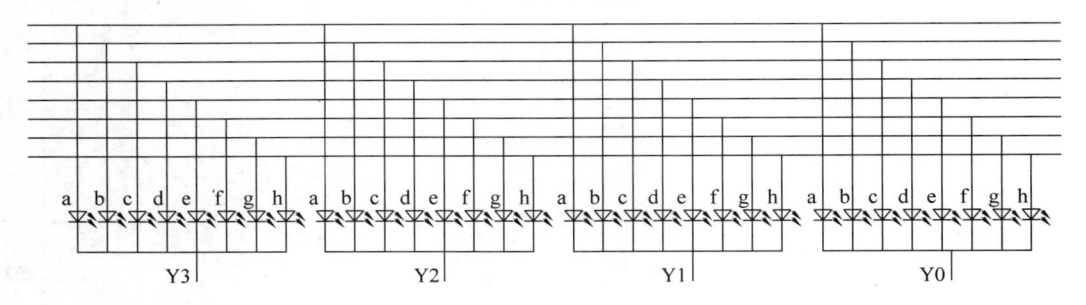

图 2.4 4 连排数码管动态显示电路

动态扫描是指采用分时的方法，轮流向各个数码管的公共端送出有效电平，使各个数码管依次轮流点亮且循环往复，当数码管熄灭时间短到一定程度时，由于人眼的视觉暂留现象，人们会感觉到所有数码管都被同时点亮了。

采用动态扫描显示方式有效节省 I/O 口资源，但其亮度比静态显示方式低，而且显示位数较多时，会占用 CPU 较多的时间。

图 2.5 4 连排数码管外形

一、硬件设计

为了便于设备的维护与扩展,和项目 1 一样,本项目将硬件分为两个部分,即 CC2530 核心板和项目扩展板。核心板就是 CC2530 最小系统板,扩展板上预留有核心板的接口插座。

核心板在项目 1 中已经描述,在此不再赘述。扩展板包括电源模块电路、复位电路、仿真器下载调试程序接口电路、核心板接口插座、4 连排 8 段数码管电路。除数码管电路外,扩展板上的其他内容前面已介绍过,本任务也不再赘述。下面详细介绍数码管电路。

本项目中的 8 段数码管通过 8 位并行输出串行移位寄存器,将 P1_0 引脚上的数据并行输出作为显示的数据输出端,通过 P1_4、P1_5、P1_6、P1_7 实现显示的位选。8 位并行输出、数码管段选和位选电路分别如图 2.6～图 2.8 所示。

图 2.6   8 位并行输出串行移位部分电路

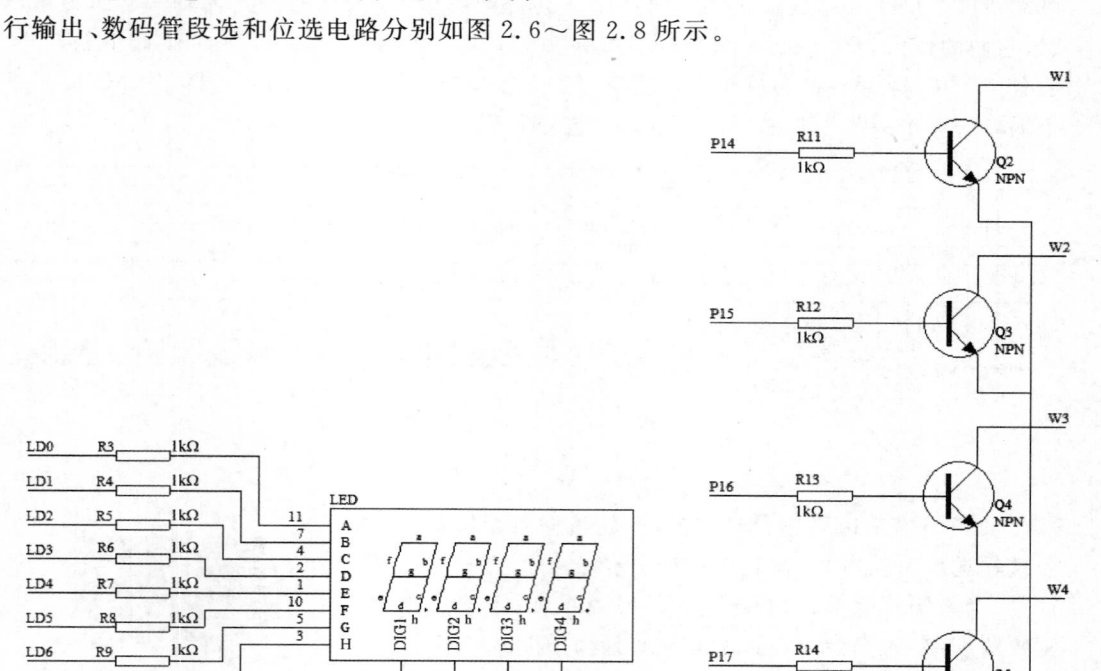

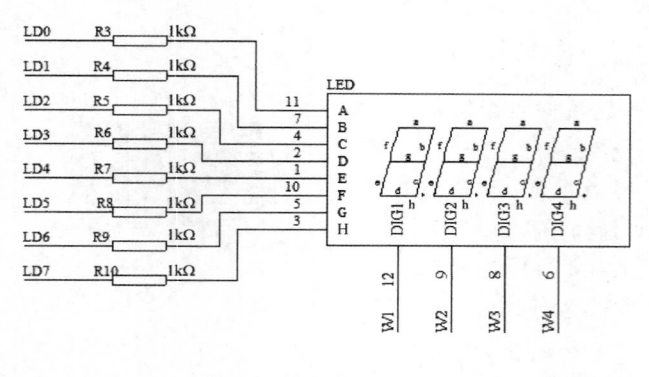

图 2.7   数码管段选电路

图 2.8   数码管位选电路

在图 2.6 中,MCU 的 P1_1 引脚接 74HC164 芯片的 CLK 引脚,P1_0 引脚接 74HC164 的数据输入引脚,在 CLK 信号控制下,将 P1_0 引脚上串行输入的 8 位数据通过 74HC164 的 8 位输出引脚 QA~QH 输出,这 8 位输出引脚连接到图 2.7 中的 4 连排 8 段数码管的 a~h 端,即完成了段选码的传送。

在图 2.8 中,由于 MCU 的 I/O 引脚驱动电流小,不能很好地满足驱动数码管发亮,因此在每个位选端加了一个三极管驱动。如 P1_4 引脚连接 Q2 三极管的基极,当 P1_4 有高电平时,三极管 Q2 导通,W1 引脚为低电平,W1 引脚连接的位选有效,对应的 DIG1 数码管点亮。

二、绘制原理图及设计 PCB

新建一个项目文件夹,命名为"智能电子钟硬件电路",以后本项目创建的电路设计文件都保存在该文件夹下。打开 Protel 99SE 软件,新建一个项目,项目名为"智能电子钟.Ddb",双击"Documents"文件夹图标,在空白处右击,选择新建一个原理图文件,文件名为"智能电子钟.Sch",并保存。按照同样的方法再新建一个原理图库文件、PCB 文件和 PCB 库文件,分别命名为"自制原理图元件库.Lib""智能电子钟.Pcb"和"自制 PCB 元件库.Lib"。

1. 绘制原理图

数码管显示器主要由 CC2530 单片机核心板和数码管显示器扩展板组成。扩展板包括电源模块电路、复位电路、仿真器下载调试程序接口电路、核心板接口插座、4 连排 8 段数码管电路。扩展板中除了 4 连排 8 段数码管电路外在项目 1 中均已画好,只要复制过来即可。4 连排 8 段数码管电路由 8 位并行输出串行移位电路、数码管段选电路、数码管位选电路组成。单片机核心板是独立的板子,所以只需绘制数码管的三个电路即可,同时注意要在扩展板上放置核心板的接口及调试器接口,扩展板所需元件见表 2.2。

表 2.2 数码管显示器所需元件

电路	元件标号	元件名称	原理图元件库	元件注释	封装	PCB 元件封装库
电源插座	J1	CON2	Miscellaneous Devices.Lib	USB5V	DYCK	
5V转3V电路	U1	LM1117-3.3	自建原理图元件库.Lib	LM1117	LM1117-3.3	自建 PCB 元件库.Lib
	SWITCH	SW DIP-3		SW DIP-3	SWITCH	
	C5、C7	CAPACITOR POL		10μF	CAP	
	LED0	LED			0805-LED	
	C6、C8	CAP	Miscellaneous Devices.Lib	0.1μF	0805	PCB Footprints.Lib
	R1	RES2		200	0805	
	R2	RES2		10kΩ	0805	
复位电路	RS	SW-PB		SW-PB	KEY	自建 PCB 元件库.Lib
	C10	CAP		0.1μF	0805	PCB Footprints.Lib

电路	元件标号	元件名称	原理图元件库	元件注释	封装	PCB 元件封装库
调试器接口	JPDEBUG	HD5X2	自建原理图元件库. Lib	HD5X2	IDC10	自建 PCB 元件库. Lib
核心板接口	DIP24	HD6X2		HD6X2	CC2530	自建 PCB 元件库. Lib
蜂鸣器电路	Q1	NPNQ	Miscellaneous Devices. lib	NPN	SOT-23	PCB Footprints. Lib
	LS1	SPEAKER		SPEAKER	SIP2	
	R20	RES2		1kΩ	0805	
数码管电路	R3～R10	RES2		1kΩ	0805	
	R11～R14	RES2		1kΩ	0805	
	LED-4	LED4	自建原理图元件库. Lib	共阴 4 连排	DPY-4	自建 PCB 元件库. Lib
	U2	74HC164		74HC164	SOP14	
	Q2～Q5	NPNQ		NPN	SOT-23	PCB Footprints. Lib

双击以上创建的"智能电子钟. Sch"原理图文件,选择菜单命令"Design"→"Options",设置图纸相应属性,在"Sheet Options"选项卡中,"Standard Style"纸张类型选择"A4"纸,其他保持默认设置。由于 Protel 99SE 原理图元件库中没有提供 LM1117芯片、调试器接口、核心板接口、NPN 贴片三极管、共阴极 4 连排数码管、74HC164 芯片,因此要根据这些元件的引脚创建原理图元件。项目 1 中已经绘制了 LM1117 芯片、核心板接口、NPN 贴片三极管,所以只要绘制共阴极 4 连排数码管、74HC64 芯片即可。

(1)创建原理图元件

双击"自制原理图元件库. Lib"文件,出现原理图库元件编辑区。选择"Tools"→"New Component",在弹出的对话框中输入元件名称"LED4",然后单击"OK"按钮。选择"Edit"→"Jump"→"Origin"命令,或者按 Ctrl+Home 组合键,将光标定位到编辑区的原点位置。

选择"Place"→"Rectangle"菜单命令,移动鼠标,此时出现一个矩形框跟着鼠标移动,单击鼠标,然后拖动鼠标到合适的位置再单击,绘制一个直角矩形。

选择"Place"→"Pins"菜单命令,对照图 2.5 所示 4 连排共阴极数码管封装图在矩形区域放 12 个引脚,引脚放置过程中,可按 Space 键旋转引脚的角度。

引脚放置完成后,需要修改其属性。双击引脚,在弹出的"Pin"对话框中输入其相应属性。对照图 2.5,将 12 个引脚属性修改好。选择"Place"→"Graphic"菜单命令,选择一个能表示 4 连排数码管含义的图形,单击"确定"按钮。4 连排数码管如图 2.9 所示。

最后在 SCH Library 工作面板中双击"Description"按钮,在弹出的对话框中,将Default 属性设置为"A?",其中"?"表示标识号可以自动递增,将元件描述"Descriptions"属性设置为"4 连排数码管"。单击"OK"按钮,4 连排数码管原理图库元件创建结束。

用同样的方法可以创建 74HC164 原理图库元件,如图 2.10 所示。

注意,在编辑引脚属性时(图 2.11),如果需要输入上划线,应该在输入英文单词后加一个反斜线,例如输入"C\L\R\",结果为"$\overline{\text{CLR}}$"。若要在引脚前加上表示非的圆圈符号,如图 2.10 所示 74HC164 引脚$\overline{\text{CLR}}$,则在编辑引脚属性时,在属性对话框中选中"Dot"即可。

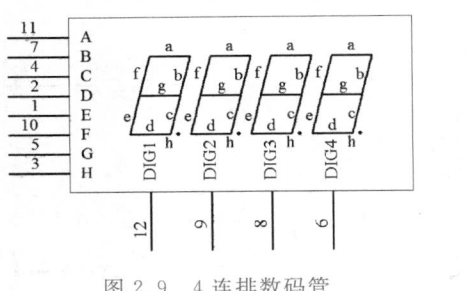

图 2.9 4 连排数码管 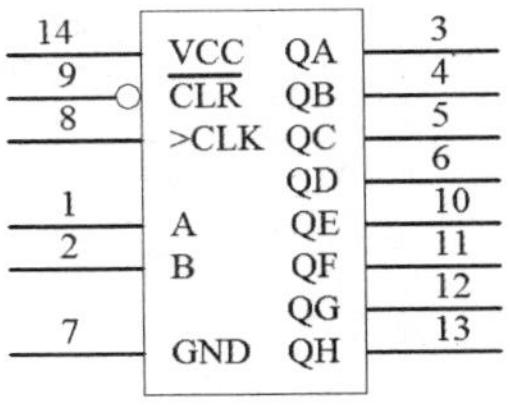   图 2.10   74HC164 元件

（2）放置元件

双击"智能电子钟.Sch"文件，在 Browse Sch 面板中选择相关的原理图库文件，在"Filte"过滤栏中输入元件名称，再单击相应元件，并移动鼠标，将表 2.2 所示元件放置在原理图编辑区，最后双击元件，将名称等相应属性进行修改，元件布局即完成，如图 2.12 所示。

（3）连接元件

选择"Place"→"Wire"菜单命令，移动鼠标到需要连接导线的起点位置，单击鼠标，并拖动鼠标到终点位置，单击鼠标，完成一根线的设置，用同样的方法完成其他线的设置。选择"Place"→"Net Label"菜单命令，放置网络标号，然后双击网络标号，在弹出的对话框中修改网络属性，最终完成如图 2.13 所示。

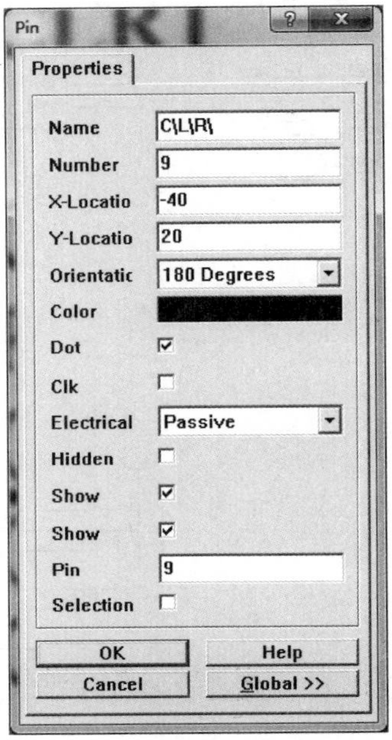

由于本任务中不需单独制作电路板，所以生成原理图网络表到任务 3 再一起完成。

2. 设计 PCB

由于 Protel 99SE PCB 元件库中没有提供自锁开关、LM1117、4 连排数码管等元件，因此要根据这些元件的实际尺寸画出元件的封装图形。项目 1 中已经绘制了自锁开关、LM1117 等元件，所以本任务中只要绘制 4 连排数码管即可。

图 2.11 属性修改

双击打开"自制 PCB 元件库.Lib"文件，选择"Tools"→"Pad"菜单命令，光标变成十字形，并带有一个焊盘。移动光标到坐标原点，单击鼠标放置第一个焊盘。双击焊盘，在弹出的"Pad"对话框中设置 X-Size 为 60mil，Y-Size 为 60mil，Shape 为 Round，Designator 的值为 1，Hole Size 为 30mil，如图 2.13 所示。按照焊盘间距要求，放置其他 11 个焊盘。接下来绘制外形轮廓。将工作层切换到顶层丝印层，即 TopOverLay 层，选择"Place"→"Track"菜单命令，绘制元件的边框，完成绘制外形轮廓的元件封装的效果如图 2.14 所示，右击左边 Components 面板区的"Rename"按钮，重命名为 LED-4 并保存。

由于本任务中不需单独制作电路板，所以载入网络表和元件、自动布线等到任务 3 再一起制作。

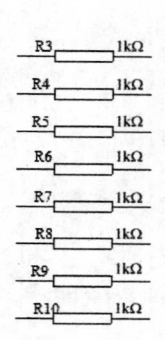

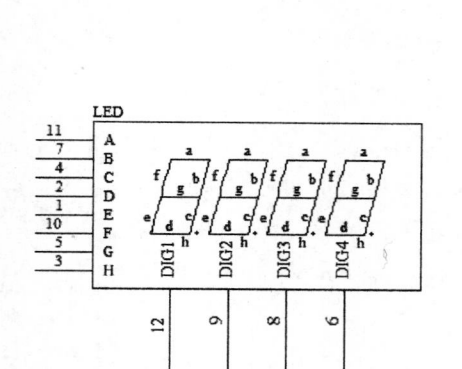

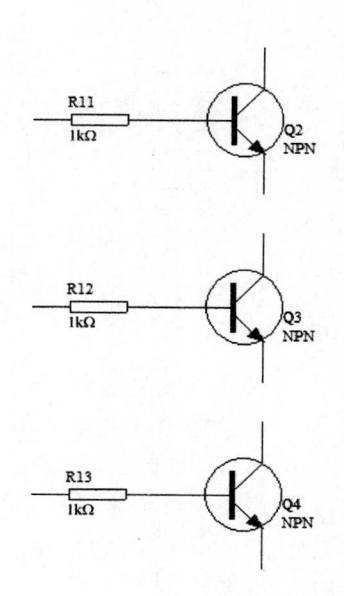

图 2.12　元件布局

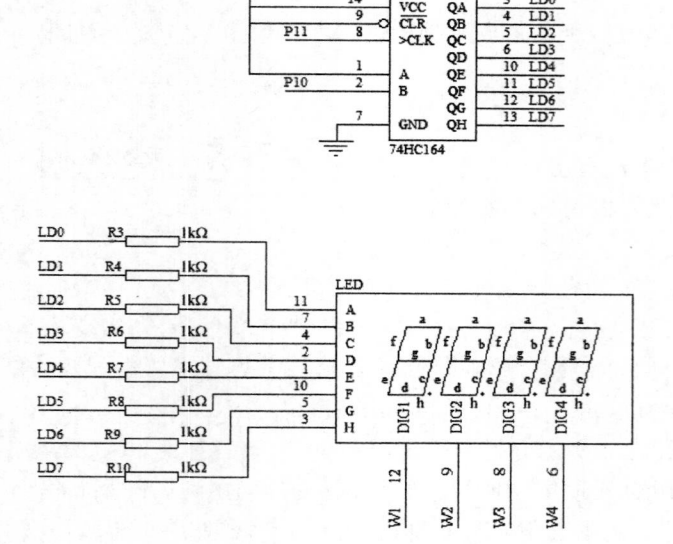

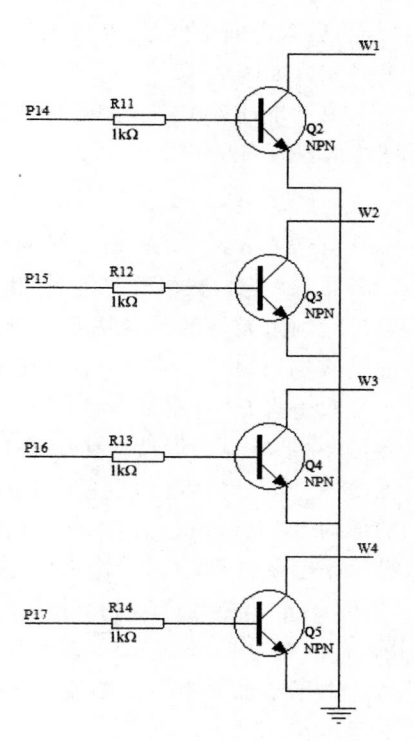

图 2.13　数码管显示器原理

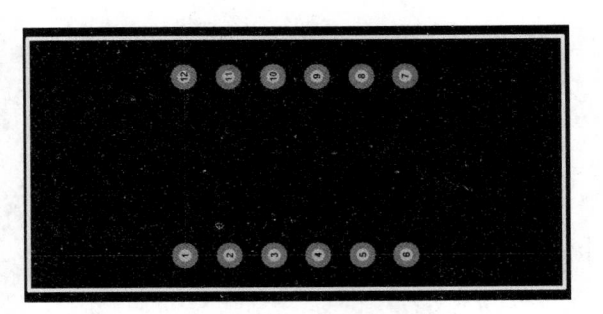

图 2.14　4 连排数码管封装

三、焊接电路板

1. 基本工具和材料

完成焊接工作,除了需要项目 1 介绍的数字万用表、镊子、电烙铁、吸锡器外,还需使用的基本工具如图 2.15 所示。PCB 检测放大镜通常用来检测 PCB 焊接质量;尖嘴钳和斜口钳通常用来剪元件的引脚等。

(a) PCB检测放大镜　　　　　(b) 尖嘴钳　　　　　(c) 斜口钳

图 2.15　基本工具

准备好表 2.2 所列的元件和制作的 PCB 电路板,如图 2.20 所示。

2. 实际操作

（1）检测数码管

利用数字万用表可以很方便地检测数码管。将数字万用表置于二极管挡时,其开路电压为 +2.8V。用此挡测量 LED 数码管各引脚之间是否导通,可以识别该数码管是共阴极还是共阳极数码管,并可判别各引脚所对应的笔段有无损坏。

具体方法:将数字万用表置于二极管挡,将黑表笔接第一脚,然后用红表笔依次触碰其他各引脚,此时查看各字段的显示情况。若各字段均不亮,则将红黑表笔交换,拿红表笔接第 1 脚,用黑表笔依次触碰其他各引脚,当碰到第 2 脚时,不亮,而碰到 3 脚时字段 e 亮,这时就可判断出 3 脚为公共端,1 脚为字段 e,因为黑表笔接公共端,所以知道是共阴极数码管;接下来可将黑表笔接公共端 3,用红表笔依次触碰其他各引脚,分别判断出各对应字段,当碰到第 8 脚时,万用表发出"滴滴"声,所以知道该引脚和公共端 3 脚短路,也是一个公共端。按以上方法测试,若有些字段不亮,说明该数码管是坏的。

对于一位数码管来讲,通常第 3 位、第 8 位是公共端。更简便的判别方法是将数字万用表打在二极管符号挡,对于共阴极数码管,黑表笔接数码管的公共端,应该看到各个笔画段分别发光。对于共阳极数码管,只需把万用表的红、黑表笔对调即可。

4 连排数码管是将所有数码管的相同笔段连在一起,而每个数码管的公共端各自独立出来。4 连排数码管的判别方法:先用黑表笔连 1 脚,用红表笔依次触碰其他各脚,发现每个段均不亮,则将两表笔交换,用红表笔连 1 脚,用黑表笔依次触碰其他各脚,到第 6 脚时 Y1 的 E 亮,8 脚时,Y2 的 E 亮,9 脚时 Y3 的 E 亮,12 脚时 Y4 的 E 亮,所以知道 6 脚、8 脚、9 脚、12 脚分别是 Y1～Y4 的公共端,且该数码管是共阴极型。这时,再将黑表笔连 Y1,红表笔连其他各脚,得出各字段和引脚的对应关系。

（2）焊接电路板

本任务要求将表 2.2 所示的元件焊接到 PCB 对应位置,焊接时应遵循"先低后高、先内后外、先耐热后不耐热"的顺序焊接。

（3）检查焊接质量

观察焊点和元件,检查有无漏焊、连焊或虚焊,对肉眼观察不能确定的焊点,则应用放大镜观察或用万用表检测,对确有问题的焊点要进行补焊。

将硬件电路按设计好的电路原理图和 PCB 焊接元件后,把 CC2530 核心板和扩展板通过 Q1 插座连接,CC2530 写入器一端接扩展板的 JPDEBUG,另一端接计算机的 USB 接口,完成配置后,下面就可以编写程序。

四、软件设计

从硬件连接图中可以看出,当待显示的字形码的 8 个位按从高到低的顺序送给 P1_0 引脚时,每给 P1_1 引脚一个脉冲,74HC164 芯片就将字形码的 8 个位由高至低的顺序从引脚 QA～QH 输出,即输出到 4 连排数码管的 8 个段选端,若想 4 连排数码管某个管子亮,就将对应管子的位选信号有效。如要在第 2 个管子上显示"8"这个数字,就先将"8"的字形码 0x7f 从高到低依次送到 P1_0 引脚,并给 P1_1 引脚依次送 8 个脉冲。在脉冲的作用下,74HC164 芯片将"8"的字形码 0x7f 串行输出到 QA～QH,即输出到 4 连排数码管的 8 个段选端。若想要第 2 个管子亮,即只要对 P1_6 引脚送高电平,驱动三极管 Q4 导通,使 W3 引脚为低电平,P1_4、P1_5、P1_7 送低电平,对应连接的三极管截止,则数码管位选无效,对应的数码管则不亮。这样只有第 2 个管子上显示"8"字。

1. 程序流程图

根据以上分析,程序编写的思路:选用 P1 端口的 6 个引脚 P1_0、P1_1、P1_4～P1_7 为输出引脚,P1_0 为 74HC164 芯片的脉冲输入端,P1_1 作为字形码输入端,P1_4～P1_7 作为段选码的输入端。定义一个 LED 初始化子程序 InitLed(),完成这 6 个引脚的初始化设置。定义一个数组 dspbf[],用来存放要显示的 4 个数字"1""2""3""4"的字形码。定义一个显示子程序 display(),完成在第 n 个数码管上显示数值 dspchar。主程序中调用这两个子程序实现在 4 个数码管上显示"1234"字样。主程序流程如图 2.16 所示。

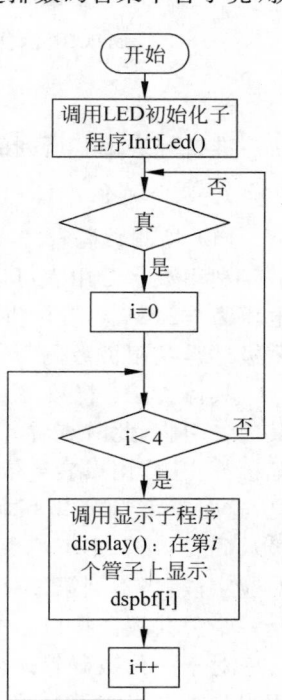

图 2.16 主程序流程

2. 编写显示"1234"的程序

各函数的声明与定义见表2.3。

表 2.3　数码管函数声明与定义

序号	函数名	参　　数	功　　能
1	InitLed	无	I/O 初始化
2	Pled	k: 待显示数据的字形码	将待显示的 8 位字形码串行输入,并行输出
3	Display	Dspchar: 段选信号 N: 位选信号	在第 *n* 个数码管上显示数值 dspchar

```c
// ************************************** //
//文件名称: led_2.c
//功能: 显示"1234"
//描述: 操作 I/O 口控制数码管显示特定数字 1234
// ************************************** //
# include < ioCC2530.h>
# define LED1 P0_0              //将 P0.0 定义为宏
//数码管显示编码 内容为:{0,1,2,3,4,5,6,7,8,9,A,B,C,D,E,F,-,三}
_code const unsigned char
sgcode[19] = {0x3f,6,0x5b,0x4f,0x66,0x6d,0x7d,7,0x7f,0x6f,0x77,0x7c,0x39,0x5e,0x79,
0x71,0x40,0x49};
unsigned char dspbf[4] = {1,2,3,4};
// ************************************** //
//名称: InitLed()
//功能: 初始化
//入口参数: 无
//出口参数: 无
// ************************************** //
void InitLed(void)
{
  P1DIR| = 0xf7; //设置 P1 口除 3 口外均为输出
}
// ******************************************** //
//名称: pled()
//入口参数: k,待显示数据的字形码
//出口参数: 无
//程序描述:8 位并行输出串行移位编程,P1_1 为时钟信号,将 P1_0 的输出并行输出
// ******************************************** //
void pled(unsigned char k)
{
  unsigned char i;
  P1 = 0xff;                    //P1 口全部变成高电平
  for(i = 0;i<8;i++)
  {
    P1& = 0xfd;              //将 P1_1 变低,即时钟信号变低
    if(k<0x80) P1& = 0xfe;  //从高位开始发送,检查最高位是否为 1,为 0 则 P1_0 = 0
    P1| = 2;                //不为 0,则时钟信号变高
```

```
         P1 = 0xff;
         k << = 1;                        //左移一位,发送下一位
      }
   }
// ********************************************************************** //
//名称:display()
//程序描述:在位置 n 上,显示数值 dspchar
//调用子程序:传送数值的 pled 函数
//入口参数:dspchar,n
//           dspchar:段选信号,输入用户要显示的数据
//           n:位选信号,
//出口参数:无
// ********************************************************************** //
void display(unsigned char dspchar,unsigned char n)
{
   unsigned char i,j,k = 1;
   for(j = 0;j <(n + 4);j++){
      k * = 2;
   }
   pled(sgcode[dspchar]);        //发送编码到 LED
   P1 = 0x00;
   P1 = ~(0xff - k);
   delay();
   P1 = 0x00;
}
//主函数
void main( void )
{
   unsigned char i;
   InitLed();
   while(1)                      //死循环
   {
      for(i = 0;i < 4;i++){      //分别送去显示
      display(dspbf[i],i);}      //在第 i 个数码管上显示 dspbf 数组的值
   }
}
```

五、软硬件联调

根据已有的电路原理图和程序代码,在 IAR 软件中进行程序编辑、编译、生成下载,得到正确的效果。

任务拓展

(1) 不改变本任务的硬件电路,编程用 4 位数码管从右向左移动显示"——HELLO——"。

(2) 不改变本任务的硬件电路,编程实现:首先第 0 位数码管开始轮流显示段 a~h,然后第 1 位数码管轮流显示段 a~h,然后第 2 位,再第 3 位,再循环到第 0 位,由此 4 个数

码管不断循环显示 a～h 段。

（3）设计电路并编程实现 8 位数码管静态显示数字 1～8，并实现流动显示效果，即先显示 12345678，然后是 23456781，再然后是 34567812，以此类推。

任务2　设计制作按键显示器

在本任务中，首先介绍矩阵键盘及其扫描原理、中断的相关概念等，然后给出制作按键显示器所需的元件及型号，读者可以照此购买并制作学习，给出制作按键显示器的硬件原理图、硬件 PCB 设计方法、焊接方法，给出了制作按键显示器的单片机 CC2530 的中断方法程序和查询方法程序，最终实现软硬件联调。

设计并制作一个按键计数器，用单片机的 I/O 口连接一个 4 乘 4 矩阵键盘，每个按键的键值显示在 LED 数码管上。

相关知识

一、矩阵键盘

1．矩阵键盘接口

前面介绍了独立式键盘，这种键盘的优点是电路和程序都非常简单，缺点是占用 I/O 资源较多，每个按键都需要一个 I/O，但是在实际应用中单片机的 I/O 资源不是很充足，比如要做一个 16 个键的键盘，那么就需要 16 个 I/O 口，可是单片机只剩下 8 个 I/O 口，怎么办？这个时候就需要改变电路的设计，使用矩阵键盘，16 个按键用 8 个 I/O 口就可以。

矩阵键盘又称为行列式键盘。它是由若干个分别位于行和列的按键组成的开关矩阵，其特点是，每条行线和每条列线相交处连接一个按键。如图 2.17 所示是一个 4 乘 4 的 16 键矩阵式键盘的硬件电路。行线和列线都接到 P0 口，其中 4 条行线分别接 P0_0～P0_3，4 条列线分别接 P0_4～P0_7。

2．矩阵键盘扫描原理

如何判断某一时刻是否有键按下？当键盘上没有键闭合时，所有的行线和列线断开，由于 CC2530 的 P0 口均有内部上拉电阻，则所有列线均输出高电平。当键盘上某一个键闭合时，则该键对应的行线和列线短路，此时该键列线上的电平就由该键行线的值决定。如图 2.17 所示，当第 2 排第 3 个按键按下时，P0_1 和 P0_6 短路，此时 P0_6 上的电平就由 P0_1 决定。如何判断是哪一个按键按下？可以把列线接 MCU 的输入口，行线接

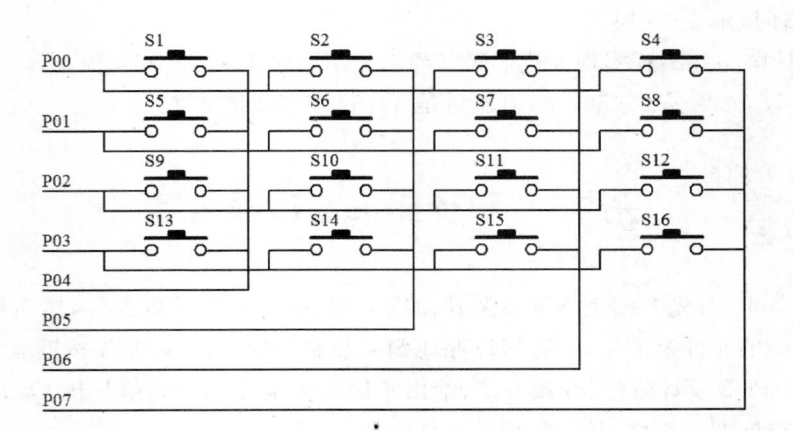

图 2.17　矩阵式键盘硬件电路

MCU 的输出口,在 MCU 的控制下,使接第一行线的 P0_0 为低电平,其余三根行线(P0_2、P0_3、P0_4)为高电平,此时读取各列线的值。若列线都为高电平,则说明第一行线上没有键闭合,如果读出列线的状态不全为高电平,那么低电平的列线和第一行相交处的按键处于闭合状态,用同样的方法检查第二行上是否有键闭合。以此类推,可以检查第三行、第四行上是否有键闭合。这种逐行逐列地检查键盘状态的过程称为对键盘的一次扫描。

　　MCU 对键盘扫描,可以采用查询方式和中断方式。

　　采用查询方式时,先向行线输出全 0,向列线输入全 1,再读取各列线状态,如果没有按键按下,则所有列线输出为 1;如果任一按键按下,则该按键对应的列线就会被拉低为 0,读取到的列线状态就不会全为 1,据此就可以知道某一时刻是否有键按下。

　　采用中断方式时,以行线为输出线,列线为输入线,在连接单片机 I/O 口的同时,各条列线的 I/O 连接口均要当作键盘中断引脚使用,再向行线输出全 0,向列线输出全 1 的情况下,任何按键按下,都会将该按键连接的列线的电平拉低为 0,并向 CPU 请求中断;如果没有键闭合,则各列线都保持高电平,也不请求中断。

　　采用查询方式时,会一直占用 CPU,但可以节省一个外部中断源;采用中断方式,可节省 CPU 占用,但要占用一个外部中断源。不管采用何种方式判断是否有按键按下,都需要考虑屏蔽因机械式按键的抖动而产生的一次按键多次响应的现象,除了前面介绍的硬件处理方法,还可以用软件延时去抖动。

二、中断

1. 中断的定义

　　中断事例 1:王老师在课堂上讲课时,突然张同学举手。王老师只能暂停讲课,询问张同学事由,和张同学交流,完成后返回讲台继续讲课。王老师上课被张同学中断。

　　中断事例 2:A 和 B 两队参加篮球比赛,A 队状态不佳,A 队教练请求暂停。若裁判同意,则双方队员到球场边接受教练布置战术。时间到裁判哨响,双方队员回到球场继续比赛。正常的比赛由于 A 队教练的请求而被中断。

中断是生活中常见的现象。在张同学举手这个中断事例中："张同学举手"是中断请求，"询问张同学"是中断响应，"和张同学交流"是中断处理，"返回讲台继续讲课"是中断返回。在篮球比赛这个中断事例中："教练请求暂停"是中断请求，"裁判同意"是中断响应，"双方队员到球场边接受教练布置战术"是中断处理，"时间到裁判哨响，双方队员回到球场继续比赛"是中断返回。

在计算机中，也引入了中断技术。如 CPU 用中断方式传送数据，CPU 执行主程序，打印机请求传送数据，CPU 响应，转中断处理程序，传送一个数据，返回源程序继续执行。在打印机中断事例中，将"请求打印"称为中断请求，"CPU 响应"称为中断响应，"传送数据"称为中断处理，"返回源程序"称为中断返回。

对于单片机来讲，中断就是当单片机在执行程序的过程中，当出现异常情况或特殊请求时，单片机停止现行程序的运行，转向对这些异常情况或特殊请求的处理，处理结束后再返回现行程序的间断处，继续执行源程序的过程。中断是单片机实时地处理内部或外部事件的一种内部机制。其中断过程如图 2.18 所示。当某种内部或外部事件发生时，单片机的中断系统将迫使 CPU 暂停正在执行的程序，转而去进行中断事件的处理，中断处理完毕后，又返回被中断的程序处，继续执行下去。

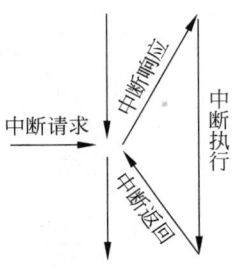

图 2.18　中断过程

以上各中断过程与中断事例对应见表 2.4。

表 2.4　中断过程与中断事例对应

中断过程	上课	打篮球	计算机
中断请求	同学举手	教练请求	请求打印
中断响应	询问同学	裁判同意	CPU 响应
中断执行	与同学交流	布置战术	传送数据
中断返回	继续上课	返回球场	返回源程序

2. 中断过程

CPU 是单片机的指挥中心，它与外部设备通信的方法有查询和中断两种。查询的方法是无论外围 I/O 是否需要服务，CPU 每隔一段时间都要依次查询一遍，这种方法 CPU 需要花费一些时间在做查询服务工作。而中断则是在外围设备需要通信服务时主动告诉 CPU，CPU 停下当前工作去处理中断程序，从而提高了 CPU 的效率。中断还可以实现实时处理，外设任何时刻都可能发出请求中断信号，CPU 接到请求后及时处理，以满足实时系统的需要。中断可以及时处理故障。单片机运行过程中难免会出现故障，有许多事情是无法预料的，如电源断电、存储器出错、外围设备工作不正常等，这时可以通过中断系统向中断源 CPU 发中断请求，由 CPU 及时转到相应的出错处理程序，从而提高单片机的可靠性。

3. 中断源和中断向量

能引起中断的事件称为中断源。CC2530 提供了 18 个中断源，每个中断源都有它自己的位于一系列 SFR 寄存器中的中断请求标志。相应标志位请求的每个中断可以分别使能或禁用。中断向量是中断服务的入口地址。中断源的定义和中断向量见表 2.5。

表 2.5　CC2530 中断源的定义和中断向量

中断号码	描述	中断名称	中断向量	中断屏蔽	中断标志
0	RF TX FIFO 下溢出或 RX FIFO 溢出	RFERR	03H	INE0. RFERRIE	TCON. RFERRIF
1	ADC 转换结束	ADC	0BH	IEN0. ADCIE	TCON. ADCIF
2	USART0 RX 完成	URX0	13H	IEN0. URX0IE	TCON. URX0IF
3	USART1 RX 完成	URX1	1BH	IEN0. URX1IE	TCON. URX1IF
4	AES 加密/解密完成	ENC	23H	IEN0. ENCIE	S0CON. ENCIF
5	睡眠计时器比较	ST	2BH	IEN0. STIE	IRCON. STIF
6	端口 2 输入/USB	P2INT	33H	IEN2. P2IE	IRCON2. P2IF
7	USART0 TX 完成	UTX0	3BH	IEN2. UTX0IE	IRCON2. UTX0IF
8	DMA 传送完成	DMA	43H	IEN1. DMAIE	IRCON. DMAIF
9	定时器 1(16 位)捕获/比较/溢出	T1	4BH	IEN1. T1IE	IRCON. T1IF
10	定时器 2	T2	53H	IEN1. T2IE	IRCON. T2IF
11	定时器 3(8 位)捕获/比较/溢出	T3	5BH	IEN1. T3IE	IRCON. T3IF
12	定时器 4(8 位)捕获/比较/溢出	T4	63H	IEN1. T4IE	IRCON. T4IF
13	端口 0 输入	P0INT	6BH	IEN1. P0IE	IRCON. P0IF
14	USART 1 TX 完成	UTX1	73H	IEN2. UTX1IE	IRCON2. P1IF
15	端口 1 输入	P1INT	7BH	IEN2. P1IE	IRCON2. P1IF
16	RF 通用中断	RF	83H	IEN2. RFIE	S1CON. RFIF
17	看门狗计时溢出	WDT	8BH	IEN2. WDTIE	IRCON2. WDTIF

4. 中断屏蔽

每个中断请求可以通过设置中断使能寄存器 IEN0、IEN1 或者 IEN2 的中断使能位使能或禁止。某些外部设备有若干事件,可以产生与外设相关的中断请求。这些中断请求可以作用在端口 0、端口 1、端口 2、定时器 1、定时器 2、定时器 3、定时器 4 和 RF 上。对于每个内部中断源对应的 SFR 寄存器,这些外部设备都有中断屏蔽位。中断使能寄存器 IEN0、IEN1、IEN2 的描述见表 2.6～表 2.8。

表 2.6　IEN0(0xA8)——中断使能寄存器 0

位	名称	复位	R/W	描述
7	EA	0	R/W	禁用所有中断: 0 为无中断被禁用; 1 为通过设置对应的使能位将每个中断源使能和禁止
6	—	0	R0	不使用,读出来是 0
5	STIE	0	R/W	睡眠定时器中断使能: 0 为中断禁止;1 为中断使能
4	ENCIE	0	R/W	AES 加密/解密中断使能: 0 为中断禁止;1 为中断使能

续表

位	名称	复位	R/W	描　述
3	URX1IE	0	R/W	USART1 RX 中断使能： 0 为中断禁止；1 为中断使能
2	URX0IE	0	R/W	USART0 RX 中断使能： 0 为中断禁止；1 为中断使能
1	ADCIE	0	R/W	ADC 中断使能： 0 为中断禁止；1 为中断使能
0	RFERRIE	0	R/W	RF TX/RX FIFO 中断使能： 0 为中断禁止；1 为中断使能

表 2.7　IEN1(0xB8)——中断使能寄存器 1

位	名称	复位	R/W	描　述
7:6	—	00	R0	不使用,读出来是 0
5	P0IE	0	R/W	端口 0 中断使能： 0 为中断禁止；1 为中断使能
4	T4IE	0	R/W	定时器 4 中断使能： 0 为中断禁止；1 为中断使能
3	T3IE	0	R/W	定时器 3 中断使能： 0 为中断禁止；1 为中断使能
2	T2IE	0	R/W	定时器 2 中断使能： 0 为中断禁止；1 为中断使能
1	T1IE	0	R/W	定时器 1 中断使能： 0 为中断禁止；1 为中断使能
0	DMAIE	0	R/W	DMA 传输中断使能： 0 为中断禁止；1 为中断使能

表 2.8　IEN2(0x9A)——中断使能寄存器 2

位	名称	复位	R/W	描　述
7:6	—	0	R0	不使用,读出来是 0
5	WDTIE	0	R/W	看门狗定时器中断使能： 0 为中断禁止；1 为中断使能
4	P1IE	0	R/W	端口 1 中断使能： 0 为中断禁止；1 为中断使能
3	UTX1IE	0	R/W	USART1 TX 中断使能： 0 为中断禁止；1 为中断使能
2	UTX0IE	0	R/W	USART0 TX 中断使能： 0 为中断禁止；1 为中断使能
1	P2IE	0	R/W	端口 2 中断使能： 0 为中断禁止；1 为中断使能
0	RFIE	0	R/W	RF 一般中断使能： 0 为中断禁止；1 为中断使能

　　通用 I/O 引脚设置为输入后,可以用于产生中断。中断可以设置在外部信号的上升或下降沿触发。P0、P1 或 P2 端口都有中断使能位,除了位于 IEN1-2 寄存器内的公共中断使能位之外,每个端口的位都有位于 SFR 寄存器 P0IEN、P1IEN 和 P2IEN 的单独的中断使能,见表 2.9～表 2.11。

表 2.9　P0IEN(0xAB)——端口 0 中断屏蔽寄存器

位	名称	复位	R/W	描　述
7:0	P0_[7:0]IEN	0x00	R/W	端口 P0.7 到 P0.0 中断使能: 0 为中断禁用;1 为中断使能

表 2.10　P1IEN(0x8D)——端口 1 中断屏蔽寄存器

位	名称	复位	R/W	描　述
7:0	P1_[7:0]IEN	0x00	R/W	端口 P1.7 到 P1.0 中断使能: 0 为中断禁用;1 为中断使能

表 2.11　P2IEN(0xAC)——端口 2 中断屏蔽寄存器

位	名称	复位	R/W	描　述
7:6	—	00	R/W	未使用
5	DPIEN	0	R/W	USB D+中断使能
4:0	P2_[4:0]IEN	0 0000	R/W	端口 P2.4 到 P2.0 中断使能: 0 为中断禁用;1 为中断使能

　　当中断条件发生在 I/O 引脚之一上,P0～P2 中断标志寄存器 P0IFG、P1IFG 或 P2IFG 中相应的中断状态标志将设置为 1。不管引脚是否设置了它的中断使能位,中断状态标志都被设置。当中断已经执行,中断状态标志被清除,该标志写入 0。这个标志必须在清除 CPU 端口中断标志(PxIF)之前被清除。P0～P2 中断标志寄存器 P0IFG、P1IFG、P2IFG 的描述见表 2.12～表 2.14。

表 2.12　P0IFG(0x89)——端口 0 中断状态标志寄存器

位	名称	复位	R/W	描　述
7:0	P0IF_[7:0]	0x00	R/W0	端口 0,位 7 到位 0 输入中断状态标志。当输入端口中断请求未决信号时,其相应的标志位将置 1

表 2.13　P1IFG(0x8A)——端口 1 中断状态标志寄存器

位	名称	复位	R/W	描　述
7:0	P1IF_[7:0]	0x00	R/W0	端口 1,位 7 到位 0 输入中断状态标志。当输入端口中断请求未决信号时,其相应的标志位将置 1

表 2.14　P2IFG(0x8B)——端口 2 中断状态标志寄存器

位	名称	复位	R/W	描　述
7:6	—	00	R0	不使用
5	DPIF	0	R/W0	USB D+中断状态标志。当 D+线有一个中断请求未决时设置该标志,用于检测 USB 挂起状态下的 USB 恢复事件。当 USB 控制器没有挂起时不设置该标志

位	名称	复位	R/W	描 述
4:0	P2IF_[4:0]	0 0000	R/W0	端口2,位4到位0输入中断状态标志。当输入端口中断请求未决信号时,其相应的标志位将置1

5. 中断处理

当中断发生时,不管该中断使能或禁止,CPU都会在中断标志寄存器中设置中断标志位。如果当设置中断标志时中断使能,那么在下一个指令周期,由硬件强行产生一个LCALL到对应的向量地址,运行中断服务程序。端口中断控制寄存器的描述见表2.15。

表 2.15 P1CTL(0x8C)——端口中断控制寄存器

位	名称	复位	R/W	描 述
7	PADSC	0	R/W	控制I/O引脚在输出模式下的驱动能力。选择输出驱动能力增强来补偿引脚DVDD的低I/O电压 0:最小驱动能力增强。DVDD1/2等于或大于2.6V小于2.6V 1:最大驱动能力增加。DVDD1/2
6:4	—	000	R0	未使用
3	P2ICON	0	R/W	端口2,4到0输入模式下的中断配置。该位为所有端口2的输入4到0选择中断请求条件 0:输入的上升沿引起中断 1:输入的下降沿引起中断
2	P1ICONH	0	R/W	端口1,7到4输入模式下的中断配置。该位为所有端口1的输入选择中断请求条件 0:输入的上升沿引起中断 1:输入的下降沿引起中断
1	P1ICONL	0	R/W	端口1,3到0输入模式下的中断配置。该位为所有端口1的输入选择中断请求条件 0:输入的上升沿引起中断 1:输入的下降沿引起中断
0	P0ICON	0	R/W	端口0,7到0输入模式下的中断配置。该位为所有端口1的输入选择中断请求条件 0:输入的上升沿引起中断 1:输入的下降沿引起中断

CC2530中断机制如下。

① 当键S1按下时,因为S1对应的I/O口为P0_1,所以P0端口将会发出一个中断请求,并自动将P0IFG寄存器对应位(即D1位)置1,等待CPU响应。

② CPU在执行完一条指令后就会检测是否有中断请求,如果检测到中断请求并且IEN1的D5位为1和P0IEN的D1为1时,对应的中断使能位中断使能,则根据中断类型获得中断向量,根据中断向量得到中断服务子程序的地址,执行中断服务子程序。当中断服务子程序执行完毕后返回执行原来的程序。

任务实施

一、硬件设计

前面已经完成了制作数码管显示器,本任务只要再添加矩阵键盘电路部分即可。

根据任务要求,设置一个 4×4 的矩阵键盘,行线和列线都接到 P0 口,其中 4 条行线分别接 P0_0～P0_3,4 条列线分别接 P0_4～P0_7。具体电路如图 2.9 所示。

二、绘制原理图及设计 PCB

1. 绘制原理图

在本任务中,只需要增加硬件构成一个矩阵键盘电路,所需元件见表 2.16。所需元件在系统自带的元件库中已存在,所以就不需创建原理图库元件。

表 2.16　数码管显示器所需元件

功能电路	元件标号	元件名称	原理图元件库	元件注释	封装	PCB 元件封装库
键盘电路	S1～S16	SW-PB	Miscellaneous Devices. Lib	按键	KEY	自建 PCB 元件库. Lib

（1）放置元件

用 Protel 99SE 打开项目文件"智能电子钟. Ddb",双击其中的"智能电子钟. Sch"原理图文件,在其中增加 16 个按键,并按图 2.9 修改元件的属性、设置元件的布局。

（2）连接元件

选择"Place"→"Wire"菜单命令,移动鼠标到需要连接导线的起点位置,单击鼠标,并拖动鼠标到终点位置再单击鼠标,完成一根线的设置,用同样的方法完成其他线的设置。选择"Place"→"Net Label"菜单命令,放置网络标号,然后双击网络标号,在弹出的对话框中修改网络属性。

（3）ERC 检查及生成网络表

ERC 检查没有错误后,便可以生成原理图的网络表。

2. 设计 PCB

由于本任务中所用到的 PCB 库元件 Protel 99SE 中均已提供,所以参照项目 1 直接载入网络表和元件,进行自动布线,生成的 PCB 如图 2.19 所示。

三、焊接电路板

焊接所需基本工具同任务 1。

本任务需要在扩展板上增加矩阵键盘电路的元件,准备表 2.2 所示元件和 PCB 电路板,如图 2.20 所示。焊接的电路板如图 2.1 所示。

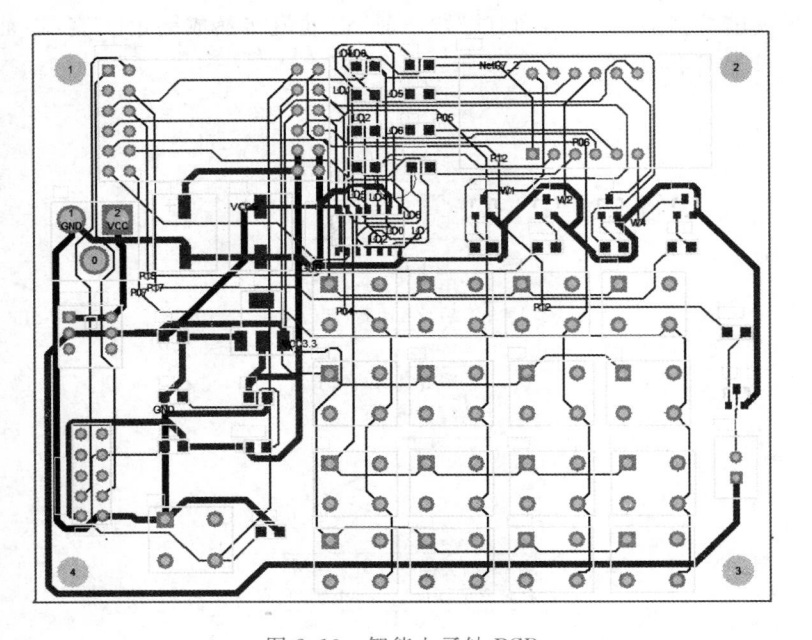

图 2.19 智能电子钟 PCB

图 2.20 PCB 电路板

四、查询方式软件设计

查询方式就是利用 CPU 不断地查询键盘列线 I/O 口,判断是否有键按下,若有键按下,显示按键值,无键按下,不断继续查询。此时,会一直占用 CPU。

1. 程序流程图

根据以上分析,程序编写的思路:选用 P0 端口的引脚 P0_0～P0_3 为输出端,P0_4～P0_7 为输入端。首先对数码管对应所接 I/O 引脚和键盘所接 I/O 引脚进行初始化,然后对键盘进行扫描,当扫描到有键按下时,把键值转换成键定义值,若无键按下时,直接显示0。主程序流程如图2.21所示。

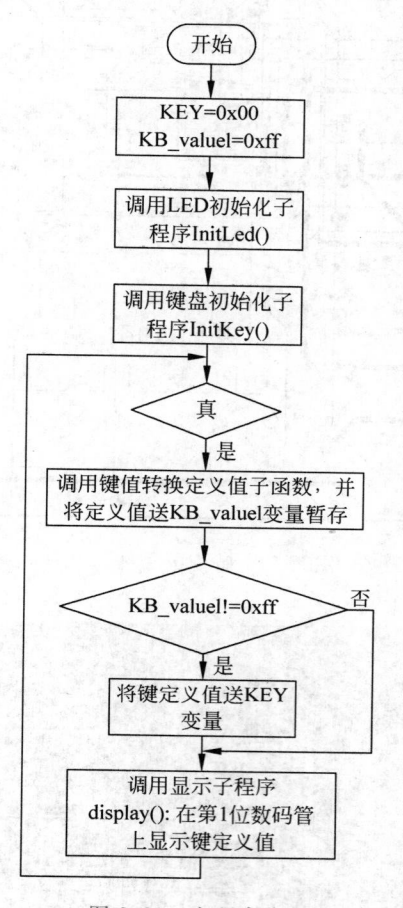

图2.21 主程序流程

2. 编写按键显示程序

键盘函数的声明与定义见表2.17。

表2.17 键盘函数声明与定义(1)

序号	函数名	参 数	功 能
1	InitLed	无	设置 LED 数码管相应的 I/O 口
2	InitKey	无	设置键盘相应的 I/O 口
3	Pled	k:待显示数据的字形码	将待显示的8位字形码串行输入,并行输出
4	Display	Dspchar:段选信号 N:位选信号	在第 n 个数码管上显示数值 dspchar
5	KBScan1	入口参数:无; 出口参数:扫描到的键值	扫描一次 4×4 键盘,读取键值,若无按键,送 0xff

续表

序号	函数名	参 数	功 能
6	KBScanN	入口参数：扫描次数 N； 出口参数：扫描到的键值	扫描 N 次 4×4 键盘，读取键值，若无按键，送 0xff
7	KBDef	入口参数：键值； 出口参数：键定义值	键值转为定义值

```c
// ****************************************** //
//文件名称：KeyLED.c
//功能：在第 2 个 LED 数码管上显示按键值
// ****************************************** //
# include < ioCC2530.h>
void Delay_MS(unsigned int ms);
//数码管显示编码 内容为:{0,1,2,3,4,5,6,7,8,9,A,B,C,D,E,F}
const unsigned char
tab[16] = {0x3f,6,0x5b,0x4f,0x66,0x6d,0x7d,7,0x7f,0x6f,0x77,0x7c,0x39,0x5e,0x79,0x71};
//键值、键定义值对应表
const unsigned char KB_Table[] =
{
    0xEE,0,0xDE,1,0xBE,2,0x7E,3,
    0xED,4,0xDD,5,0xBD,6,0x7D,7,
    0xEB,8,0xDB,9,0xBB,10,0x7B,11,
    0xE7,12,0xD7,13,0xB7,14,0x77,15,
    0x00
};
// ****************************************** //
//名称：InitKey()
//功能：设置键盘相应的 I/O 口
//入口参数：无
//出口参数：无
// ****************************************** //
void InitKey()
{
  P0DIR = 0x0f;        //设置 P0.0～P0.3 为输出，P0.4～P0.7 为输入
  P0SEL& = ~0xff;      //设置 P0 口为普通 I/O 口
  P0INP& = 0x0f;       //打开 P0.4～P0.7 的上拉电阻
  P0& = ~0x0f;
}
// ****************************************** //
//名称：KBScan1()
//功能：扫描一次 4×4 键盘，读取键值，若无按键，送 0xff
//入口参数：无
//出口参数：扫描到的键值
// ****************************************** //
unsigned char KBScan1(void)
{
  unsigned char line,i,tmp;
  line = 0xfe;
```

```
    for(i = 1; i < = 4; i++)
    {
      P0 = line;
      asm("NOP");
      asm("NOP");
      tmp = P0;
      tmp& = 0xf0;            //看第 n 行是否有键按下
      if(tmp! = 0xf0)         //本行有键按下
      {
        tmp = P0;
        break;
      }
      else                    //本行无键按下,扫描下一行
      {
        line = (line << 1) | 0x01;
      }
    }
    if(i == 5)
    {
    tmp = 0xff;
    }
    return tmp;
}
// ****************************************** //
//名称: KBScanN( )
//功能: 扫描一次 4 × 4 键盘,读取键值,若无按键,送 0xff
//入口参数: 扫描次数 N
//出口参数: 扫描到的键值
// ****************************************** //
unsigned char KBScanN(unsigned char N)
{
  unsigned char i, KB_value_last, KB_value_now;
  if(0 == N || 1 == N)
    return KBScan1( );
  KB_value_now = KB_value_last = KBScan1( );
  for(i = 0; i < N - 1; i++)
  {
    KB_value_now = KBScan1( );
      if(KB_value_now == KB_value_last)
      return KB_value_now;
      else
    KB_value_last = KB_value_now;
  }
  return 0xff;
}


// ****************************************** //
//名称: KB_Def( )
//功能: 键值转为定义值
```

```
//入口参数:键值
//出口参数:键定义值
// ****************************************** //
unsigned char KB_Def(unsigned char KB_valve)
{
    unsigned char KeyPress,i;

    i = 0;
    KeyPress = 0xff;
    while(KB_Table[i]!= 0x00)
    {
      if(KB_Table[i] == KB_valve)
      {
        KeyPress = KB_Table[i + 1];
        break;
      }
      i = i + 2;
    }
    return KeyPress;
}
//主函数
void main( void )
{
  unsigned char KEY = 0x00,KB_value1 = 0xff;
  InitLed( );
  InitKey( );
  while(1)
  {
    KB_value1 = KB_Def(KBScanN(10));
    if(KB_value1!= 0xff)
      KEY = KB_value1;
    Display(KEY,1);
  }
}
```

五、中断方式软件设计

中断方式就是主程序正常显示一个初值,当有键按下时,会触发键盘中断处理子程序,在中断处理子程序中读取键值,显示键值。此时,程序不会一直占用 CPU,但会占用一个外部中断源。

1. 程序流程

根据以上分析,程序编写思路:选用 P0 端口的引脚 P0_0～P0_3 为输出端,P0_4～P0_7 为输入端。主程序中显示一个设定的初值 0,主程序流程如图 2.22 所示。在键盘中断处理子程序中,调用扫描键盘子程序,读取键值,调用键值转定义值子程序,转换成键定义值,调用显示子程序,显示键定义值。键盘中断处理子程序流程如图 2.23 所示。

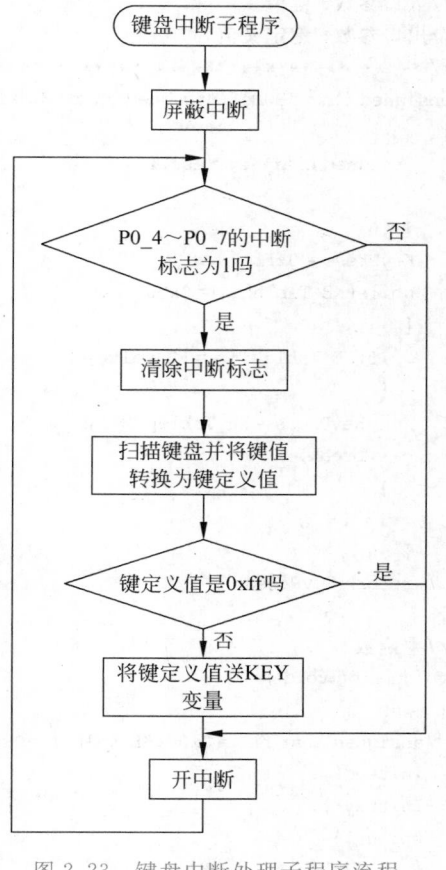

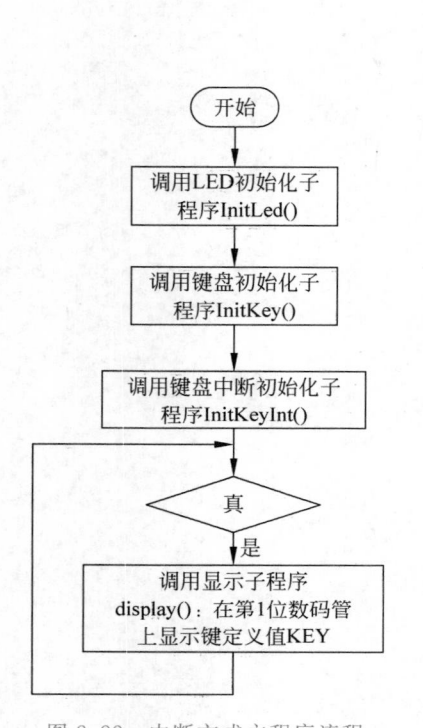

图 2.22　中断方式主程序流程　　　　　　图 2.23　键盘中断处理子程序流程

2. 编写程序

键盘函数声明与定义见表 2.18。

表 2.18　键盘函数声明与定义(2)

序号	函数名	参　　数	功　　能
1	InitLed	无	设置 LED 数码管相应的 I/O 口
2	InitKey	无	设置键盘相应的 I/O 口
3	InitKeyInt	无	键盘中断初始化
4	Pled	k：待显示数据的字形码	将待显示的 8 位字形码串行输入，并行输出
5	Display	Dspchar：段选信号 N：位选信号	在第 n 个数码管上显示数值 dspchar
6	KBScan1	入口参数：无 出口参数：扫描到的键值	扫描一次 4×4 键盘，读取键值，若无按键，送 0xff
7	KBScanN	入口参数：扫描次数 N 出口参数：扫描到的键值	扫描 N 次 4×4 键盘，读取键值，若无按键，送 0xff

续表

序号	函数名	参　　数	功　　能
8	KBDef	入口参数：键值 出口参数：键定义值	键值转为定义值
9	_interrupt void P0_ISR	无	键盘中断服务子程序

```
// ********************************** //
//名称: InitKeyInt()
//功能: 设置 P0 口 4～7 位为中断允许、下降沿触发
//入口参数: 无
//出口参数: 无
// ********************************** //
void InitKeyInt()
{
    P0IEN| = 0xf0; //P0IEN 的第 4、5、6、7 位置 1,即 P0.4,P0.5,P0.6,P0.7 设置为中断方式: 中断使能
    PICTL| = 0x01;          //下降沿触发
    IEN1| = 0x20;           //第 5 位置 1,端口 0 中断使能 0b0010 0000
    P0IFG = 0x00;           //初始化中断标志位
    EA = 1;                 //开总中断
}
// ********************************** //
//名称: _interrupt void P0_ISR()
//功能: 设置 P0 口 4～7 位为中断允许、下降沿触发
//入口参数: 无
//出口参数: 无
// ********************************** //
# pragma vector = P0INT_VECTOR
_interrupt void P0_ISR(void)
{
    unsigned char KB_Value1;
    P0IEN& = 0x0f;
    //P0IEN 的第 4、5、6、7 位置 0,即屏蔽 P0.4,P0.5,P0.6,P0.7 中断
    if((P0IFG&0x0f)> 0)      //产生 P0 输入中断
    {
        P0IFG = 0;           //清除中断标志
        P0IF = 0;
        KB_Value1 = KB_Def(KBScan1());
        if(KB_Value1!= 0xff)
        {
            KEY = KB_Value1;
        }
    }
    P0IEN| = 0xf0;
    //P0IEN 的第 4、5、6、7 位置 1,即开 P0.4,P0.5,P0.6,P0.7 中断
}
```

```
void main(void)
{
  InitLed();
  InitKey();
  InitKeyInt();
  while(1)
  {
    Display(KEY,1);
  }
}
```

六、软硬件联调

根据已有的电路原理图和程序代码,在 IAR 软件中进行程序编辑、编译、生成下载,得到正确的效果。

任务拓展

(1) 设计电路并编程实现,P0 接动态数码管的字形码笔段,P2 口接动态数码管的数位选择端,P1.0 接一个开关。当开关接高电平时,显示"1234"字样;当开关接低电平时,显示"4321"。

(2) 设计并制作简易计算器,能运行加、减、乘、除运算。

任务 3　设计定时器控制电子钟

在本任务中,首先介绍计数和定时的基本方法、CC2530 的定时器结构相关知识,然后给出了 CC2530 可编程控制器产生 1s 时间的程序原理及程序清单。读者可以照此原理编写程序,最终实现软件调试。

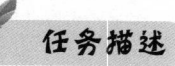
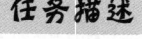

任务描述

在任务 2 的基础上,设计用定时器实时记录时钟,并显示在 LED 数码管上;同时可以通过按键设置时钟初始值。

相关知识

一、计数与定时的基本方法

1. 完全硬件方式

在过去许多仪器仪表或设备中,需要进行延时、定时或计数,经常使用数字逻辑电路实现,即完全用硬件电路实现计数与定时功能,若要改变计数与定时的要求,必须改变电路参数,通用性、灵活性差。微型计算机出现以后,特别是单片机的发展与普及,这种完全由硬件方式实现定时与计数已较少使用。

2. 完全软件方式

在计算机中,通过编程,利用计算机执行指令的时间实现定时,称为完全软件方式定时,简称软件方式定时。在这种方式中,一般是根据所需要的时间常数来设计一个延时子程序,延时子程序中包含一定的指令,设计者要对这些指令的执行时间进行严密的计算或者精确的测试,以便确定延时时间是否符合要求。

3. 可编程计数器/定时器

利用专门的可编程计数器/定时器实现计数与定时,克服了完全硬件方式与完全软件方式的缺点,计数器/定时器设定之后与CPU并行地工作。应用可编程计数器/定时器,在简单的软件控制下,可以产生准确的时间延时。这种方法的思路是根据需要的定时时间,用指令对计数器/定时器设置定时常数,并用指令启动计数器/定时器。这种方法最突出的优点是计数时不占用CPU的时间,并且,如果利用计数器/定时器产生中断信号就可以建立多作业的环境,所以,可大大提高CPU的利用率。

二、单片机定时器

CC2530有4个定时器,即T1、T2、T3、T4,可以广泛用于控制和测量。

定时器1是一个16位定时器,具有定时器/计数器/PWM功能。有5个各自可编程的计数器/捕获通道,每个都有一个16位比较值,对应一个I/O接口。

定时器2主要用于为802.15.4CSMA-CA算法提供定时,以及为802.15.4MAC层提供一般的计时功能。当定时器2和休眠定时器一起使用时,即使系统进入低功耗模式,也会提供定时功能。

定时器3和定时器4是两个8位定时器,具有定时器/计数器/PWM功能。每个定时器有两个独立的比较通道。每个通道上使用一个I/O接口。

三、定时器1

定时器1是一个独立的16位定时器,支持典型的定时/计数功能,如输入捕捉、输出比较和PWM功能。定时器1有5个独立的输入采样和输出比较通道,每个通道定时器对应一个I/O接口。定时器用于范围广泛的控制和测量应用,可用的5个通道的正计数/倒计数模式将允许诸如电动机控制应用的实现。

定时器1的功能如下:

- 5个捕获/比较通道;
- 上升沿、下降沿或任何边沿的输入捕获;
- 设置、清除或切换输出比较;
- 自由运行、模或正计数/倒计数操作;
- 可被1、8、32或128整除的时钟分频器;

- 在每个捕获/比较和最终计数上生成中断请求；
- DMA 触发功能。

1. 16 位计数器

定时器 1 包括一个 16 位计数器，在每个活动时钟边沿递增或递减。活动时钟边沿周期由寄存器位 CLKCON. TICKSPD 定义，它设置全球系统时钟的划分，提供了从 0.25～32MHz 的不同的时钟标签频率（可以使用 32MHz XOSC 作为时钟源），在定时器 1 中由 T1CTL. DIV 设置的分频器值进一步划分。这个分频器值可以是 1、8、32 或 128。因此当 32MHz 晶振用作系统时钟源时，定时器 1 可以使用的最低时钟频率是 1953.125Hz。当 16MHz RC 振荡器用作系统时钟源时，定时器 1 可以使用的最高时钟频率是 16MHz。

16 位计数器可以通过两个 8 位的 SFR 读取：T1CNTH 和 T1CNTL，分别包含在高位字节和低位字节中。当读取 T1CNTL 时，计数器的高位字节被缓冲到 T1CNTH，以便高位字节可以从 T1CNTH 中读出，因此 T1CNTL 必须在读取 T1CNTH 之前首先读取。对 T1CNTL 寄存器的所有写入访问将复位 16 位计数器。

当达到最终计数值（溢出）时，计数器产生一个中断请求。可以用 T1CTL 控制寄存器设置启动并停止该计数器。当一个不是 00 的值写入 T1CTL. MODE 时，计数器开始运行。如果 00 写入 T1CTL. MODE，计数器停止在当前值上。

2. 定时器 1 操作

一般来说，控制寄存器 T1CTL 用于控制定时器操作。状态寄存器 T1STAT 保存中断标志。计数器 1 可以作为一个自由运行计数器、一个模计数器或一个正计数/倒计数器运行，分别用于不同定时应用。

（1）自由运行模式

在自由运行模式下，计数器从 0x0000 开始，每个活动时钟边沿增加 1。当计数器达到 0xFFFF（溢出），计数器载入 0x0000，继续递增它的值，如图 2.24 所示。当达到最终计数值 0xFFFF，设置标志 IRCON. T1IF 和 T1STAT. OVFIF。如果设置了相应的中断屏蔽位 T1MIF. OVFIM 以及 IEN1. T1EN，将产生一个中断请求。自由运行模式可以用于产生独立的时间间隔，输出信号频率。

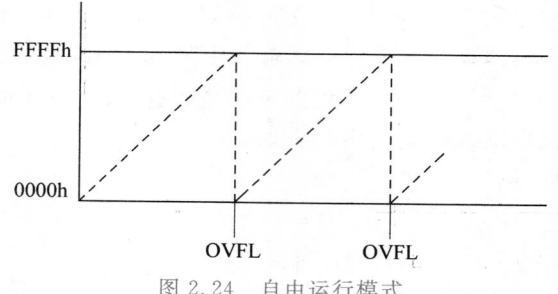

图 2.24　自由运行模式

（2）模模式

当定时器运行在模模式，16 位计数器从 0x0000 开始，每个活动时钟边沿增加 1。当计数器达到 T1CC0(溢出),寄存器 T1CC0H：T1CC0L 保存最终计数值,计数器将复位到 0x0000,并继续递增。如果定时器开始于 T1CC0 以上的一个值,当达到最终计数值 (0xFFFF)时,设置标志 IRCON.T1IF 和 T1CTL.OVFIF。如果设置了相应的中断屏蔽位 TIMIF.OVFIM 以及 IEN1.T1EN,将产生一个中断请求。模模式可以用于周期不是 0xFFFF 的应用程序。模模式如图 2.25 所示。

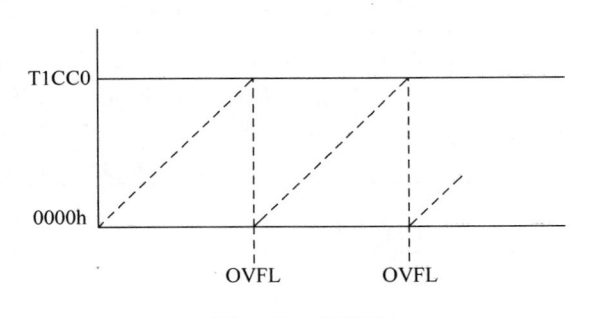

图 2.25　模模式

（3）正计数/倒计数模式

在正计数/倒计数模式,计数器反复从 0x0000 开始,正计数直到达到 T1CC0H：T1CC0L 保存的值。然后计数器将倒计数直到 0x0000,如图 2.26 所示。这个定时器用于周期必须是对称输出脉冲而不是 0xFFFF 的应用程序,因此允许中心对齐的 PWM 输出应用的实现。在正计数/倒计数模式,当达到最终计数值时,设置标志 IRCON.T1IF 和 T1CTL.OVFIF。如果设置了相应的中断屏蔽位 TIMIF.OVFIM 以及 IEN1.T1EN,将产生一个中断请求。

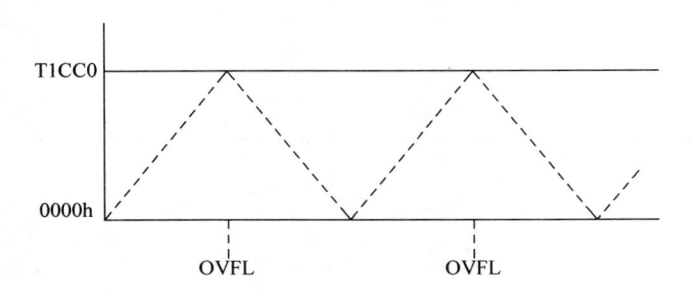

图 2.26　正计数/倒计数模式

3. 定时器 1 寄存器

（1）定时器 1 的寄存器,由以下寄存器组成：

① T1CNTH(0xE3)——定时器 1 计数高位；

② T1CNTL(0xE2)——定时器 1 计数低位；

③ T1CTL(0xE4)——定时器 1 控制和状态；

④ T1STAT(0xAF)——定时器 1 状态。

定时器 1 寄存器的描述见表 2.19～表 2.22。

表 2.19　T1CNTH(0xE3)——定时器 1 计数高位

位	名称	复位	R/W	描述
7:0	CNT[15:8]	0x00	R	定时器计数器高字节。包含在读取 T1CNTL 时定时器缓存的高 16 位字节

表 2.20　T1CNTL(0xE2)——定时器 1 计数低位

位	名称	复位	R/W	描述
7:0	CNT[7:0]	0x00	R	定时器计数器低字节。包括 16 位定时器计数器低字节。往该寄存器中写任何值，导致计数器被清除为 0x0000，初始化所有通道的输出引脚

表 2.21　T1CTL(0xE4)——定时器 1 控制和状态

位	名称	复位	R/W	描述
7:4	—	0000 0	R0	保留
3:2	DIV[1:0]	00	R/W	分频器划分值。产生主动的时钟边缘用来更新计数器 00：标记频率/1 01：标记频率/8 10：标记频率/32 11：标记频率 128
1:0	MODE[1:0]	00	R/W	选择定时器 1 模式。定时器操作模式通过下列方式选择。 00：暂停运行 01：自由运行，从 0x0000 到 0xFFFF 反复计数 10：模，从 0x0000 到 T1CC0 反复计数 11：正计数/倒计数，从 0x0000 到 T1CC0 倒计数到 0x0000

表 2.22　T1STAT(0xAF)——定时器 1 状态

位	名称	复位	R/W	描述
7:6	—	0	R0	保留
5	OVFIF	0	R/W0	定时器 1 计数器溢出中断标志。当计数器在自由运行或模计数器模式下达到最终计数值时设置，当在正/倒计数模式下达到零时倒计数。写 1 没有影响
4	CH4IF	0	R/W0	定时器 1 通道 4 中断标志。当通道 4 中断条件发生时设置。写 1 没有影响
3	CH3IF	0	R/W0	定时器 1 通道 3 中断标志。当通道 3 中断条件发生时设置。写 1 没有影响
2	CH2IF	0	R/W0	定时器 1 通道 2 中断标志。当通道 2 中断条件发生时设置。写 1 没有影响
1	CH1IF	0	R/W0	定时器 1 通道 1 中断标志。当通道 1 中断条件发生时设置。写 1 没有影响
0	CH0IF	0	R/W0	定时器 1 通道 0 中断标志。当通道 0 中断条件发生时设置。写 1 没有影响

（2）为定时器分配了一个中断向量。当下列定时器事件之一发生时，将产生一个中断请求。

① 计数器达到最终计数值（溢出或回到零）。

② 输入捕获事件。

③ 输出比较事件。

寄存器状态寄存器 T1STAT 包括最终计数值事件和 5 个通道比较捕获事件的中断标志。仅当设置了相应的中断屏蔽位和 IEN1. T1EN 时，才能产生一个中断请求。中断屏蔽位是 n 个通道的 T1CCTLn. IM 和溢出事件 TIMIF. OVFIM。如果有其他未决中断，必须在一个新的中断请求产生之前，通过软件清除相应的中断标志。而且，如果设置了相应的中断标志，使能一个中断屏蔽位将产生一个新的中断请求。

四、定时器 3 和定时器 4

定时器 3 和定时器 4 是两个 8 位的定时器。每个定时器有两个独立的比较通道，每个通道上使用一个 I/O 引脚。定时器 3/定时器 4 的特性如下。

- 两个捕获/比较通道。
- 设置、清除或切换输出比较。
- 时钟分频器，可以被 1、2、4、8、16、32、64、128 整除。
- 在每次捕获/比较和最终计数事件发生时产生中断请求。
- DMA 触发功能。

1. 8 位定时器/计数器

定时器 3 和定时器 4 的所有定时器功能都是基于主要的 8 位计数器建立的。计数器在每个时钟边沿递增或递减。活动时钟边沿的周期由寄存器位 CLKCONCMD. TICKSPD[2:0]定义，由 TxCTL. DIV[2:0]（其中 x 指的是定时器号码，3 或 4）设置的分频器值进一步划分。计数器可以作为一个自由运行计数器、倒计数器、模计数器或正/倒计数器运行。

可以通过 SFR 寄存器 TxCNT 读取 8 位计数器的值，其中 x 指的是定时器号码，3 或 4。

清除和停止计数器是通过设置 TxCTL 控制寄存器的值实现的。当 TxCTL. START 写入 1 时，计数器开始。当 TxCTL. START 写入 0 时，计数器停留在当前值。

2. 定时器 3/定时器 4 操作

（1）自由运行模式

在自由运行模式，计数器从 0x00 开始，每个活动时钟边沿递增。当计数器达到 0xFF，计数器载入 0x00，并继续递增。当达到最终计数值 0xFF（比如，发生了一个溢出），就设置中断标志 TIMIF. TxOVFIF。如果设置了相应的中断屏蔽位 TxCTL. OVFIM，就产生一个中断请求。自由运行模式可以用于产生独立的时间间隔和输出信号频率。

（2）倒计数模式

在倒计数模式，定时器启动之后，计数器载入 TxCC0 的内容。然后计数器倒计时，直到 0x00。当达到 0x00 时，设置标志 TIMIF. TxOVFIF。如果设置了相应的中断屏蔽位 TxCTL. OVFIM，就产生一个中断请求。定时器倒计数模式一般用于需要事件超时间隔的应用程序。

（3）模模式

当定时器运行在模模式，8位计数器在0x00启动，每个活动时钟边沿递增。当计数器达到寄存器TxCC0所含的最终计数值时，计数器复位到0x00，并继续递增。当发生这个事件时，设置标志TIMIF.TxOVFIF。如果设置了相应的中断屏蔽位TxCTL.OVFIM，就产生一个中断请求。模模式可以用于周期不是0xFF的应用程序。

（4）正/倒计数模式

在正/倒计数模式，计数器反复从0x00开始正计数，直到达到TxCC0所含的值，然后计数器倒计数，直到达到0x00。这个模式用于需要对称输出脉冲，且周期不是0xFF的应用程序。因此它允许中心对齐的PWM输出应用程序的实现。通过写入TxCTL.CLR清除计数器也会复位计数方向，即从0x00模式正计数。

3. 定时器3和定时器4寄存器

定时器3和定时器4由以下寄存器组成（其中x代表定时器号码3或4，n代表通道0或1）。

（1）TxCNT——定时器3或4计数器。

（2）TxCTL——定时器3或4控制寄存器。

（3）TxCCTLn——定时器3或4通道捕获/比较控制。

（4）TxCCn——定时器3或4通道捕获/比较值。

（5）TIMIF——定时器1、3、4中断标志寄存器。

通过设置TxCNT寄存器读取8位计数器的值，表2.23所示为T3CNT寄存器的描述。

表2.23　T3CNT（0xCA）——定时器3计数器

位	名称	复位	R/W	描　　述
7:0	CNT[7:0]	0x00	R	定时器计数字节。包含8位计数器当前值

通过设置TxCTL控制寄存器的值实现清除和停止计数器。当TxCTL.START写入1时，计数器开始计数；当TxCTL.START写入0时，计数器停留在当前位。表2.24所示为T3CTL控制寄存器的描述。

表2.24　T3CTL（0xCB）——定时器3控制寄存器

位	名称	复位	R/W	描　　述
7:5	DIV[2:0]	000	R/W	分频器划分值。有效时钟沿来自CLKCON.TICKSPD的定时器时钟。 000：标记频率/1 001：标记频率/2 010：标记频率/4 011：标记频率/8 100：标记频率/16 101：标记频率/32 110：标记频率/64 111：标记频率/128

续表

位	名称	复位	R/W	描　述
4	START	0	R/W	启动定时器。正常运行时设置,暂停时清除
3	OVFIM	10	R/W	溢出中断屏蔽如下。 0:中断禁止 1:中断使能
2	CLR	0	R0/W1	清除计数器。写1到CLR,复位计数器到0x00,并初始化相关通道所有的输出引脚。总是读作0
1:0	MODE[1:0]	00	R/W	定时器3模式。选择以下模式。 00为自由运行,从0x00到0xFF反复计数 01为倒计数,从T3CC0到0x00计数 10为模,从0x00到T3CC0重复计数 11为正/倒计数,从0x00到T3CC0重复计数,降到0x00

定时器3和定时器4有两个捕获/比较控制通道,即通道0和通道1,由寄存器 T3CCTLn和T4CCTLn控制(其中n表示通道号0或1)。T3CCTLn和T4CCTLn配置基本相同,表2.25所示为T3CCTL0寄存器的描述。

表 2.25　T3CCTL0——定时器3通道捕获/比较控制

位	名称	复位	R/W	描　述
7	—	0	R0	未使用
6	IM	1	R/W	通道0中断屏蔽如下。 0:中断禁止 1:中断使能
5:3	CMP[2:0]	000	R/W	通道0比较输出模式选择。当时钟值与在T3CC0中的比较值相等时输出特定的操作。 000:比较设置输出 001:比较清除输出 010:比较切换输出 011:比较正计数时设置输出,在0清除 100:比较正计数时清除输出,在0设置 101:比较设置输出,在0xFF清除 110:0x00设置,在比较清除输出 111:初始化输出引脚。CMP[2:0]不变
2	MODE	0	R/W	选择定时器3通道0捕获或者比较模式。 0:捕获模式 1:比较模式
1:0	CAP[1:0]	00	R/W	捕获模式选择如下。 00:无捕获 01:在上升沿捕获 10:在下降沿捕获 11:在两个边沿都捕获

定时器 3 和定时器 4 有两个通道/比较值寄存器,即通道 0 和通道 1,由寄存器 T3CCn 和 T4CCn 控制(其中 n 表示通道号 0 或 1)。T3CCn 和 T4CCn 配置基本相同,表 2.26 所示为 T3CC0 寄存器的描述。

表 2.26　T3CC0——定时器 3 通道 0 捕获/比较值

位	名称	复位	R/W	描　　述
7:0	VAL[7:0]	0x00	R/W	定时器捕获/比较通道值。当 T3CCTL0.MODE=1(比较模式)时写该寄存器会导致 T3CC0.VAL[7:0]更新到写入值,延迟到 T3CNT.CNT[7:0]=0x00

系统为 T3 和 T4 两个定时器各分配了一个中断向量。当以下定时器事件之一发生时,将产生一个中断请求:计数器达到最终计数值;比较事件;捕获事件。

SFR 寄存器 TIMIF 包含定时器 3 和定时器 4 的所有中断标志。寄存器位 TIMIF. TxOVFIF 和 TIMIF.TxCHnIF 分别包含 2 个最终计数值事件,以及 4 个通道捕获/比较事件的中断标志。仅当设置了相应的中断屏蔽位时,才会产生一个中断请求。如果有其他未决的中断,必须通过 CPU,在一个新的中断请求产生之前,清除相应的中断标志。而且,如果设置了相应的中断标志,使能一个中断屏蔽位产生一个新的中断请求。表 2.27 所示为 TIMIF 寄存器的描述。

表 2.27　TIMIF(0xD8)——定时器 1/3/4 中断屏蔽/标志

位	名称	复位	R/W	描　　述
7	—	0	R0	未使用
6	OVFIM	1	R/W	定时器 1 溢出中断屏蔽
5	T4CH1IF	0	R/W0	定时器 4 通道 1 中断标志如下。 0:无中断未决 1:中断未决
4	T4CH0IF	0	R/W0	定时器 4 通道 0 中断标志如下。 0:无中断未决 1:中断未决
3	T4OVFIF	0	R/W0	定时器 4 溢出中断标志如下。 0:无中断未决 1:中断未决
2	T3CH1IF	0	R/W0	定时器 3 通道 1 中断标志如下。 0:无中断未决 1:中断未决
1	T3CH0IF	0	R/W0	定时器 3 通道 0 中断标志如下。 0:无中断未决 1:中断未决
0	T3OVFIF	0	R/W0	定时器 3 溢出中断标志如下。 0:无中断未决 1:中断未决

五、振荡器和时钟寄存器

CC2530 有一个内部系统时钟或主时钟。该系统时钟的源既可以用 16MHz RC 振荡器,也可以采用 32MHz 晶体振荡器。时钟的控制可以使用 CLKCONCMD 寄存器来完成。

32MHz 时钟源可以是 RC 振荡器或晶体振荡器,也由 CLKCONCMD 寄存器控制。振荡器可以选择高精度的晶体振荡器,也可以选择低功耗的高频 RC 振荡器。

1. 振荡器

CC2530 有两个高频振荡器:32MHz 晶体振荡器、16MHz RC 振荡器。32MHz 晶体振荡器启动时间对一些应用程序来说可能比较长,因此设备可以运行在 16MHz RC 振荡器,直到晶体振荡器稳定。16MHz RC 振荡器功耗小于 32MHz 晶体振荡器,但是由于不像晶体振荡器那么精确,所以不能用于 RF 收发器操作。

CC2530 还有两个低频振荡器:32kHz 晶体振荡器、32kHz RC 振荡器。32kHz 晶体振荡器用于运行在 32.768kHz,为系统需要的时间精度提供一个稳定的时钟信号。校准时,32kHz RC 振荡器运行在 32.753kHz。32kHz RC 振荡器应用于降低成本和电源消耗。这两个 32kHz 振荡器不能同时运行。

2. 时钟

CC2530 内部有一个内部系统时钟和一个主时钟。系统时钟是从所选的主系统时钟源获得的,主系统时钟一般由 32MHz 晶体振荡器或 16MHz RC 振荡器提供。由于 32MHz 晶体振荡器启动时间比较长,因此当选用 32MHz 晶体振荡器作为主时钟源时,内部首先选择 16MHz RC 振荡器使系统运转起来,当 32MHz 晶体振荡器稳定之后才作为主时钟源。

可以通过设置时钟寄存器来选择使用某个时钟源。时钟寄存器主要有两个寄存器:时钟控制命令寄存器 CLKCONCMD 和时钟控制状态寄存器 CLKCONSTA。

CLKCONCMD 寄存器是一个只读的寄存器,用于获得当前时钟状态。CLKCONCMD 寄存器的描述见表 2.28。

表 2.28 CLKCONCMD(0xC6)——时钟控制命令寄存器

位	名称	复位	R/W	描 述
7	OSC32K	1	R/W	32kHz 时钟振荡器选择。设置该位只能发起一个时钟源改变。CLKCONSTA.OSC32K 反映当前的设置。当要改变该位必须选择 16MHz RCOSC 作为系统时钟。 0:32kHz XOSC；1:32kHz RCOSC
6	OSC	1	R/W	系统时钟源选择。设置该位只能发起一个时钟源改变。CLKCONSTA.OSC 反映当前的设置。 0:32MHz XOSC；1:16MHz RCOSC

续表

位	名称	复位	R/W	描 述
5:3	TICKSPD[2:0]	001	R/W	定时器标记输出设置。不能高于通过 OSC 位设置的系统时钟设置。000：32MHz；001：16MHz；010：8MHz；011：4MHz；100：2MHz；101：1MHz；110：500kHz；111：250kHz。注意 CLKCONCMD.TICKSPD 可以设置为任意值，但是结果受 CLKCONCMD.OSC 设置的限制，即如果 CLKCONCMD.OSC＝1，且 CLKCONCMD.TICKSPD＝000，CLKCONCMD.TICKSPD 读出 001，且实际 TICKSPD 是 16MHz
2:0	CLKSPD	001	R/W	时钟速度。不能高于通过 OSC 位设置的系统时钟设置。表示当前系统时钟频率。000：32MHz；001：16MHz；010：8MHz；011：4MHz；100：2MHz；101：1MHz；110：500kHz；111：250kHz。注意 CLKCONCMD.CLKSPD 可以设置为任意值，但是结果受 CLKCONCMD.OSC 设置的限制，即如果 CLKCONCMD.OSC＝1，且 CLKCONCMD.CLKSPD＝000，CLKCONCMD.CLKSPD 读出 001，且实际 CLKSPD 是 16MHz。还要注意调试器不能和一个划分过的系统时钟一起工作。运行调试器，当 CLKCONCMD.OSC＝0，CLKCONCMD.CLKSPD 的值必须设置为 000，或当 CLKCONCMD.OSC＝1，设置为 001

主时钟源的选择可通过 CLKCONCMD 和 CLKCONSTA 共同操作完成，要改变时钟源，需要使 CLKCONSTA.OSC 的设置与 CLKCONCMD.OSC 的设置相同，这样才可以改变时钟源。时钟控制状态寄存器的描述见表 2.29。

例：设置系统时钟为 32MHz 晶体振荡器。

CLKCONCMD&＝～0x40；

CLKCONSTA&＝～0x40；

表 2.29 CLKCONSTA(0x9E)——时钟控制状态寄存器

位	名称	复位	R/W	描 述
7	OSC32K	1	R	当前选择的 32kHz 时钟源如下。0：32kHz XOSC 1：32kHz RCOSC
6	OSC	1	R	当前选择的系统时钟如下。0：32MHz XOSC 1：16MHz RCOSC

续表

位	名称	复位	R/W	描 述
5：3	TICKSPD[2：0]	001	R	当前设置的定时器标记输出如下。 000：32MHz 001：16MHz 010：8MHz 011：4MHz 100：2MHz 101：1MHz 110：500kHz 111：250kHz
2：0	CLKSPD	001	R	当前时钟速度如下。 000：32MHz 001：16MHz 010：8MHz 011：4MHz 100：2MHz 101：1MHz 110：500kHz 111：250kHz

任务实施

一、硬件设计

根据本任务的要求,系统需要的硬件包括 4 连排 8 段数码管电路、矩阵键盘电路,数码管电路用来显示实时时钟,键盘电路用来设置初始时钟,硬件电路同任务 2,可以在任务 2 的电路板上实现功能。

二、软件设计

本任务要求既能在 LED 上显示实时时钟,又可以通过键盘设置时钟。

根据任务要求,要显示实时时钟,实时时钟由小时、分钟、秒构成,小时、分钟、秒分别又由十位和个位组成,每经过 1s,小时、分钟、秒会实时刷新,因此可以设置一个数组来存放小时、分钟和秒的值。如:

```
unsigned char dspbf[6] = {2,3,5,5,5,1};
```

设置 dspbf[6]数组,其初值为{2,3,5,5,5,1},表示当前时钟初值为 23 小时 55 分 51 秒。数组设置后,参照任务 1 的程序将时分秒显示在 LED 上。由于本系统中 LED 的位数是 4 位,而待显示的时钟是 6 位,因此每次只能显示时分或分秒,可以用函数 fun0() 实现显示时分的功能;用函数 fun1()实现显示分秒的功能。

实时时钟显示了,那么如何通过键盘按键修改实时时钟呢? 在任务 2 中学习了通过中断方式获取按键值,因此只要程序在正常显示过程中,当有键按下时,就可以通过程序将键值输入 dspbf[] 数组中,并实时显示。可通过函数 fun2() 实现通过键盘按键修改实时时钟,并显示新时钟值。

有了以上三个函数,最后可以用一个主函数来调用三个子函数,分别实现不同的功能。假设定义一个 F 键作为功能切换键,根据 F 键的按下次数来调用不同的函数,如程序正常运行时,执行 fun0() 函数,显示实时时钟的时分;当按下 F 键时,执行 fun1() 函数,显示实时时钟的分秒;再按下 F 键时,执行 fun2() 函数,可以通过按键来重新设置时钟值。由此可见,要编写以下程序。

(1) 函数 fun0():实现在 4 连排 LED 上显示实时时钟,左边两位显示分钟,右边两位显示秒,每过 1s 时钟会实时变化。

(2) 函数 fun1():实现在 4 连排 LED 上显示实时时钟,左边两位显示小时,右边两位显示分钟,每过 1s 时钟会实时变化。

(3) 函数 fun2():实现读取按键值修改时钟初值,并将时钟实时显示。

(4) 主函数 main():实现通过读取 F 键按下的次数来调用以上三个子函数实现不同功能。

1. 定时器设置

假设选择单片机系统的系统时钟源为 32MHz,定时时钟为 250kHz,那么如何用定时器产生 1s 定时时间间隔呢?

设置 T1CTL(定时器 1 控制和状态)中的分频器划分值为 01,即计数频率等于定时时钟频率÷8,假设定时时钟设为 250kHz,则计数频率＝(250÷8)kHz,计数周期＝(8÷250)ms＝32μs,即定时器 T1 每计一个数是 32μs,要定时 1s,则需要定时器 T1 计多少个数呢? 即计定时时钟脉冲个数为:1s÷32μs＝0x7A12。该计数要求是从 0x0000 计数直到 0x7A12 结束,因此选择定时器 1 的模模式。

综上所述,定时器 T1 初始化时可作如下设置。

设置系统时钟源选择 32MHz XOSC:CLKCONCMD &= ～0x40;

设置 T1 的定时时钟为 250kHz:CLKCONCMD |= 0x38;

设置计数个数:T1CC0H=0x7A; T1CC0L=0x12;

设置 T1 通道 0 为比较模式:T1CCTL0|=0x04;

设置 T1 为模模式,分频器划分值为 8:T1CTL=0x06;

设置 T1 开溢出中断:T1IE=1。

若希望产生 0.5s 定时时间间隔,该作如何设置呢? 只要用 0.5s÷32μs＝0x3D09,即只要定时器 T1 计 0x3D09 个计数脉冲就可以。

以上是用定时器 T1 来完成的定时设置,同样的用其他定时器也可以完成定时设置。

2. 主程序设计

根据以上分析,主程序编写的思路:LED 初始化、定时器 T1 初始化,键盘初始化,键盘中断初始化,主程序判断当前是否有新的按键,若有按键判断是否是 F 键,根据 F 键的按下次数分别调用三个子函数：fun0()、fun1()、fun2()，进入不同的功能。若没有键按下，一直进行循环判断和显示。主程序流程如图 2.27 所示。

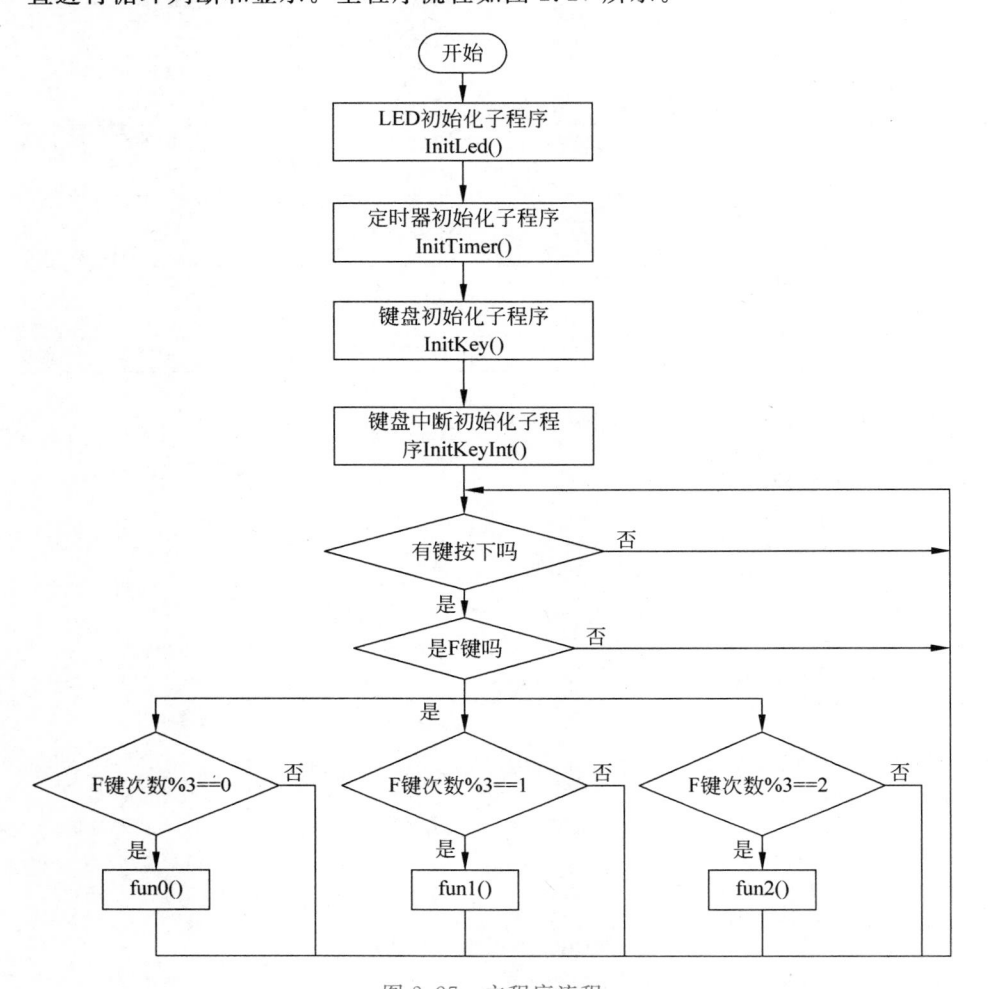

图 2.27 主程序流程

智能电子钟各函数的声明与定义见表 2.30。

表 2.30 智能电子钟各函数声明与定义

序号	函数名	参数	功能
1	InitLed	无	设置 LED 数码管相应的 I/O 口
2	InitTimer	无	系统时钟源 32MHz XOSC；T1 定时时钟为 250kHz；T1 为模模式；T1 开中断
3	Pled	k：待显示数据的字形码	将待显示的 8 位字形码串行输入，并行输出
4	Display	Dspchar：段选信号 N：位选信号	在第 n 个数码管上显示数值 dspchar
5	T1_ISR	无	T1 中断函数，1s 刷新时分秒
6	InitKey	无	设置键盘相应的 I/O 口

续表

序号	函 数 名	参　　数	功　　能
7	InitKeyInt	无	键盘中断初始化
8	KBScan1	入口参数：无 出口参数：扫描到的键值	扫描一次 4×4 键盘，读取键值，若无按键，送 0xff
9	KBScanN	入口参数：扫描次数 N 出口参数：扫描到的键值	扫描 N 次 4×4 键盘，读取键值，若无按键，送 0xff
10	KBDef	入口参数：键值 出口参数：键定义值	键值转为定义值
11	_ interrupt void P0_ISR	无	键盘中断服务子程序
12	main	无	主函数，根据按键选择执行功能不同的程序

```
// ************************************************ //
//文件名称: ele_clock.c
//功能：1.显示时分
//     2.显示分秒
//     3.修改时钟
//描述：采用定时器 T1 中断方式
// ************************************************ //
# include < ioCC2530.h>
void Delay_MS(unsigned int ms);
static unsigned char bit = 0;
unsigned char KEY = 0xff;
//数码管显示编码 内容为:{0,1,2,3,4,5,6,7,8,9,A,B,C,D,E,F,.,-,三}
const unsigned char
sgcode[19] = {0x3f, 6, 0x5b, 0x4f, 0x66, 0x6d, 0x7d, 7, 0x7f, 0x6f, 0x77, 0x7c, 0x39, 0x5e, 0x79,
0x71, 0x40, 0x49};
//数码管段选择,0x80 为小数点
unsigned char dspbf[6] = {2, 3, 5, 5, 5, 1};
unsigned char j = 0;          //记中断次数，即记 500ms 次数
//键值、键定义值对应表
const unsigned char KB_Table[] =
{
  0xEE, 0, 0xDE, 1, 0xBE, 2, 0x7E, 3,
  0xED, 4, 0xDD, 5, 0xBD, 6, 0x7D, 7,
  0xEB, 8, 0xDB, 9, 0xBB, 10, 0x7B, 11,
  0xE7, 12, 0xD7, 13, 0xB7, 14, 0x77, 15,
  0x00
};
//主函数
void main(void)
{
  unsigned char y = 0;
  InitLed();              //Led 初始化
  InitTimer();            //定时器 T1 初始化
  InitKey();              //键盘初始化
```

```
    InitKeyInt();              //键盘中断初始化
    while(1)                   //主程序循环
    {
        if(KEY!= 0xff)         //判断是否有键按下
        {
            if(KEY == 15)      //是 F 键按下吗?
            {
              y += 1;          //计 F 键按下次数
              y = y % 3;       //F 键按下次数对 3 取余
              KEY = 0xff;      //为下次判断是否有键按下作准备
            }
        }
        switch(y)              //判断 F 键按下次数
        {
          case 0:fun0();break; //调用 fun0()函数
          case 1:fun1();break; //调用 fun1()函数
          case 2:fun2();break; //调用 fun2()函数
        }
    }
}
```

3. 显示分秒子函数设计

显示分秒子函数 fun0()的设计思路是:设变量 i 来记录 LED 当前的显示位置,i 从 0 到 3 变化,分别表示 LED 从左到右的 4 个显示位,所以可以用 i 作为循环变量,每次循环中将分和秒的一位值送入 LED 显示。参考程序如下。

```
// ******************************************** //
//名称: fun0()
//功能: 在 4 个 LED 上显示分秒
//入口参数:无
//出口参数:无
// ******************************************** //
void fun0(void)
{
    unsigned char i;          //分别送去显示
    for(i = 0;i < 4;i++)      //轮流 4 位显示分秒
    {
      display(sgcode[dspbf[i + 2]],i);
    }
}
// ******************************************** //
//名称: InitTimer()
//功能:T1 初始化,系统时钟源 32MHz XOSC,模模式,分频器划分值为 8
//入口参数:无
//出口参数:无
// ******************************************** //
void InitTimer(void)
{
```

```
    EA = 0;
    T1IE = 1;                        //开 T1 溢出中断
    CLKCONCMD & = ~0x40;             //OSC 置 1,系统时钟源选择 32MHz XOSC
    while(CLKCONSTA & 0x40);         //等待晶体振荡器稳定
    CLKCONCMD | = 0x38;              // T1 的定时时钟为 250kHz
    //t = 8/f = 8/250kHz = 32μs
    //计时时间 1s/32μs = 0x7a12
    T1CC0H = 0x7a;                   //1s 周期时钟 0b0111 1010 0001 0010 31250
    T1CC0L = 0x12;
    T1CCTL0 = 0x04;            · // 比较模式
    T1CTL = 0x06;                    //T1 模式,分频器划分值为 8
    EA = 1;                          //开总中断
}//250kHz 8 频
// ********************************************* //
//名称: _interrupt void T1_ISR()
//功能:每过 1s,中断函数修改一次时分秒计时单元
//入口参数:无
//出口参数:无
// ********************************************* //
# pragma vector = T1_VECTOR
_interrupt void T1_ISR(void)
{
    EA = 0;                          //关总中断
    dspbf[5]++;                      //秒个位加 1
    if(dspbf[5]> 9)
    {
        dspbf[5] = 0;dspbf[4]++;                    //秒个位大于 9,则个位清零,十位加 1
        if(dspbf[4]> 5)
        {
            dspbf[4] = 0;dspbf[3]++;                //秒十位大于 5,则十位清零,分钟个位加 1
            if(dspbf[3]> 9)
            {
                //分钟个位大于 9,则分钟个位清零,分钟十位加 1
                dspbf[3] = 0;dspbf[2]++;
                if(dspbf[2]> 5)
                {
                    dspbf[2] = 0; dspbf[1]++;    //若分钟十位大于 5,则清零
                    if(dspbf[1]> 9&&dspbf[0]< 2)
                    {
                        dspbf[1] = 0; dspbf[0]++; //若分钟十位大于 5,则清零
                    }
                    if(dspbf[0] == 2&&dspbf[1]< 4 )
                    {
                        dspbf[1] = 0; dspbf[0]++;
                    }
                    else
                        dspbf[0] = dspbf[1] = dspbf[2] = dspbf[3] = dspbf[4] = dspbf[5] = 0 ;
                }
            }
        }
```

```
        }
    }
    EA = 1;                                    //开总中断
}
```

说明：当主函数执行时，定时器 T1 从 0x0000 开始计数，当计数值达到 0x7a12 时，即时间达到 1s（每计一次数，计数脉冲为 32μs），这时程序自动转入 T1 中断函数，在中断函数中对时分秒单元进行刷新。

若每 0.5s 就要中断一次，则可以将计数值 0x7a12 改变成一半，即 0x3d09。如果每 0.5s 中断一次，在主程序中仍然要达到 1s 的效果怎么办呢？可以在 T1 中断函数中计中断次数，一次中断是 0.5s，则只计中断函数 2 次就可以达到 1s。具体做法：在程序中增加一个全局变量 j，初值为 0，T1 中断函数中对 j 变量加 1，并且判断 j 是否大于 1，若大于 1，说明中断函数已经执行了 2 次，即已经达到 1s，此时可以刷新时分秒单元。

显示时，分子函数 fun1()，可以在 fun0() 的基础上进行修改，只需将其中 display (sgcode[dspbf[i＋2]],i);改为 display(sgcode[dspbf[i]],i);即可。

4. 按键修改时分子函数设计

按键修改时钟子函数 fun2() 的四位 LED 分别显示小时和分钟共 4 位的值，这 4 位的值都可以通过按键来改变，因此首先要设置一个变量 bit，用来存放当前是改变哪一位值，即 bit 表示这 4 位，其值从 0 变化到 3，分别代表 LED 的第 0 位到第 3 位，即小时的十位、个位、分钟的十位、个位。为了更容易区分，在修改某一位时，可以使该位闪烁，这时从键盘输入的按键值就是对闪烁位的改变。具体参考程序如下。

```
// ********************************************** //
//名称: fun2()
//功能: 通过键盘修改时分
//入口参数: 无
//出口参数: 无
// ********************************************** //
void fun2(void)
{    unsigned char i;
     for(i = 0;i < 4;i++)
     {
         if(i == bit)                          //找到闪烁位,即待修改的位
         {
             if(KEY < 10)                      //输入的键小于 10
             {
                 //闪烁位是第 0 位,即小时的十位时,其键值只能是 0～2
                 if(bit == 0&&KEY < 3) { dspbf[bit] = KEY;}
                 //闪烁位是第 1 位且第 0 位是小于 2 时,其键值可以是 0～9
                 if(bit == 1&&dspbf[0] < 2&&KEY < 10) {dspbf[bit] = KEY;}
                 //闪烁位是第 1 位且第 0 位是 2 时,其键值只能是 0～3
                 if(bit == 1&&dspbf[0] == 2&&KEY < 4) {dspbf[bit] = KEY; }
                 //闪烁位是第 2 位,即分钟的十位时,其键值只能是 0～5
                 if(bit == 2&&KEY < 6) { dspbf[bit] = KEY;}
                 //闪烁位是第 3 位,即分钟的个位时,其键值可以是 0～9
```

```
                    if(bit == 3&&KEY < 10) { dspbf[bit] = KEY;}
                 }
                 if(j < 1)                          //0.5s 吗?
                 {  P1| = ((bit << 4)&0xf0);         //待修改的位 0.5s 内不显示
                    pled(0x00);
                    Delay_MS(1);
                 }
                 else                               //待修改的位 0.5s 内显示正常值
                 display(sgcode[dspbf[i]],i);
             }
             else
             display(sgcode[dspbf[i]],i);            //其余情况下,各位正常显示
         }
     }
```

（1）修改本任务中的功能一,使 4 位 LED 显示分.秒.,秒后的小数点 0.5s 闪烁一次。

（2）修改本任务中的功能二,使 4 位 LED 显示时.分.,分后的小数点 0.5s 闪烁一次。

（3）编写实现秒表倒计时功能,初始值可以是 1～99s 的任意整数,倒计时通过数码管实时显示,计时结束后通过蜂鸣器输出报警信号。

（4）设计程序,完成功能一,采用定时器 2 定时,在 4 位 LED 上显示分秒。

（5）设计程序,完成功能二,采用定时器 3 定时,在 4 位 LED 上显示时分。

（6）设计硬件电路并编写程序,使系统能模拟播放简单乐曲,如"世上只有妈妈好"。

思考与问答

1. 什么是共阳极数码管? 什么是共阴极数码管? 它们的 0～F 的字形码分别是多少?

2. 什么是 8 段数码管的静态显示和动态显示? 单片机该如何连接?

3. 矩阵式键盘扫描有哪几种方法? 如何获取键值?

4. 简述中断服务子程序和普通子程序的异同。

5. 什么是中断? 其主要功能是什么?

6. 简述 CC2530 单片机的中断响应过程。

7. 中断响应的条件是什么?

8. CC2530 单片机如何判别中断源是否有中断请求发生?

9. 何为中断优先权? 它是怎样规定的?

10. 单片机与外围设备间传送数据有哪几种方式? 根据每种方式的特征分析其适用

的场合。

11．什么是中断源？CC2530 有多少个中断源？

12．CC2530 系统时钟源为 32MHz，定时时钟为 200kHz，若定时 1ms，如用定时器 T1 时，其初始值应为多少？

13．CC2530 系统时钟源为 16MHz，则 T1 最大定时时间为多少？ T2 最大定时时间为多少？ 若定时 10s 该如何设置？

14．定时器 1 有哪几种工作模式？ 各有何特点？ 如何选择和设定？

项目

设计制作环境监控系统

环境监控系统在生活中有着广泛的应用,如温室大棚要控制好适合农作物生成的温、湿度及光照强度等,智能家居中要想使人们生活得舒适,温湿度、光照度控制是必不可少的。

环境监控系统设计包括三个模块:环境参数采集模块、数据处理模块和执行模块,实物如图 3.1 所示。环境参数包含温湿度、光照度、土壤湿度;数据处理使用 CC2530 单片机;执行模块使用 5V 松乐继电器,通过单片机控制继电器动作实现自动开启风扇通风、自动遮盖、自动喷淋等动作。

图 3.1　环境监控系统实物

【知识点】
(1) 传感器概念、分类、特点。
(2) A/D 转换原理。
(3) 模拟传感器。

（4）数字传感器。

（5）继电器工作原理。

【技能点】

（1）识别各种类型的传感器。

（2）使用模拟传感器光敏电阻 5516 采集光照度。

（3）使用数字传感器 DHT11 采集温湿度。

（4）使用继电器控制外部设备。

任务1　设计制作雨滴检测显示系统

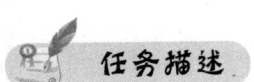

设计并制作一个单片机雨滴检测显示系统，使用雨滴传感器来检测室外是否下雨，如果检测到雨水信息立刻在 LCD 显示屏上显示"有雨，请关窗！"，而且使 LED 灯闪烁报警；当没有检测到雨水信息时，LED 灯停止闪烁，LCD 显示屏上显示"无雨！"。

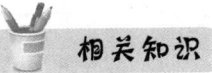

一、传感器

1. 传感器的定义

传感器是一种能感受规定的被测量并按照一定的规律转换成可用信号的器件或装置，通常由敏感元件和转换元件组成。

传感器包含以下几个方面的含义。

（1）传感器是测量装置，能完成检测任务。

（2）它的输入量是某一被测量，可能是物理量，也可能是化学量、生物量等。

（3）输出量是某一物理量，这种量要便于传输、转换、处理、显示等，这种量可以是气、光、电量，但主要是电量。

（4）输入与输出有对应关系，且应有一定的精确度。

2. 传感器的组成

传感器一般由敏感元件、转换元件、转换电路三部分组成，如图 3.2 所示。

图 3.2　传感器组成

（1）敏感元件：直接感受被测量，并输出与被测量呈确定关系的某一物理量的元件。

（2）转换元件：以敏感元件的输出为输入，把输入转换成电路参数。

（3）转换电路：电路参数接入转换电路，便可转换成电量输出。

实际上，有些传感器很简单，仅由一个敏感元件（兼作转换元件）组成，它感受被测量时直接输出电量，如热电偶。

有些传感器由敏感元件和转换元件组成，没有转换电路。

有些传感器，转换元件不只一个，要经过若干次转换。

3. 传感器的分类

传感器的分类见表 3.1。

表 3.1　传感器分类

传感器分类		转 换 原 理	传感器名称	典 型 应 用
转换形式	中间参量			
电参数	电阻	移动电位器角点改变电阻	电位器传感器	位移
		改变电阻丝或片的尺寸	电阻丝应变传感器、半导体应变传感器	微应变、力、负荷
		利用电阻的光敏效应	光敏电阻传感器	光强
		利用电阻的湿度效应	湿敏电阻	湿度
	电容	改变电容的几何尺寸	电容传感器	力、压力、负荷、位移
		改变电容的介电常数		液位、厚度、含水量
	电感	改变磁路几何尺寸、导磁体位置	电感传感器	位移
		涡流去磁效应	涡流传感器	位移、厚度、含水量
		利用压磁效应	压磁传感器	力、压力
	频率	改变谐振回路中的固有参数	振弦式传感器	压力、力
			振筒式传感器	气压
			石英谐振传感器	力、温度等
	计数	利用莫尔条纹	光栅	大角位移、大直线位移
		改变互感	感应同步器	
		利用拾磁信号	磁栅	
	数字	利用数字编码	角度编码器	大角位移
电能量	电动势	温差电动势	热电偶	温度热流
		霍尔效应	霍尔传感器	磁通、电流
		电磁感应	磁电传感器	速度、加速度
		光电效应	光电池	光强
	电荷	辐射电离	电离室	离子计数、放射性强度
		压电效应	压电传感器	动态力、加速度

（1）根据输入物理量可分为：位移传感器、压力传感器、速度传感器、温度传感器及气敏传感器等。

（2）根据工作原理可分为：电阻式、电感式、电容式及电势式传感器等。

（3）根据输出信号的性质可分为：模拟式传感器和数字式传感器。即模拟式传感器输出模拟信号，数字式传感器输出数字信号。

（4）根据能量转换原理可分为：有源传感器和无源传感器。有源传感器将非电量转换为电量，如电动势、电荷式传感器等；无源传感器不起能量转换作用，只是将被测非电量转换为电量，如电阻式、电感式及电容光焕发式传感器等。

4. 雨滴传感器

本系统采用雨滴传感器模块实物如图 3.3 所示。系统自动检测雨水信息，有雨水时输出 TTL 低电平，模块上 LED 灯亮；无雨水时输出 TTL 高电平，模块上 LED 灯灭。该模块的电路原理如图 3.4 所示，K1 接雨水检测板，LM393 为电压比较器，以输入电压 IN 为基准，大于该电压 OUT 输出高电平，小于等于该电压 OUT 输出低电平。OUT 引脚接单片机的 I/O 口，由单片机定时读取该引脚上的电平信号，判断是否有雨水信息。

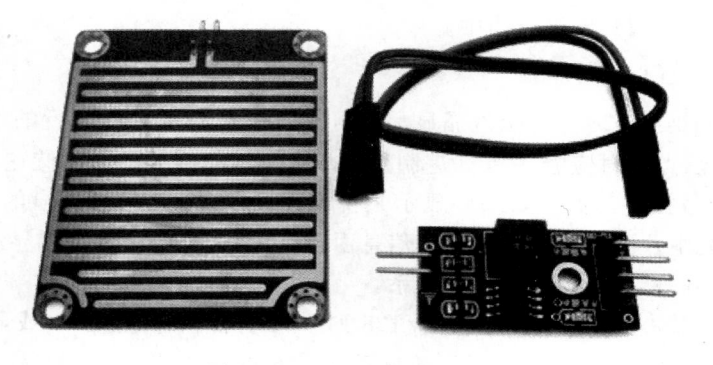

图 3.3 雨滴传感器模块实物

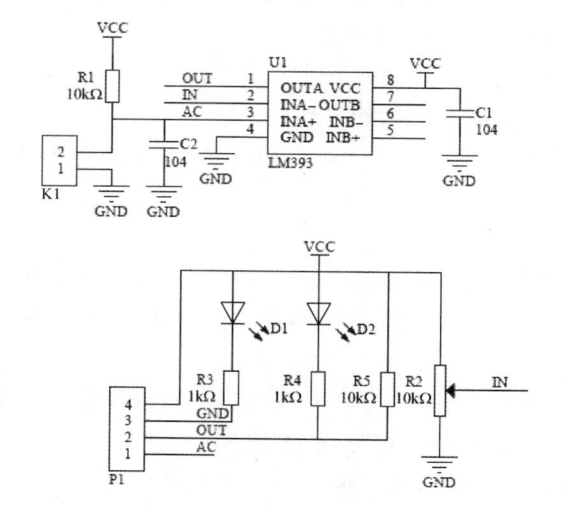

图 3.4 雨滴传感器模块电路原理

二、液晶显示器(LCD)

LCD 与 LED 显示器相比具有体积小、功耗低、抗干扰能力强等优点。LCD 不仅可以显示数字及字符,而且可以显示各种复杂的文字及图形曲线,故在显示器中得到了越来越广泛的应用。

1. LCD 的分类

LCD 种类繁多,按显示形式及排列形状可分为字段型、点阵字符型、点阵图形型。单片机应用系统中主要使用后两种。

(1) 点阵字符型 LCD。它是专门用来显示数字、字母及符号等的点阵型液晶显示模块。该类显示器可由若干个 5×8 或 5×11 的点阵组成,每个点阵显示一位字符。

(2) 点阵图形型 LCD。在一个平板上排列多行和多列、密度较高的矩阵形的晶格点,点的大小可根据显示的清晰度来设计。该类型的 LCD 不仅可以显示字符,而且可以显示图形,广泛应用于便携式电子产品中。

2. 点阵图形型 LCD 12864

LCD 12864 是由 128×64 个液晶显示点组成的一个 128 列×64 行的阵列,所以称为 12864。每个显示点都对应着一位二进制数,0 表示灭,1 表示亮。存储这些点阵信息的 RAM 称为显示数据存储器。如果要显示某个图形或汉字,就是将相应的点阵信息写入对应的存储单元中。图形或汉字的点阵信息由自己设计,关键是要确定显示点在 LCD 上的位置与其在存储器中的地址之间的关系。

JLX12864G-360-PN LCD 可以显示 128 列×64 行点阵单色图片,或显示 16×16 点阵的汉字 8 字×4 行或者 4 字×8 行,或显示 8×16 点阵的英文、数字、符号 16 个×4 行或者 4 个×16 行。或显示 5×8 点阵的英文、数字、符号 21 个×8 行或者 8 个×20 行。

(1) 点阵图形型液晶器 12864 的特性

① 结构牢:背光带有挡墙,焊接式 FPC。

② IC 采用 UC1604c,功能强大,稳定性好。

③ 功耗低:不带背光 1mW(3.3V×0.3mA),带背光不大于 150mW(3.3V×45mA)。

④ 显示内容如下。

a. 128×64 点阵单色图片,或其他小于 128×64 点阵单色图片。

b. 可选用 16×16 点阵或其他点阵的图片来自编汉字,按照 16×16 点阵汉字来计算可显示 8 字×4 行或 4 字×8 行。

c. 按照 12×12 点阵汉字计算,可显示 10 字×4 行或 4 字×10 行。

d. 按照 8×16 点阵汉字计算,可显示 16 字×4 行或 4 字×16 行。

e. 按照 5×8 点阵汉字计算,可显示 21 字×8 行或 8 字×20 行。

⑤ 指令功能强。

⑥ 接口简单方便:采用 4 线 SPI 串行接口。

⑦ 工作温度宽:−20~70℃。

⑧ 储存温度宽：-30~80℃。

（2）显示器的接口引脚功能

LCD 12864 的接口引脚功能见表 3.2。

表 3.2　LCD 12864 的接口引脚功能

引线号	符号	名称	功　　能
1	NC	NC	
2	NC	NC	
3	NC	NC	
4	NC	NC	
5	LEDA	背光电源	背光电源正极、同 VDD 电压（5V 或 3.3V）
6	VSS	接地	0V
7	VDD	电源电路	5V，或 3.3V 可选
8	SCK	I/O	串行时钟。
9	SDA	I/O	串行数据。
10	RS	寄存选择信号	H：数据存储器；0：指令存储（IC 资料上缩写为"AO"）。
11	RST	复位	低电平复位，复位完成后，回到高电平，液晶模块开始工作
12	CS	片选	低电平片选

（3）指令表

LCD 12864 的指令见表 3.3。

（4）硬件连接

液晶模块与单片机连接（以 CC2530 单片机为例）如图 3.5 所示。

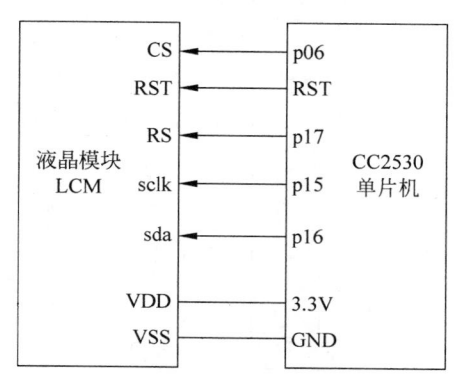

图 3.5　液晶模块与单片机连接

（5）点亮液晶模块的步骤

要点亮液晶模块，首先要准备硬件，如开发板、单片机、电源、连接线、仿真器或程序下载器；然后要正确地接线，如液晶模块的电源线、背光电源线、I/O 端口（CS、SCLK、SDA、RESET、RS）；接下来要编写软件，并将软件下载到单片机中。具体步骤请参照图 3.6。

表 3.3　LCD 12864 的指令

指令名称	RS	DB7	DB6	DB5	DB4	DB3	DB2	DB1	DB0	说　明
(1) 显示开/关 (Display on/off)	0	1	0	1	0	1	1	1	0/1	显示开关 0XAE：关；0XAF：开
(2) 显示初始行设置 (Display start line set)	0	0	1	显示初始行地址，共6位						设置显示存储器的现实行，0~63行，针对该液晶屏一般设置为0x40
(3) 页地址设置 (Page address set)	0	1	0	1	1	显示页地址，共4位				设置页地址。每8行为1页，64行分为8页，可设置值为0XB0~0XB8分别对应第1页到第9页。第9页是一个单独的一行，本液晶屏没有这一图标，所以设置值为0XB0~0XB7，分别对应第1页到第9页
(4) 列地址高四位设置	0	0	0	0	1	列地址高四位				高4位与低4位共同组成列地址，指定128列中的其中一位。比如液晶模块的第100列地址十六进制位0x64，那么此指令由2字节来表达：0x16,0x04
列地址低四位设置	0	0	0	0	0	列地址低四位				
(5) 读状态 (Status read)	0	状态								并口时：读驱动IC的当前状态串口时不能用此指令。本液晶模块使用串行接口，不具备此功能
(6) 写显示数据到液晶屏 (Display data write)	1	8位显示数据								从CPU写数据到显示屏。每一位对应一个点阵，1字节对应8个竖置的点阵
(7) 读液晶屏的显示数据 (Display data read)	1	8位显示数据								并口时：读已经显示到显示屏上的点阵数据。串口时不能用此指令。本液晶模块使用串行接口，不具备此功能
(8) 显示列地址增减 (ADC select)	0	1	1	0	0	0	MY	MX	0	显示列地址增减 0XC2:MX横向扫描旋转指令;0XC4:MY:横向扫描旋转指令
(9) 显示正显/反显 (Display normal/reverse)	0	1	0	1	0	0	1	1	0/1	显示正显/反显 0XA6:常规，正显；0XA7:反显
(10) 显示全部点阵 (Display all points)	0	1	0	1	0	0	1	0	0/1	显示全部点阵 0XA4:常规；0XA5:显示全部点阵
(11) LED 偏压比设置 (LED bias set)	0	1	0	1	0	0	0	1	0/1	设置偏压比 0XA2:BIAS=1/9(常用);0XA3:BIAS=1/7
(12) 读-改-写 (Read-modify-write)	0	1	1	1	0	0	0	0	0	0XE0:"读-改-写"开始，本液晶模块使用串行接口，不具备此功能

指令名称	RS	DB7	DB6	DB5	DB4	DB3	DB2	DB1	DB0	说　明
(13) 退出上述"读一改一写"指令(End)	0	1	1	1	0	1	1	1	0	0XEE：上述"读一改一写"指令结束，本液晶模块使用串行接口，不具备此功能
(14) 软件复位(Reset)	0	1	1	1	0	0	0	1	0	0XE2：软件复位
(15) 电源控制(Power control set)	0	0	0	1	0	1	D2	D1	D0	选择内部电压供应操作模式　D2,D1,D0位分别对应内部升压是否打开(1为打开,0为不打开)、电压调整电阻是否打开(1为打开,0为不打开)、电压跟随器是否打开(1为打开,0为不打开)，通常是0X2C,0X2E,0X2F三条指令按顺序接着写，表示依次打开内部升压、电压调整电路、电压跟随器。也可以单写0X2F，一次性打开三部分电路（电压操作模式选择，共3位）
(16) 选择内部电阻比例	0	0	0	1	0	0	D2	D1	D0	选择内部电阻比例(Rb/Ra)；可理解为微调对比度粗值。可设置范围为：0X20~0X27，数值越大对比度越高，越小越低（内部电阻设置）
(17) 内部设置液晶电压模式	0	1	0	0	0	0	0	0	1	设置内部电阻微调，可以理解为微调对比度值，上面一条指令0X81是不变的，下面一条指令可设置范围为：0X00~0X3F，数值越大对比度越高，越小越低
设置内部电压值(Booster ratio set)			6位电压值数据，0~63 共64级							（6位电压值数据，0~63共64级）
(18) 静态图标显示：开/关	0	1	0	1	0	1	1	0	*	静态图标的开关设置：0XAC：关；0XAD：开。此指令在进入及退出休眠模式时的起作用
					2位图标设置					静态图标设置（2位数设置）
(19) 升压倍数选择(Booster ratio set)	0	1	1	1	1	1	0	0	0	选择升压倍数，可以设置升压倍数为4倍，不必使用此指令
					升压倍数					00：2倍,3倍,4倍；01：5倍；11：6倍（升压倍数）
(20) 省电模式(Power save)	0									省电模式，此非一条指令，是由"(10)显示全部点阵"、(18)静态图标显示合成一个"省电功能"
(21) 空指令(NOP)	0	1	1	1	0	0	*	*	*	空操作
(22) 测试(Test)	0	1	1	1	1	0	*	*	*	内部测试用

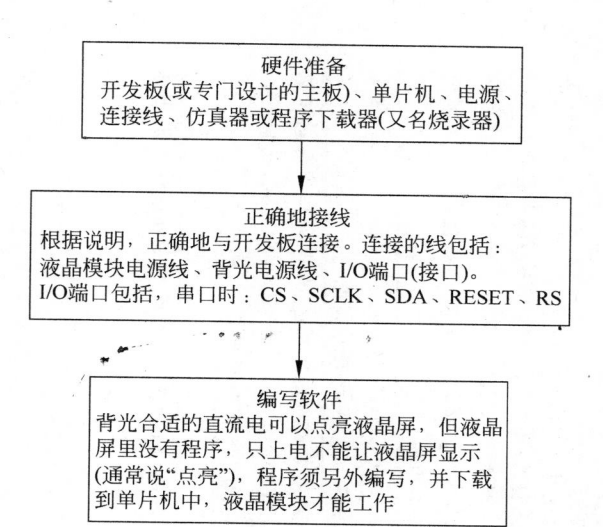

图 3.6　点亮液晶模块的步骤

一、硬件设计

本任务中扩展板包括电源模块电路、复位电路、仿真器下载调试程序接口电路、核心板接口插座、雨滴传感器电路、LCD 12864 电路。除了雨滴传感器电路和 LCD 12864 电路外，扩展板上的内容前面已介绍过，本任务不再赘述。下面介绍雨滴传感器电路和 LCD 12864 电路。

1. 雨滴传感器电路设计

将雨滴传感器模块按图 3.7 连接好后，雨滴传感器 P1 插座上的 OUT 引脚即 2 脚接单片机 P2 口的 0 脚，GND 引脚即 3 脚接地，4 脚接电源 3.3V，如图 3.7 所示。单片机读取 P2.0 引脚上的电平信号，当读出信号为低电平时，表示有雨水，当读出信号为高电平时，表示没有雨水。

图 3.7　雨滴传感器电路

2. LCD 12864 电路设计

LCD 12864 液晶模块与单片机连接如图 3.8 所示。LCD 的 5 号引脚为背光电源引脚，接一个 10kΩ 电位器，再串一个 RC 滤波电路，滤波电路可以过滤高频干扰信号，调节电位器可以调整 LCD 背光源的亮度。LCD 模块的 6 号引脚接地，7 号引脚接 3.3V。8 号引脚是 LCD 的串行时钟信号 SCK，接 CC2530 单片机的 P1 口第 5 脚，9 号引脚是 LCD 的串行数据 SDK 脚，接 CC2530 单片机 P1 口的第 6 脚，10 号引脚是 LCD 的寄存选择信号 RS 引脚，接 CC2530 单片机 P1 口的第 7 脚，11 号引脚是 LCD 的复位 RST 引脚，接 CC2530 单片机的复位引脚，12 脚是 LCD 的片选引脚，接 CC2530 单片机 P0 口的第 6 脚。

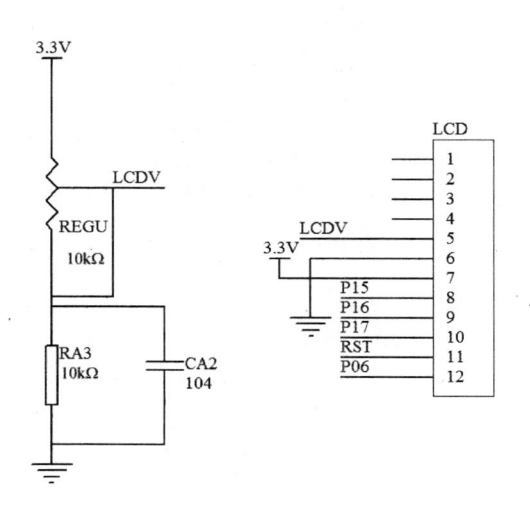

图 3.8 LCD 12864 电路

二、绘制原理图及设计 PCB

新建一个项目文件夹,命名为"环境监控系统硬件电路",以后本项目创建的电路设计文件都保存在该文件夹下。打开 Protel 99SE 软件,新建一个项目,项目名为"环境监控系统.Dbb",双击"Documents"文件夹图标,在空白处右击,选择新建一个原理图文件,文件名为"环境监控系统.Sch",并保存。加载项目 2 中的原理图库文件"自制原理图元件库.Lib"和 PCB 库文件"自制 PCB 元件库.Lib"。

1. 绘制原理图

环境监控系统主要由 CC2530 单片机核心板和环境监控系统扩展板组成。核心板是现成的独立的板子;扩展板包括电源模块电路、复位电路、仿真器下载调试程序接口电路、核心板接口插座、LCD 12864 电路和雨滴传感器电路。前面已经画过的电路不用重复绘制,复制过来即可,只要绘制 LCD 12864 电路和雨滴传感器电路即可,扩展板所需元件见表 3.4。

双击以上创建的"环境监控系统.Sch"原理图文件,选择菜单命令"Design"→"Options",设置图纸相应属性,在"Sheet Options"选项卡中,"Standard Style"纸张类型选择"A4"纸,其他保持默认设置。由于本系统中所有元件在 Protel 99SE 中都提供了,因此不需重新绘制库元件,直接放置元件即可。

(1) 放置元件

打开"环境监控系统.Sch"文件,在 Browse Sch 面板中选择相关的原理图库文件,在"Filte"过滤栏中输入元件名称,再单击相应元件,并移动鼠标,将表 3.4 所示元件放置在原理图编辑区,最后双击元件,对名称等相应属性进行修改,元件布局即完成,如图 3.9所示。

表 3.4　雨滴检测显示系统所需元件

电路	元件标号	元件名称	原理图元件库	元件注释	封装	PCB 元件封装库
电源插座	J1	CON2	Miscellaneous Devices. Lib	USB5V	DYCK	
5V 转 3V 电路	U1	LM1117-3.3	自建原理图元件库. Lib	LM1117	LM1117-3.3	自建 PCB 元件库. Lib
	SWITCH	SW DIP-3		SW DIP-3	SWITCH	
	C5、C7	CAPACITOR POL		10μF	CAP	
	LED0	LED			0805-LED	
	C6、C8	CAP	Miscellaneous Devices. Lib	0.1μF	0805	PCB Footprints. Lib
	R1	RES2		200	0805	
复位电路	R2	RES2		10kΩ	0805	
	RS	SW-PB		SW-PB	KEY	自建 PCB 元件库. Lib
	C10	CAP		0.1μF	0805	PCB Footprints. Lib
调试器接口	JPDEBUG	HD5X2	自建原理图元件库. Lib	HD5X2	IDC10	自建 PCB 元件库. Lib
核心板接口	DIP24	HD6X2		HD6X2	CC2530	自建 PCB 元件库. Lib
LCD 电路	LCD	CON12			12864	
	REGU	RESISTOR TAPPED	Miscellaneous Devices. Lib	10kΩ	REGU	
	CA2	CAP		104	0805	PCB Footprints. Lib
	RA3	RES2		10kΩ	0805	
雨滴传感器电路	RAIN	CON4			SIP4	

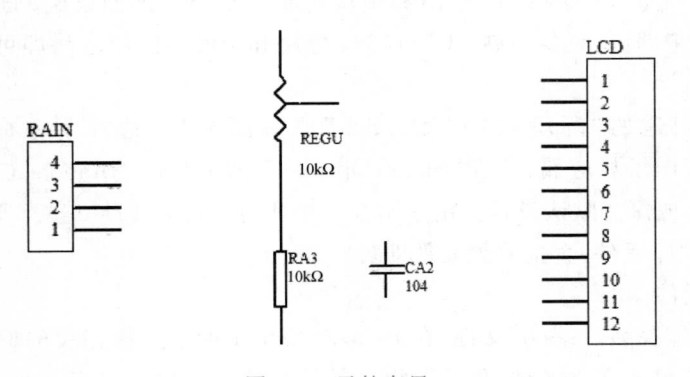

图 3.9　元件布局

（2）连接元件

选择"Place"→"Wire"菜单命令，移动鼠标到需要连接导线的起点位置，单击鼠标，并拖动鼠标到终点位置再单击鼠标,完成一根线的设置,用同样的方法完成其他线的设置。选择"Place"→"Net Label"菜单命令,放置网络标号,然后双击网络标号,在弹出的对话框中修改网络属性,最终完成如图 3.10 所示。

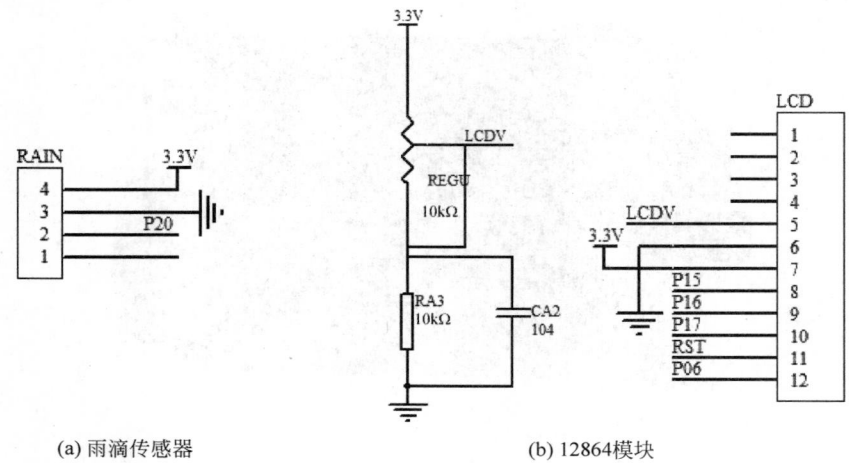

(a) 雨滴传感器　　　　　　　　　　　　　(b) 12864模块

图 3.10　雨滴传感器和 LCD 12864 电路原理

（3）编译项目及生成报表文件

由于本任务中不用单独制作电路板,所以生成原理图网络表到任务 3 再一起完成。

2. 设计 PCB

由于 Protel 99SE PCB 元件库中没有提供 LCD 12864、10kΩ 电位器等元件,因此要根据这些元件的实际尺寸画出该元件的封装图形。绘制方法请参照前面绘制 PCB 库元件的方法。绘制好的 LCD 12864 和 10kΩ 电位器封装分别如图 3.11 和图 3.12 所示。注意 LCD 12864 的引脚间距是 2.0mm。

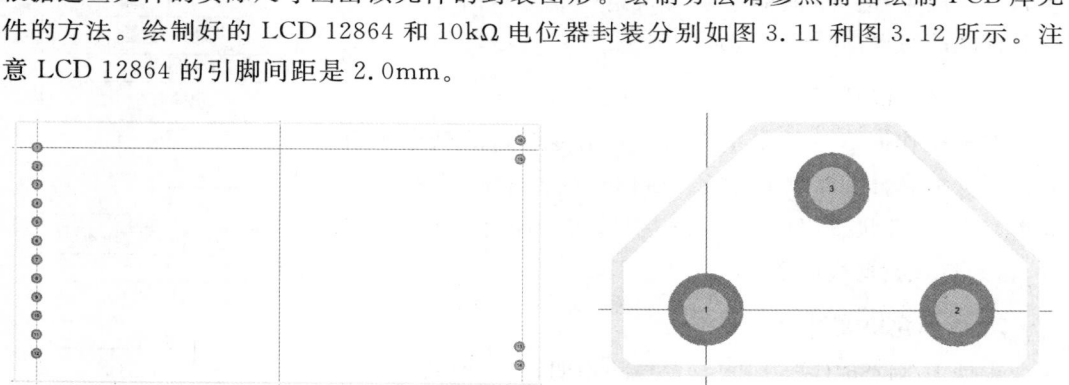

图 3.11　LCD 12864 封装　　　　　　　　图 3.12　电位器封装

本任务中不需单独制作电路板,一个项目用一块电路板,所以等本项目结束前再绘制 PCB 电路。

三、焊接电路板

焊接所需基本工具同项目 1。

准备好表 3.4 所示元件和 PCB 电路板。焊接好的扩展板如图 3.13 所示。参考项目 1 检查焊接质量,对有问题的焊点进行补焊。连接核心板和扩展板,下面就可以编写程序。

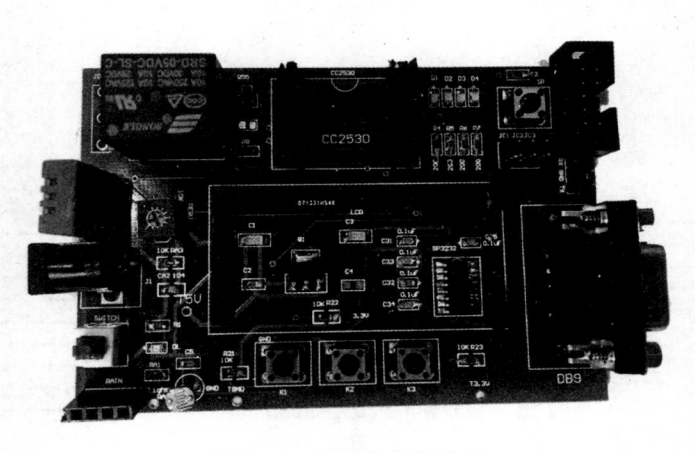

图 3.13　焊接好的扩展板

四、软件设计

从硬件连接图中可以看出,首先要采集雨滴传感器信息,设置接雨滴传感器 P2_0 口为输入引脚,读取引脚上的电平信号,当读出信号为低电平时,有雨水;当读出信号为高电平时,表示没有雨水。采集好雨滴传感器信息后,要将信息传送到液晶模块显示,由于 JLX12864G-360-PN 液晶模块内部不带字库,因此要提取字模软件生成字模。对液晶模块写入指令或数据时必须按照液晶模块的写操作时序来完成。

1. LCD 编程控制

在写操作时,CS 低电平有效。写命令时,RS 低电平有效。写数据时,RS 高电平有效。所以在软件设置顺序上,先设置 CS 和 RS 状态,再设置 sclk 信号,当时钟信号为低电平时,读入有效数据或命令。

2. 液晶模块初始化

根据 JLX12864G-360-PN 液晶模块说明,点亮液晶模块步骤如图 3.14 所示。具体程序见 LCD 初始化函数 HalLcdInit。

3. 提取字模

(1)打开字模提取软件

字模软件界面如图 3.15 所示。

(2)设置参数

设置字模软件参数如图 3.16 所示。

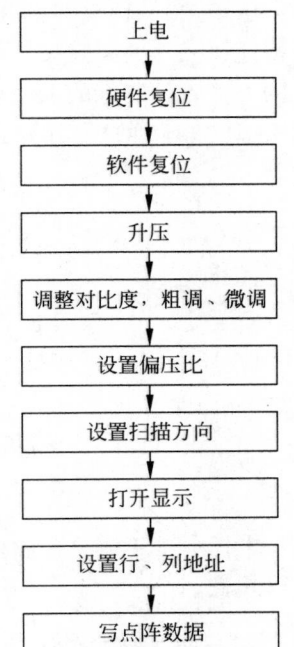

图 3.14　点亮液晶模块步骤

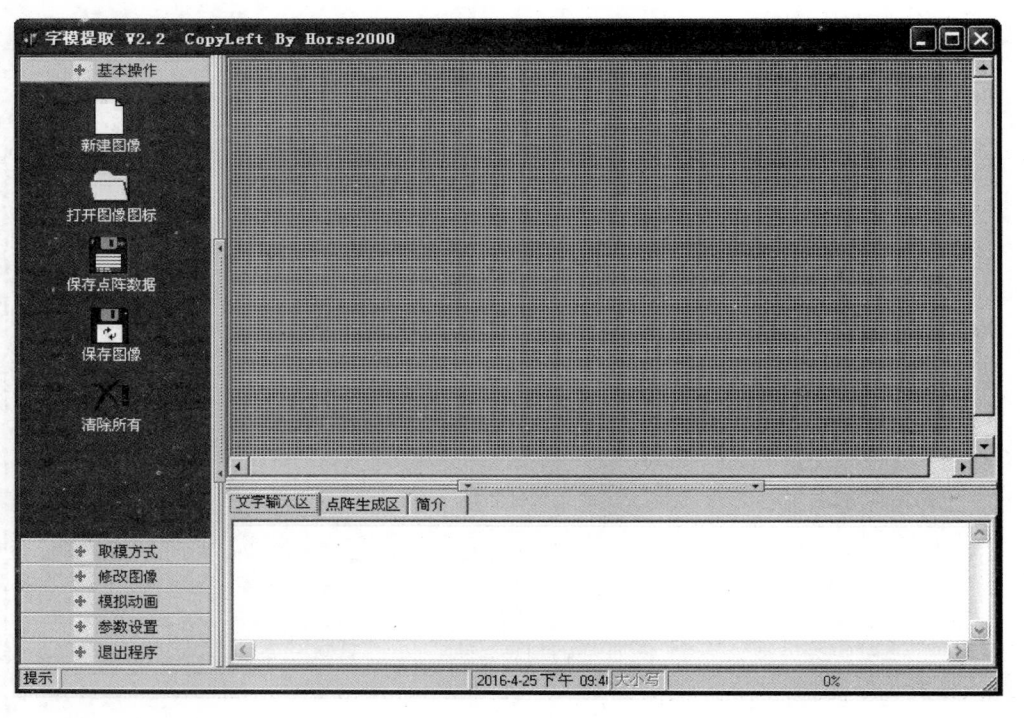

图 3.15 字模软件界面

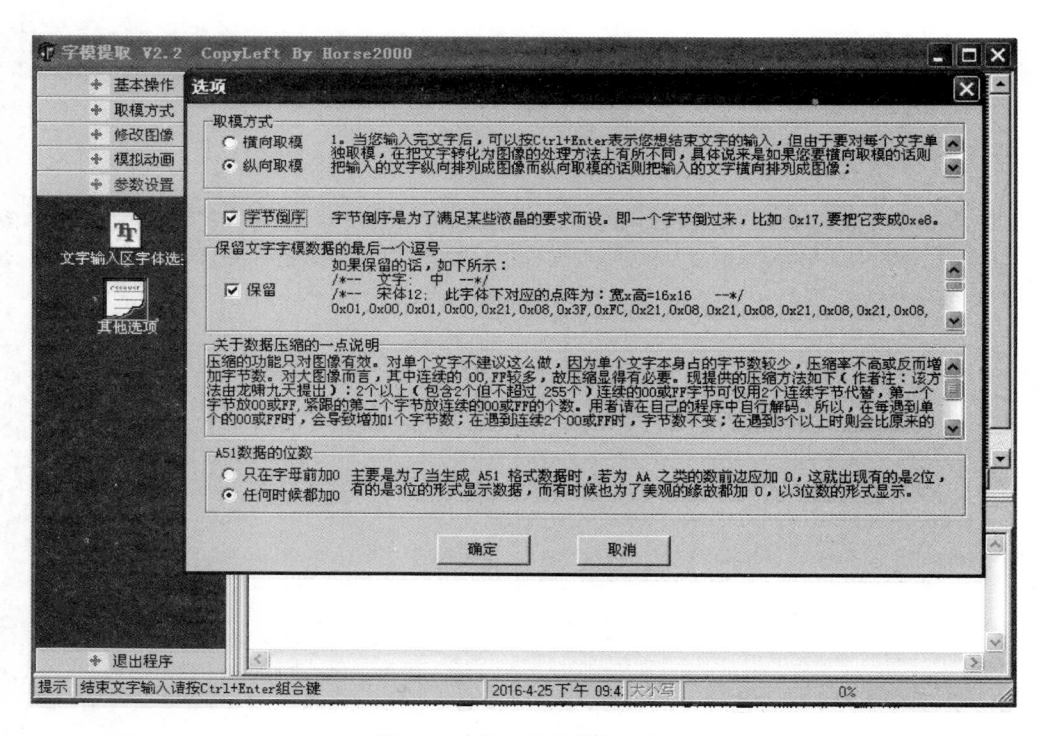

图 3.16 设置字模软件参数

（3）输入文字

如图 3.17 所示，在文字输入区输入"环境检测控制系统"，然后按 Ctrl＋Enter 组合键生成汉字点阵。

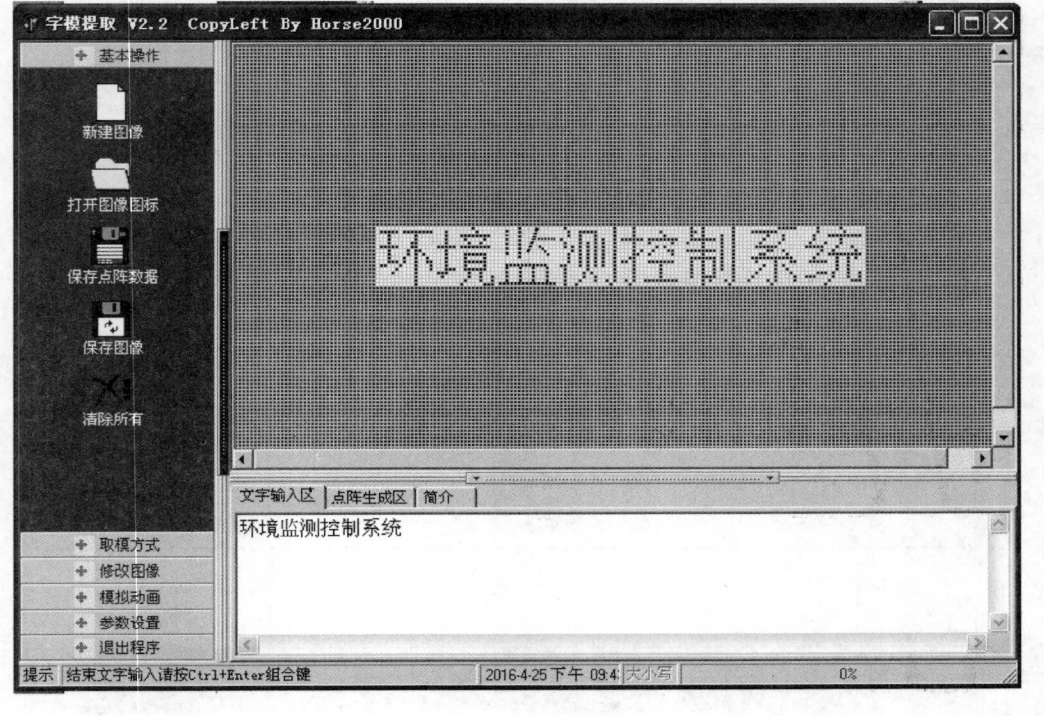

图 3.17　输入文字

（4）字模提取

单击取模方式菜单下的 C51 格式，在右下方的点阵生成区可以看到生成的字模编码，复制此编码到 IAR Embedded Workbench IDE 环境中，生成一个 font. h 头文件，如图 3.18 所示。

（5）字模头文件 font. h

```
uint8 huan[ ] = {
    /* -- 文字：环 -- */
    /* -- 宋体 12；此字体下对应的点阵为：宽×高 = 16×16 -- */
    0x00,0x22,0x22,0xFE,0x22,0x22,0x00,0x02,0xC2,0x32,0xFE,0x42,0x82,0x02,0x02,0x00,
    0x00,0x04,0x04,0x03,0x12,0x0A,0x04,0x03,0x00,0x00,0xFF,0x00,0x00,0x03,0x0E,0x00,

    /* -- 文字：境 -- */
    /* -- 宋体 12；此字体下对应的点阵为：宽×高 = 16×16 -- */
    0x20,0x20,0xFE,0x20,0x20,0x00,0x24,0xAC,0xB4,0xA5,0xA6,0xB4,0xAC,0x24,0x00,0x00,
    0x10,0x30,0x1F,0x08,0x08,0x00,0x80,0x4F,0x3A,0x0A,0x0A,0x7A,0x8F,0x80,0xE0,0x00,

    /* -- 文字：监 -- */
    /* -- 宋体 12；此字体下对应的点阵为：宽×高 = 16×16 -- */
```

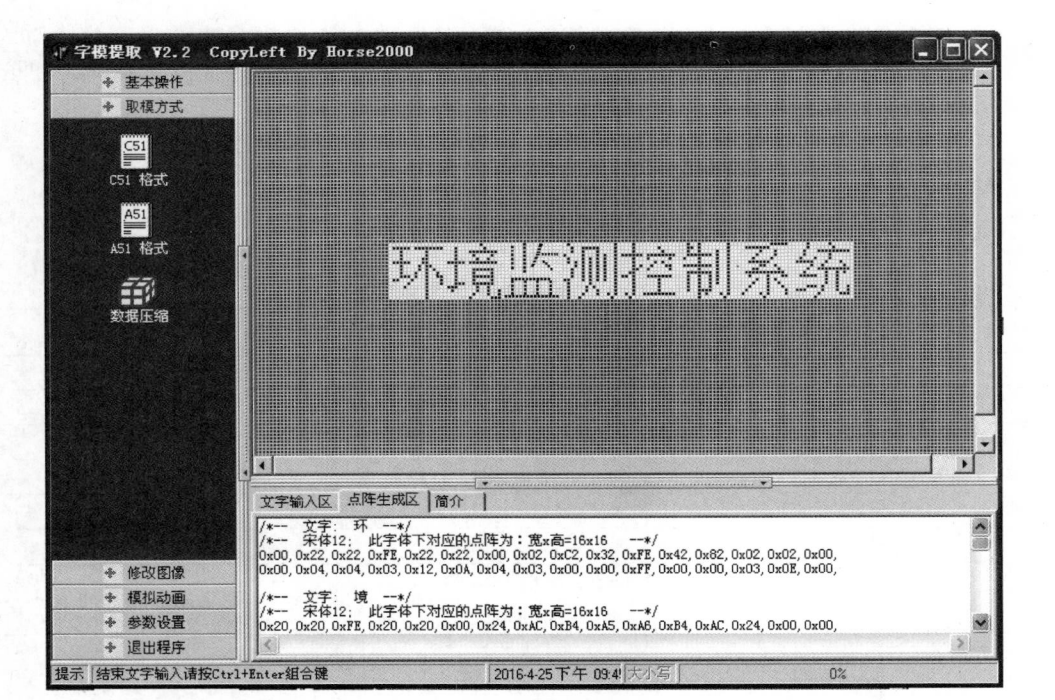

图 3.18 生成字模编码界面

0x00, 0x00, 0x7E, 0x00, 0x00, 0xFF, 0x20, 0x10, 0x0F, 0x1A, 0x68, 0xC8, 0x08, 0x08, 0x08, 0x00,
0x40, 0x40, 0x7E, 0x42, 0x42, 0x7E, 0x42, 0x42, 0x7E, 0x42, 0x42, 0x42, 0x7E, 0x40, 0x40, 0x00,

/* -- 文字: 测 -- */
/* -- 宋体 12; 此字体下对应的点阵为: 宽×高 = 16×16 -- */
0x08, 0x31, 0x86, 0x60, 0x00, 0xFE, 0x02, 0xF2, 0x02, 0xFE, 0x00, 0xF8, 0x00, 0x00, 0xFF, 0x00,
0x04, 0xFC, 0x03, 0x00, 0x80, 0x47, 0x30, 0x0F, 0x10, 0x67, 0x00, 0x07, 0x40, 0x80, 0x7F, 0x00,

/* -- 文字: 控 -- */
/* -- 宋体 12; 此字体下对应的点阵为: 宽×高 = 16×16 -- */
0x08, 0x08, 0x08, 0xFF, 0x88, 0x48, 0x00, 0x98, 0x48, 0x28, 0x0A, 0x2C, 0x48, 0xD8, 0x08, 0x00,
0x02, 0x42, 0x81, 0x7F, 0x00, 0x00, 0x40, 0x42, 0x42, 0x42, 0x7E, 0x42, 0x42, 0x42, 0x40, 0x00,

/* -- 文字: 制 -- */
/* -- 宋体 12; 此字体下对应的点阵为: 宽×高 = 16×16 -- */
0x00, 0x50, 0x4F, 0x4A, 0x48, 0xFF, 0x48, 0x48, 0x48, 0x00, 0xFC, 0x00, 0x00, 0xFF, 0x00, 0x00,
0x00, 0x00, 0x3F, 0x01, 0x01, 0xFF, 0x21, 0x61, 0x3F, 0x00, 0x0F, 0x40, 0x80, 0x7F, 0x00, 0x00,

/* -- 文字: 系 -- */
/* -- 宋体 12; 此字体下对应的点阵为: 宽×高 = 16×16 -- */
0x00, 0x00, 0x02, 0x22, 0xB2, 0xAA, 0x66, 0x62, 0x22, 0x11, 0x4D, 0x81, 0x01, 0x01, 0x00, 0x00,
0x00, 0x40, 0x21, 0x13, 0x09, 0x05, 0x41, 0x81, 0x7F, 0x01, 0x05, 0x09, 0x13, 0x62, 0x00, 0x00,

/* -- 文字: 统 -- */
/* -- 宋体 12; 此字体下对应的点阵为: 宽×高 = 16×16 -- */

```
0x20,0x30,0x2C,0xA3,0x60,0x10,0x84,0xC4,0xA4,0x9D,0x86,0x84,0xA4,0xC4,0x84,0x00,
0x20,0x22,0x23,0x12,0x12,0x92,0x40,0x30,0x0F,0x00,0x00,0x3F,0x40,0x41,0x70,0x00,
```

```
};
```

4. 编程显示"环境监测控制系统"

LCD 相关程序用来将信息显示到 LCD 上,各函数的声明与定义见表 3.5。

表 3.5　LCD 各函数声明与定义

序号	函　数　名	参　数	功　能
1	HalLcd_HW_WaitUs	microSecs:16 位无符号整数	延时程序
2	halLcd_ConfigIO	无	LCD 初始化函数
3	transfer_command	data1:待写入 LCD 的指令	写指令到 LCD 模块
4	transfer_data	data1:待写入 LCD 的数据	写数据到 LCD 模块
5	HalLcd_HW_Clear	无	清屏
6	HalLcdInit	无	LCD 初始化函数
7	lcd_address	page:行地址 column:列地址	确定显示的行列地址
8	display_16×16	page:行地址 column:列地址 dp:汉字 16×16 字模首地址	显示 16×16 的汉字

(1) 类型定义头文件(type.h)

```
// ********************************************** //
//文件名称:type.h
//功能:类型定义头文件
// ********************************************** //
    #ifndef TYPE_H
    #define TYPE_H
    typedef signed char int8;           //!< Signed 8 bit integer
    typedef unsigned char uint8;        //!< Unsigned 8 bit integer

    typedef signed short int16;         //!< Signed 16 bit integer
    typedef unsigned short uint16;      //!< Unsigned 16 bit integer

    typedef signed long int32;          //!< Signed 32 bit integer
    typedef unsigned long uint32;       //!< Unsigned 32 bit integer
    #endif
```

(2) LCD 头文件(hal_lcd.h)

```
// ********************************************** //
//文件名称:hal_lcd.h
//功能:LCD 头文件
// ********************************************** //
    #include "type.h"
```

```
// ********************************************* //
//函数名称：HalLcd_HW_WaitUs
//函数返回：无
//参数说明：微秒的次数 microSecs
//功能：微秒延时
// ********************************************* //
void HalLcd_HW_WaitUs(uint16 microSecs);


// ********************************************* //
//函数名称：HalLcd_HW_Clear
//函数返回：无
//参数说明：无
//功能：清屏
// ********************************************* //
void HalLcd_HW_Clear(void);


// ********************************************* //
//函数名称：lcd_address
//函数返回：无
//参数说明：page：行地址；column：列地址
//功能：确定显示的行列地址

// ********************************************* //
void lcd_address(uchar page,uchar column);


// ********************************************* //
//函数名称：HalLcdInit
//函数返回：无
//参数说明：无
//功能：LCD 初始化
// ********************************************* //
void HalLcdInit(void);


// ********************************************* //
//函数名称：display_16×16
//函数返回：无
//参数说明：page：行地址；column：列地址；dp：汉字 16×16 字模首地址
//功能：显示 16×16 的汉字
// ********************************************* //
void display_16×16(uint8 page,uint8 column,uint8 * dp);
```

（3）LCD 源文件（hal_lcd.c）

```
// ********************************************* //
//文件名称：hal_lcd.c
//功能：LCD 源文件
// ********************************************* //
# include < ioCC2530.h>
# include "hal_lcd.h"
//LCD 控制引脚与 MCU 连接
```

```
#define cs          P0_6
#define rs          P1_7
#define sclk        P1_5
#define sda         P1_6
```

```
// ********************************************* //
//函数名称：HalLcd_HW_WaitUs
//函数返回：无
//参数说明：微秒的次数 microSecs
//功能：微秒延时
// ********************************************* //
void HalLcd_HW_WaitUs(uint16 microSecs)
{
  while(microSecs -- )
  {
    /* 32 NOPs == 1 usecs */
    asm("nop"); asm("nop"); asm("nop"); asm("nop"); asm("nop");
    asm("nop"); asm("nop"); asm("nop"); asm("nop"); asm("nop");
    asm("nop"); asm("nop"); asm("nop"); asm("nop"); asm("nop");
    asm("nop"); asm("nop"); asm("nop"); asm("nop"); asm("nop");
    asm("nop"); asm("nop"); asm("nop"); asm("nop"); asm("nop");
    asm("nop"); asm("nop"); asm("nop"); asm("nop"); asm("nop");
    asm("nop"); asm("nop");
  }
}
```

```
// ********************************************* //
//函数名称：halLcd_ConfigIO
//函数返回：无
//参数说明：无
//功能：LCD 控制引脚初始化
// ********************************************* //
static void halLcd_ConfigIO(void)
{
    P0DIR |= 0x40;      //设置 P06 为输出
    P1DIR |= 0xE0;      //把 P15、P16、P17 设置为输出
}
```

```
// ********************************************* //
//函数名称：transfer_command
//函数返回：无
//参数说明：指令 data1
//功能：写指令到 LCD 模块
// ********************************************* //
void transfer_command(int data1)
{
  char i;
  cs = 0;
  rs = 0;                 //cs = 0, rs = 0,表示写的是指令
```

```c
    for(i = 0;i < 8;i++)
    {
      sclk = 0;
      if(data1&0x80)
        sda = 1;
      else
        sda = 0;
      sclk = 1;
      data1 = data1 << 1;
    }
    cs = 1;
}


// ********************************************* //
//函数名称: transfer_data
//函数返回: 无
//参数说明: 数据 data1
//功能: 写数据到 LCD 模块
// ********************************************* //
void transfer_data(int data1)
{
  char i;
  cs = 0;
  rs = 1;                    //cs = 0,rs = 1,表示写的是数据
  for(i = 0;i < 8;i++)
  {
    sclk = 0;
    if(data1&0x01)
      sda = 1;
    else
      sda = 0;
    sclk = 1;
    data1 = data1 >> 1;
  }
  cs = 1;
}


// ********************************************* //
//函数名称: HalLcd_HW_Clear
//函数返回: 无
//参数说明: 无
//功能: 清屏
// ********************************************* //
void HalLcd_HW_Clear(void)
{
    int i,j;
    for (i = 0; i < 9; i++)
    {
        cs = 0;
```

```
            transfer_command(0xb0 + i);        //送页地址
            transfer_command(0x10);            //设置列地址的高 4 位
            transfer_command(0x00);            //设置列地址的低 4 位
            for (j = 0; j < 132; j++)
            {
                transfer_data(0x00);
            }
        }
    }


    // ************************************************ //
    //函数名称：HalLcdInit
    //函数返回：无
    //参数说明：无
    //功能：LCD 初始化
    // ************************************************ //
    void HalLcdInit(void)
    {
        HalLcd_HW_WaitUs(20);
        halLcd_ConfigIO();                     //LCD 控制引脚初始化

        transfer_command(0xe2);                //软复位
        HalLcd_HW_WaitUs(15);
        transfer_command(0x2c);                //升压步骤 1
        HalLcd_HW_WaitUs(15);
        transfer_command(0x2e);                //升压步骤 2
        HalLcd_HW_WaitUs(15);
        transfer_command(0x2f);                //升压步骤
        HalLcd_HW_WaitUs(15);
        transfer_command(0x81);                //微调对比度
        HalLcd_HW_WaitUs(15);
        transfer_command(0x38);                //微调对比度
        HalLcd_HW_WaitUs(15);
        transfer_command(0xeb);                //偏压
        HalLcd_HW_WaitUs(15);
        transfer_command(0xc6);                //行扫描顺序：从上到下
        HalLcd_HW_WaitUs(15);
        transfer_command(0xB0);                //初始行设置
        transfer_command(0x40);                //初始行设置
        HalLcd_HW_WaitUs(15);
        transfer_command(0xa6);                //正显
        HalLcd_HW_WaitUs(15);
        transfer_command(0xaf);                //开显示
        HalLcd_HW_Clear();
    }


    // ************************************************ //
    //函数名称：lcd_address
    //函数返回：无
```

```
//参数说明：page：行地址；column：列地址
//功能：确定显示的行列地址
// ****************************************** //
void lcd_address(uchar page,uchar column)
{
    column = column - 1; //平常所说的第 1 列,在 LCD 驱动 IC 里是第 0 列,所以这里减去 1
    page = page - 1;
    transfer_command(0xb0 + page);              //设置页地址
    transfer_command(((column >> 4)&0x0f) + 0x10); //设置列地址的高 4 位
    transfer_command(column&0x0f);              //设置列地址的低 4 位
}


// ****************************************** //
//函数名称：display_16×16
//函数返回：无
//参数说明：page：行地址；column：列地址；dp：汉字 16×16 字模首地址
//功能：显示 16×16 的汉字
// ****************************************** //
void display_16×16(uchar page,uchar column,uchar  * dp)
{
    uchar j,p;
    p = 8 - page;
    for(j = 0;j < 16;j++)
    {
        lcd_address(p + 1,column + j);
        //写数据到 LCD,每写完一个 8 位的数据后列地址自动加 1
        transfer_data( * dp);
        dp++;
    }
    for(j = 0;j < 16;j++)
    {
        lcd_address(p + 0,column + j);
        //写数据到 LCD,每写完一个 8 位的数据后列地址自动加 1
        transfer_data( * dp);
        dp++;
    }
}
```

（4）主程序文件（main.c）

```
// ****************************************** //
//文件名称：main.c
//函数返回：无
//参数说明：无
//功能：显示"环境监测控制系统"
// ****************************************** //
//CC2530 单片机的头文件
# include "ioCC2530.h"
# include "hal_lcd.h"
# include "font.h"
```

```
void main()
{
  int i;
  HalLcdInit();

  for(i = 0;i < 8;i++)                          //从 0~7 共显示 8 个字
    display_16×16(1,1 + i * 16,huan + i * 32);

              while(1)
  {
  }
}
```

5. 编写雨滴检测程序

只要在显示"环境监测控制系统"的程序中加入雨滴检测判断程序即可。主程序如下。

```
// ********************************************************** //
//文件名称: main.c
//函数返回: 无
//参数说明: 无
//功能: 检测是否有雨,若有雨,显示"有",若无雨,显示"无"
// ********************************************************** //
# include "ioCC2530.h"
# include "hal_lcd.h"
# include "font.h"

void main()
{
  int i;
  HalLcdInit();

  for(i = 0;i < 8;i++)
    display_16×16(1,1 + i * 16,huan + i * 32);        //显示汉字"环境监测控制系统"

  for(i = 0;i < 2;i++)
    display_16×16(5,1 + i * 16,sen + (6 + i) * 32);   //显示汉字"雨滴"

  P0DIR |= 0x03;                   //LED P00,P01 方向寄存器设置为输出
  P1DIR |= 0x03;                   //LED P10,P11 方向寄存器设置为输出
  P2DIR &= 0xFE;                   //雨滴传感器输入信号引脚 P20 方向寄存器设置为输入

  while(1)
  {
    if (P2_0 == 0)                 //有雨
    {
      display_16×16(5,48,yw);      //显示汉字"有"
      P0_0 = ~P0_0;                //LED 状态取反,闪烁报警
```

```
    }
  else                          //无雨
  {
    P0_0 = 1;                   //熄灭 LED 灯
    display_16×16(5,48,yw+32);  //显示汉字"无"
  }
 }
}
```

注意：由于程序中用到了"雨滴""有""无"汉字，所以在 font.h 头文件中要加入这几个字的字模，具体方法可参照提取字模部分，用字模软件生成"雨滴""有""无"汉字的字模，并分别放入数组 uchar yudi[]和 uchar yw[]数组中。

五、软硬件联调

根据已有的电路原理图和程序代码，在 IAR 软件中进行程序编辑、编译、生成下载，得到正确的效果。

任务拓展

（1）编写程序，在 LCD 模块上显示"无锡科技职业学院欢迎您！"。

（2）设计硬件电路，通过人体红外传感器检测是否有人入侵。当检测到有人入侵时，在 LCD 模块上显示"有人进入"，并点亮一个发光二极管，同时发出报警声。

（3）设计汽车倒车报警系统，利用超声波数字传感器测量距离，当检测到倒车距离越近时，报警声越急促。请设计相应的系统硬件电路和软件。

任务 2　设计制作光照度检测控制系统

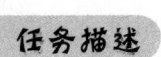

任务描述

设计、制作一个单片机光照度检测控制系统，使用光敏电阻 5516 采集环境的光照度信息，将采集到的信息送到单片机进行处理，当环境光线弱时开发板上的 LED1 亮，当环境光线强时开发板上的 LED1 灭，并实时将测得的光照度显示在 LCD 屏幕上。

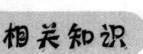

相关知识

一、光敏传感器

光敏传感器是各种光电检测系统中实现光电转换的关键元件，它是把光信号（红外线、可见光及紫外线辐射)转变成电信号的器件,主要由光敏元件组成。目前光敏元件技术发展迅速、品种繁多。

光敏传感器主要有光敏电阻、光电管、光电二极管、红外线传感器、紫外线传感器、色彩传感器、CCD和CMOS图像传感器等,如图3.19所示。最简单的光敏传感器是光敏电阻,当光子冲击结合处就会产生电流。

光敏传感器应用广泛,主要应用于太阳能草坪灯、光控小夜灯、照相机、监控器、光控玩具、声光控开关、摄像头、防盗钱包、光控音乐盒、生日音乐蜡烛、人体感应灯、人体感应开关等电子产品光自动控制领域。

(a) 光敏电阻　　　(b) 红外线传感器　　　(c) 光电二极管　　　(d) 色彩传感器

图 3.19　光敏传感器

1. 光敏电阻

光敏电阻是利用半导体的光电导效应制成的一种电阻值随入射光的强弱而改变的电阻器,又称为光电导探测器,入射光强,电阻减小,入射光弱,电阻增大。也有入射光弱,电阻减小,入射光强,电阻增大的光敏电阻。

根据光谱特性,可将光敏电阻分为三种:紫外光敏电阻器、红外光敏电阻器、可见光敏电阻器。

(1) 光敏电阻的暗电阻、亮电阻、光电流

暗电阻:光敏电阻在室温条件下,全暗(无光照射)后经过一定时间测量的电阻值,称为暗电阻。此时在给定电压下流过的电流称为暗电流。

亮电阻:光敏电阻在某一光照下的阻值称为该光照下的亮电阻。此时流过的电流称为亮电流。

光电流:亮电流与暗电流之差。光敏电阻的暗电阻越大,而亮电阻越小则性能越好。也就是说,暗电流越小,光电流越大,这样的光敏电阻的灵敏度越高。实用的光敏电阻的暗电阻往往超过 $1M\Omega$,甚至高达 $100M\Omega$,而亮电阻则在几千欧姆以下,暗电阻与亮电阻之比一般为 $102\sim106$,可见光敏电阻的灵敏度很高。

(2) 光敏电阻的光照特性

图 3.20 表示硫化镉(CdS)光敏电阻的光照特性,表示在一定外加电压下,光敏电阻的光电流和光通量之间的关系。不同类型光敏电阻光照特性不同,但光照特性曲线均呈非线性。因此光敏电阻不宜作定量检测元件,这是它的不足之处,一般在自动控制系统中用作光电开关。

(3) 光敏电阻的温度特性

光敏电阻的性能(灵敏度、暗电阻)受温度的影响较大。随着温度的升高,其暗电阻和

灵敏度下降,光谱特性曲线的峰值向波长短的方向移动。硫化镉(CdS)光敏电阻的光电流 I 和温度 T 的关系如图 3.21 所示。有时为了提高灵敏度,或为了能够接收较长波段的辐射,通常将元件降温使用。例如,可利用制冷器使光敏电阻的温度降低。

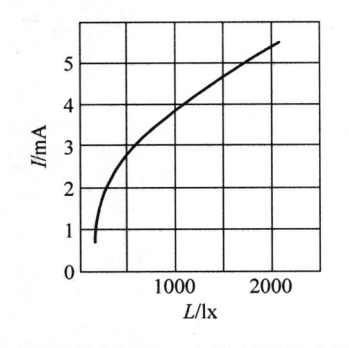

图 3.20 硫化镉(CdS)光敏电阻的光照特性

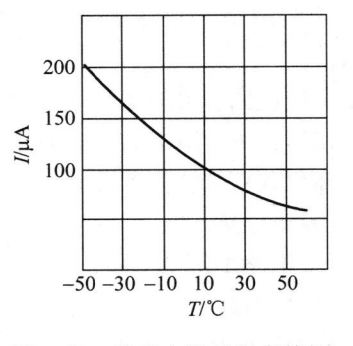

图 3.21 光敏电阻的温度特性

(4)光敏电阻的工作原理和结构

光敏电阻的结构如图 3.22 所示。管芯是一块安装在绝缘衬底上带有两个欧姆接触电极的光电导体。光导体吸收光子而产生的光电效应,只限于光照的表面薄层,虽然产生的载流子也有少数扩散到内部去,但扩散深度有限,因此光电导体一般都做成薄层。为了获得高的灵敏度,光敏电阻的电极一般采用 S 状图案。

光敏电阻具有很高的灵敏度、很好的光谱特性,光谱响应可从紫外区到红外区范围内。而且体积小、重量轻、性能稳定、价格便宜,因此应用比较广泛。

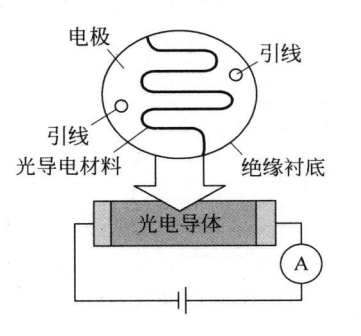

图 3.22 金属封装的硫化镉(CdS) 光敏电阻结构

2. 光电二极管

和普通二极管相比,光电二极管的管芯也是一个 PN 结、具有单向导电性能,但其他结构、特性差异很大。①光电二极管管芯内的 PN 结结深比较浅(小于 1μm),以提高光电转换能力;②PN 结面积比较大,电极面积则很小,以利于光敏面多收集光线;③光电二极管在外观上都有一个用有机玻璃透镜密封、能汇聚光线于光敏面的"窗口"。光电二极管的灵敏度和响应时间远远优于光敏电阻。

P0188 是一个光电集成传感器,典型入射波长为 $\lambda_p = 520\text{nm}$,内置双敏感元接收器,可见光范围内高度敏感,输出电流随照度呈线性变化。适合电视机、LCD 背光、数码产品、仪器仪表、工业设备等诸多领域的节能控制、自动感光、自适应控制。

(1)电气特性

① 暗电流小,低照度响应,灵敏度高,电流随光照度增强呈线性变化。

② 内置双敏感元,自动衰减近红外,光谱响应接近人眼函数曲线。

③ 内置微信号 CMOS 放大器、高精度电压源和修正电路,输出电流大,工作电压范围宽,温度稳定性好。

④ 可选光学纳米材料封装,可见光透过,紫外线截止、近红外相对衰减,增强了光学

滤波效果。

⑤ 符合欧盟 RoHS 指令,无铅、无镉。

（2）典型应用

① 背光调节:用于电视机、计算机显示器、LCD 背光、手机、数码相机、MP4、PDA、GPS。

② 节能控制:用于室外广告机、感应照明器具、玩具;

③ 仪器仪表:用于测量光照度的仪器及工业控制。

④ 环保替代:替代传统光敏电阻、光敏二极管、光敏三极管。

（3）采集电路

P0188 电路如图 3.23 所示。

（4）特性曲线

当环境温度为 250℃时,下拉电阻 R＝1kΩ,电源电压 VDD＝5V,光源采用普通白炽灯,此时光照和输出电流的关系如图 3.24 所示。

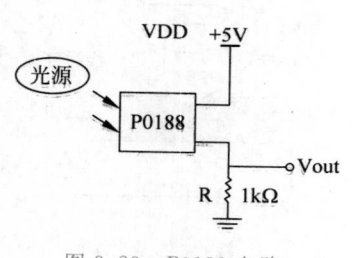

图 3.23　P0188 电路

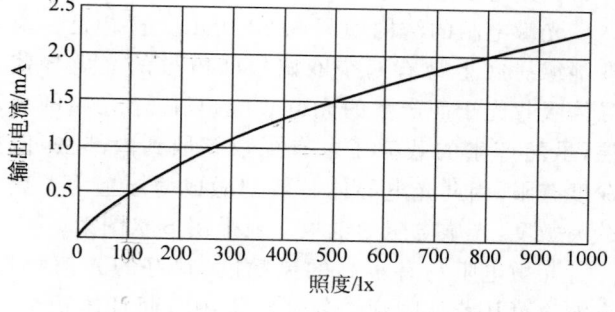

图 3.24　光照响应输出电流曲线

二、A/D 转换

1. A/D 转换定义

单片机的运行存储都采用的是数字信号,低电平 0 代表 0V,高电平 1 代表 5V 或者 3.3V。P0188 传感器根据光照度变化输出不同的电流信号,使用 1kΩ 的电阻将电流信号的变化转换为电压信号的变化。该电压的变化是连续的,某个光照强度输出的电压为 1.8V。这个 1.8V 就是模拟量信号,单片机不能直接识别该信号,必须要将该信号转换成单片机能够识别的数字信号,这个转换过程,称为 A/D 转换。

2. A/D 转换工作原理

以 8 位 A/D 转换芯片为例,该芯片功能模块如图 3.25 所示,VREF 为 A/D 转换时的参考电压,VIN 为输入的电压,START、EOC 为控制 A/D 转换的控制信号,D0～D7 为 8 位 A/D 转换的输出结果,该芯片的电压识别精度为 $VREF/2^8$。设置 CC2530 单片机 A/D 转换的参考电压 VREF 为 3.3V,那么它可以识别的电压精度为 0.01289V。

下面介绍逐次逼近式 ADC 的转换原理。假设输入的电压 VIN 为 1.8V, A/D 转换器

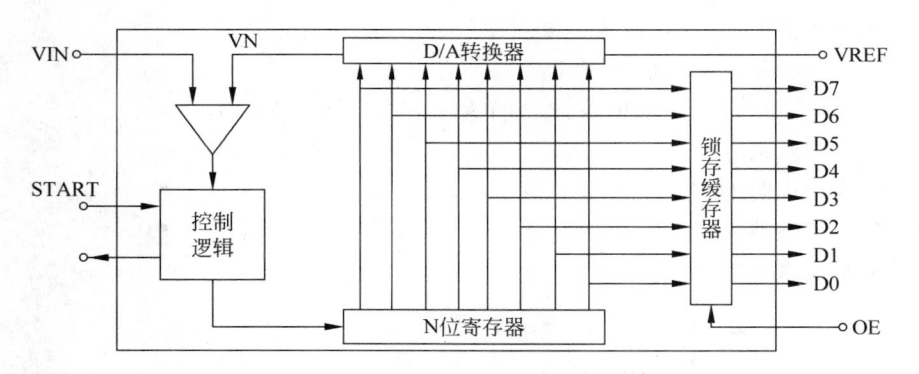

图 3.25　8 位 A/D 转换芯片功能模块

片内有 D/A 转换和电压比较器,向片内 D/A 转换器输入 10000000,若电压比较器 VIN≥VN,则 N 位寄存器的首位置 1,若电压比较器 VIN<VN,则 N 位寄存器的首位置 0。D/A 转换器输出的电压 VN 为 2^7 乘以电压识别精度,结果为 1.65V,通过比较得知 1.8V 大于 1.65V,所以 N 位寄存器的设置置 1。再将 N 位寄存器的第二位置 1,此时 D/A 转换器输出电压 VN 为 (2^7+2^6) 乘以电压精度,结果为 2.47V,通过比较得知 1.8V 小于 2.47V,所以 N 为寄存器的第二位置 0。再将 N 位寄存器的第三位置 1,输出电压 VN 为 (2^7+0+2^5) 乘以电压精度,结果为 2.06V,通过比较得知 1.8V 小于 2.06V,所以 N 位寄存器的第三位置 0。以此类推,直到设置完 N 位寄存器的最后一位。然后将 N 位寄存器中的数值传送到锁存缓存器中,单片机读取该缓存器中的数值进行分析处理。

想一想:同学们自己动手算一下,该锁存缓存器中的值应该是多少?

常用的 A/D 转换芯片有 AD0809。

3. 物理量回归

在实际应用中,利用 A/D 转换得到稳定的 A/D 采样值后,还需要把 A/D 采样值与实际物理量对应起来,这一过程称为物理量回归。A/D 转换的目的是把模拟量信号转化为数字量信号,供计算机处理。例如,利用 MCU 和 P0188 电路采集室内光照度,A/D 转换后的数值是 2V,按照图 3.23 电路,当所测电压为 2V 时,由于这里的电阻是 1kΩ,所以流经电阻的电流为 2mA,再根据图 3.24 可以查到电流是 2mA 时对应原光照度为 800lx。如果当前室内的光照度是 500lx,则测得的电压值应该是多少?由图 3.24 和图 3.23 得知,所测得的电压应是 1.5V。

三、CC2530 单片机 A/D 转换模块

1. CC2530 ADC 简介

CC2530 单片机的 ADC 支持多达 14 位的模拟数字转换,具有多达 12 位的 ENOB(有效数字位)。CC2530 ADC 结构如图 3.26 所示,它包括一个模拟多路转换器,具有多达 8 个各自可配置的通道,以及一个参考电压发生器。转换结果通过 DMA 写入存储器。还具有若干运行模式。

CC2530 ADC 的主要特性如下。

（1）可选的抽取率，这也设置了分辨率（7 到 12 位）。

（2）8 个独立的输入通道，可接收单端或差分信号。

（3）参考电压可选为内部单端、外部单端、外部差分或 AVDD5。

（4）产生中断请求。

（5）转换结束时的 DMA 触发。

（6）温度传感器输入。

（7）电池测量功能。

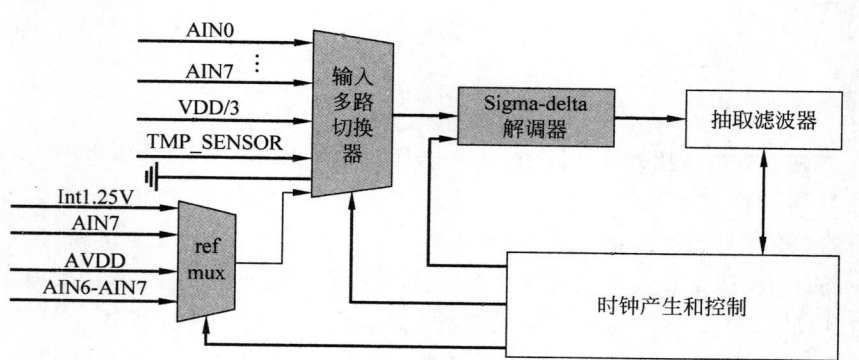

图 3.26　CC2530 ADC 结构

2. ADC 输入

端口 0 引脚的信号可以用作 ADC 输入，这些端口引脚指的是 AIN0～AIN7 引脚。输入引脚 AIN0～AIN7 是连接到 ADC 的。

可以把输入配置为单端或差分输入。在选择差分输入的情况下，差分输入包括输入对 AIN0-1、AIN2-3、AIN4-5 和 AIN6-7。注意负电压不适用于这些引脚，大于 VDD（未调节电压）的电压也不能直接引入，否则会烧毁单片机的接入引脚甚至烧毁单片机。

除了输入引脚 AIN0～AIN7，片上温度传感器的输出也可以选择作为 ADC 的输入，用于温度测量。

还可以输入一个对应 AVDD5/3 的电压作为一个 ADC 输入。这个输入允许诸如需要在应用中实现一个电池监测器的功能。注意，在这种情况下参考电压不能取决于电源电压，比如 AVDD5 电压不能用作一个参考电压。

单端电压输入 AIN0～AIN7 以通道号码 0～7 表示。通道号码 8～11 表示差分输入，由 AIN0～AIN1、AIN2～AIN3、AIN4～AIN5 和 AIN6～AIN7 组成。通道号码 12～15 表示 GND(12)、温度传感器(14) 和 AVDD5/3(15)。

当使用 ADC 时，端口 0 引脚必须配置为 ADC 输入。可以使用多达 8 个 ADC 输入引脚。要配置一个端口 0 引脚为一个 ADC 输入，APCFG 寄存器中相应的位必须设置为 1。这个寄存器的默认值选择端口 0 引脚为非 ADC 输入，即数字输入/输出。APCFG 寄存器的设置将覆盖 P0SEL 的设置。ADC 可以配置为使用通用 I/O 引脚 P2.0 作为内部触发器来启动转换。当用作 ADC 内部触发器时，P2.0 必须在输入模式下配置为通用 I/O。模拟 I/O 配置寄存器见表 3.6。

表 3.6 APCFG(0xF3)——模拟 I/O 配置寄存器

位	名称	复位	R/W	描　述
7:0	APCFG [7:0]	0x00	R/W	模拟外设 I/O 口配置： 0：模拟 I/O 口禁用 1：模拟 I/O 口使用

举例：

APCFG| = 0x10; //即为 0b00010000,设置端口 0 的第 4 脚为 ADC 输入

3. ADC 参考电压

A/D 转换的正参考电压可选择为一个内部生成的电压,AVDD5 引脚,适用于 AIN7 输入引脚的外部电压,或适用于 AIN6～AIN7 输入引脚的差分电压。

转换结果的准确性取决于参考电压的稳定性和噪声属性。希望的电压有偏差会导致 ADC 增益误差,与希望电压和实际电压的比例成正比。参考电压的噪声必须低于 ADC 的量化噪声,以确保达到规定的 SNR(信噪比)。

4. ADC 转换时间

ADC 只能运行在 32MHz XOSC 上,用户不能整除系统时钟。实际 ADC 采样的 4MHz 的频率由固定的内部划分器产生。执行一个转换所需的时间取决于所选的抽取率。总的来说,转换时间由以下公式给定:

$$T_{conv} = (抽取率+16)×0.25(\mu s)$$

5. ADC 转换结果

数字转换结果以 2 的补码形式表示。对于单端配置,结果总是为正。这是因为结果是输入信号和地之间的差值,它总是一个正符号数($V_{conv} = V_{inp} - V_{inn}$,其中 $V_{inn} = 0V$)。当输入幅度等于所选的电压参考 VREF 时,达到最大值。对于差分配置,两个引脚对之间的差分被转换,这个差分可以是负符号数。对于抽取率是 512 的一个数字转换结果的 12 位 MSB,当模拟输入 V_{conv} 等于 VREF 时,数字转换结果是 2047。当模拟输入等于 −VREF 时,数字转换结果是 −2048。

当 ADCCON1.EOC 设置为 1 时,数字转换结果是可以获得的,且结果放在 ADCH 和 ADCL 中。注意转换结果总是驻留在 ADCH 和 ADCL 寄存器组合的 MSB 段中。

当读取 ADCCON3.SCH 位时,它们将指示转换在哪个通道上进行。ADCL 和 ADCH 中的结果一般适用于之前的转换。

6. ADC 寄存器

ADC 有两个数据寄存器：ADCL-ADC 数据低位寄存器、ADCH-ADC 数据高位寄存器,见表 3.7 和表 3.8。ADC 有三种控制寄存器：ADCCON1、ADCCON2 和 ADCCON3,这些寄存器用于配置 ADC 并报告结果。寄存器 ADCCON1 见表 3.9,ADCCON3 见表 3.10。

表 3.7　ADCL（0xBA）——ADC 数据低位

位	名称	复位	R/W	描　述
7:2	ADC[5:0]	0000 00	R	ADC 转换结果的低位部分
1:0	—	00	R0	没有使用。读出来一直是 0

表 3.8　ADCH（0xBB）——ADC 数据高位

位	名称	复位	R/W	描　述
7:0	ADC[13:6]	0x00	R	ADC 转换结果的高位部分

举例：

```
uint  value = 0;
value = ADCL>>2;              //将转换好的低位数据送变量 value
value| = ((uint)ADCH)<<6;     //将高位数据和低位数据合并送变量 value
```

表 3.9　ADCCON1（0xB4）——ADC 控制 1

位	名称	复位	R/W	描　述
7	EOC	0	R H0	转换结束。当 ADCH 被读取的时候清除。如果已读取前一数据之前，完成一个新的转换，EOC 位仍然为高 0：转换没有完成 1：转换完成
6	ST	0		开始转换。读为 1,直到转换完成 0：没有转换正在进行 1：如果 ADCCON1.STSEL = 11 并且没有序列正在运行就启动一个转换序列
5:4	STSEL[1:0]	11	R/W1	启动选择。选择该事件,将启动一个新的转换序列 00：P2.0 引脚的外部触发 01：全速,不等待触发器 10：定时器 1 通道 0 比较事件 11：ADCCON1.ST = 1
3:2	RCTRL[1:0]	00	R/W	控制 16 位随机数发生器。当写 01,操作完成时设置将自动返回到 00 00：正常运行(13X 型展开) 01：LFSR 的时钟一次(没有展开) 10：保留 11：停止,关闭随机数发生器
1:0	—	11	R/W	保留,一直设为 11

ADCCON1.EOC 位是一个状态位,当一个转换结束时,设置为高电平;当读取 ADCH 时,它就被清除。ADCCON1.ST 位用于启动一个转换序列。当这个位设置为高电平,ADCCON1.STSEL 是 11,且当前没有转换正在运行时,就启动一个序列。当这个序列转换完成,这个位就被自动清除。ADCCON1.STSEL 位选择哪个事件将启动一个新的转换序列。该选项可以选择为外部引脚 P2.0 上升沿或外部引脚事件,之前序列的

结束事件,定时器 1 的通道 0 比较事件或 ADCCON1. ST 是 1。

举例:

```
ADCCON1| = 0x40;          //即为 0b01000000,表示启动 A/D 转换
While (!(ADCCON1&0x80));  //循环等待 A/D 转换完成
```

表 3.10　ADCCON3（0xB6）——ADC 控制 3

位	名称	复位	R/W	描　　述
7:6	EREF[1:0]	00	R/W	选择用于额外转换的参考电压 00: 内部参考电压 01: AIN7 引脚上的外部参考电压 10: AVDD5 引脚 11: 在 AIN6～AIN7 差分输入的外部参考电压
5:4	EDIV[1:0]	00	R/W	设置用于额外功率。抽取率也决定了完成转换需要的时间和分辨率 00: 64 抽取率(7 位 ENOB) 01: 128 抽取率(9 位 ENOB) 10: 256 抽取率(10 位 ENOB) 11: 512 抽取率(12 位 ENOB)
3:0	ECH[3:0]	0000	R/W	单个通道选择。选择写 ADCCON3 触发的单个转换所在的通道号码 当单个转换完成,该位自动清除 0000: AIN0 0001: AIN1 0010: AIN2 0011: AIN3 0100: AIN4 0101: AIN5 0110: AIN6 0111: AIN7 1000: AIN0～AIN1 1001: AIN2～AIN3 1010: AIN4～AIN5 1011: AIN6～AIN7 1100: GND 1101: 正电压参考 1110: 温度传感器 1111: VDD/3

　　ADCCON2 寄存器控制转换序列是如何执行的？ADCCON3 寄存器控制单个转换的通道号码、参考电压和抽取率。单个转换在寄存器 ADCCON3 写入后将立即发生,或如果一个转换序列正在进行,该序列结束之后立即发生。该寄存器位的编码和 ADCCON2 是完全一样的。

　　举例:

```
ADCCON3| = 0xB4; //即为 0b10110100,表示选取 AVDD5 引脚为参考电压,12 位分辨率,选择通
                 道 AIN4
```

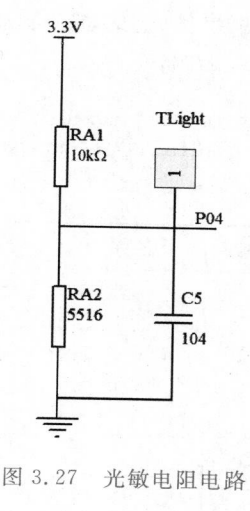

图 3.27　光敏电阻电路

一、硬件设计

本任务扩展板需在上一个任务基础上增加光敏电阻电路。光敏电阻 5516 并联一个 $0.1\mu F$ 电容,该电容用来抗高频干扰。$10k\Omega$ 电阻与光敏电阻起分压作用。光敏电阻一端接 CC2530 P0口的第 4 脚,另一端接地,从 P04 脚能读出光敏电阻的电压。光线有变化时,光敏电阻的阻值会有变化,经过其中的电流会变,则 P0 口第 4 脚读到的电压值也会变化。具体电路如图 3.27所示。

二、绘制原理图及设计 PCB

1. 绘制原理图

在光照度检测控制系统中,只需要增加硬件构成一个光照度检测电路,所需元件见表 3.11。

表 3.11　光照度检测控制系统所需增加元件

功能电路	元件标号	元件名称	原理图元件库	元件注释	封装	PCB 元件封装库
光照检测电路	RA1	RES2	Miscellaneous Devices. Lib	$10k\Omega$	0805	PCB Footprints. Lib
	C5	CAP		$0.1\mu F$	0805	
	RA2	RES2		5516	PHOTO	自建 PCB 元件库. Lib

双击上一个任务中创建的"环境监控系统. Sch"原理图文件,放置表 3.12 所示元件,按图 3.27 进行连线。

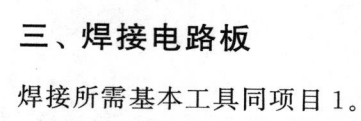

图 3.28　光敏电阻 5516 封装

2. 设计 PCB

由于 Protel 99SE PCB 元件库中没有提供电阻传感器 5516 元件,因此要根据电阻传感器 5516 的实际尺寸画出该元件的封装图形。绘制方法请参照前面绘制 PCB 库元件的方法,绘制好的 5516 的封装如图 3.28 所示。

三、焊接电路板

焊接所需基本工具同项目 1。

本任务需要在扩展板上增加光敏电阻传感器电路的元

件,准备好表 3.12 所示元件和 PCB。焊接好的电路板如图 3.13 所示。参考项目 1 检查焊接质量,对有问题的焊点进行补焊。连接核心板和扩展板,下面就可以编写程序。

四、软件设计

从硬件连接图中可以看出,首先要采集光照度信息,设置接光照度传感器的 P0_4 口为输入引脚,读取该引脚上的电压值,根据得到的电压值再推算出当前光照度值。

1. LCD 程序设计

和任务 1 一样,LCD 程序是用来显示信息的,本任务中,除了能够显示 16×16 点阵字外,还能够显示 5×7 点阵字,因此 LCD 头文件和 LCD 源文件要做一些修改。

(1) LCD 头文件(hal_lcd.h)

除了原先说明的几个函数外,还要加上一个 HalLcdWriteString 函数。

```
// ********************************************************************** //
//函数名称:HalLcdWriteString
//函数返回:无
//参数说明:pText:显示的字符串的首地址;line:在 line 行;col:在 col 列
//功能:显示一个字符串
// ********************************************************************** //
void HalLcdWriteString(char * pText, uchar line,uchar col);
```

(2) LCD 源文件(hal_lcd.c)

除了任务 1 中 LCD 源文件说明的几个函数外,还要增加 DisplayByte_5×7 函数、transfer_dataChar 函数和 HalLcdWriteString 函数。

```
// ********************************************************************** //
//函数名称:DisplayByte_5×7
//函数返回:无
//参数说明:page,范围 0～7,共 8 行;column,范围 0～127;text,要显示的字符,该值为 ASCII 码
//功能:显示一个字节的字符,该字符大小为宽 5 个点,高 7 个点
// ********************************************************************** //
void DisplayByte_5×7(uchar page,uchar column,char text)
{
    int j,k;

    if((text>=0×20)&&(text<0x7e))
    {
        //寻址,通过字符的 ASCII 码找到点阵库中的该字符的位置
        j=text-0×20;
        lcd_address(page,column);
        for(k=0;k<5;k++)
        {
            transfer_data(ascii_table_5×7[j][k]);
        }
        //第六列写入 0,即清除上一次留下来的数据
        transfer_data(0x00);
        column+=6;
```

```
        }
    }
    // ************************************** //
    //函数名称: transfer_dataChar
    //函数返回: 无
    //参数说明: line: 行; col: 列; text: 显示的字符
    //功能: 显示一个字节的字符
    // ************************************** //
    void transfer_dataChar(uchar line, uchar col, char text)
    {
        uchar column = 1 + col * 6;
        uchar page = line - 1;
        if(col > 21)/ * 超出部分不显示 * /
            return;
        DisplayByte_5 × 7(page,column,text);
    }
    // ************************************************************ //
    //函数名称: HalLcdWriteString
    //函数返回: 无
    //参数说明: pText: 显示的字符串的首地址; line: 在 line 行; col: 在 col 列
    //功能: 显示一个字符串
    // ************************************************************ //
    void HalLcdWriteString(char * pText, uchar line,uchar col)
    {
        uchar count;
        uchar totalLength = getStrlen( (char * )pText );
        line = 9 - line;
        for (count = 0; count < totalLength; count++)
        {
            transfer_dataChar(line,col + count, * pText);
            pText++;
        }
        / * Write blank spaces to rest of the line * /
        for(count = totalLength; count < 21;count++)
        {
            transfer_dataChar(line, count, 0x00);
        }
    }
```

2. A/D 程序设计

　　A/D 模块具有初始化、采样、滤波等功能。为了使用方便,可以把它们封装成独立的功能函数,包括头文件 adu.h 和源文件 adu.c。各函数的声明与定义见表 3.12。

表 3.12　A/D 转换各函数声明与定义

序号	函数名	参数	功　　能
1	Adinit	无	A/D 初始化
2	getLight	无	获取光照度 A/D 值

（1）A/D 头文件（adu. h）

```
#ifndef ADU_H
#define ADU_H
// ********************************************* //
//函数名称: adinit
//函数返回: 无
//参数说明: 无
//功能: A/D 初始化
// ********************************************* //
    void adinit();                //!< Unsigned 32 bit integer


// ********************************************* //
//函数名称: getLight
//函数返回: 无
//参数说明: 返回光照度 A/D 值
//功能: 读取 A/D 采样值
// ********************************************* //
    uint getLight(void);

    #endif
```

（2）A/D 源文件（adu. c）

```
// ********************************************* //
//文件名称: adu.c
//功能: A/D 源文件
// ********************************************* //
#include "ioCC2530.h"
    #include "type. h"

    uint light = 0;


// ********************************************* //
//函数名称: adinit
//函数返回: 无
//参数说明: 无
//功能: A/D 初始化
// ********************************************* //
void adinit()
{
   APCFG | = 0x10;              //A/D 转换引脚作为第二功能使用
}


// ********************************************* //
//函数名称: getLight
//函数返回: 无
//参数说明: 返回光照度 A/D 值
//功能: 读取 A/D 采样值
// ********************************************* //
uint getLight(void)
{
    uint value = 0;
```

```
ADCCON3 | = 0xB4;          //10110100 AVDD5 引脚参考电压,12 位分辨率,通道 AIN4
ADCCON1 | = 0x40;          //01000000 启动 A/D 转换
while(!(ADCCON1&0x80));    //循环等待 A/D 转换完成
value = ADCL >> 2;
value | = ((uint)ADCH)<< 6;
return value;
}
```

3. 主程序设计

(1) 主程序流程

主程序流程如图 3.29 所示。

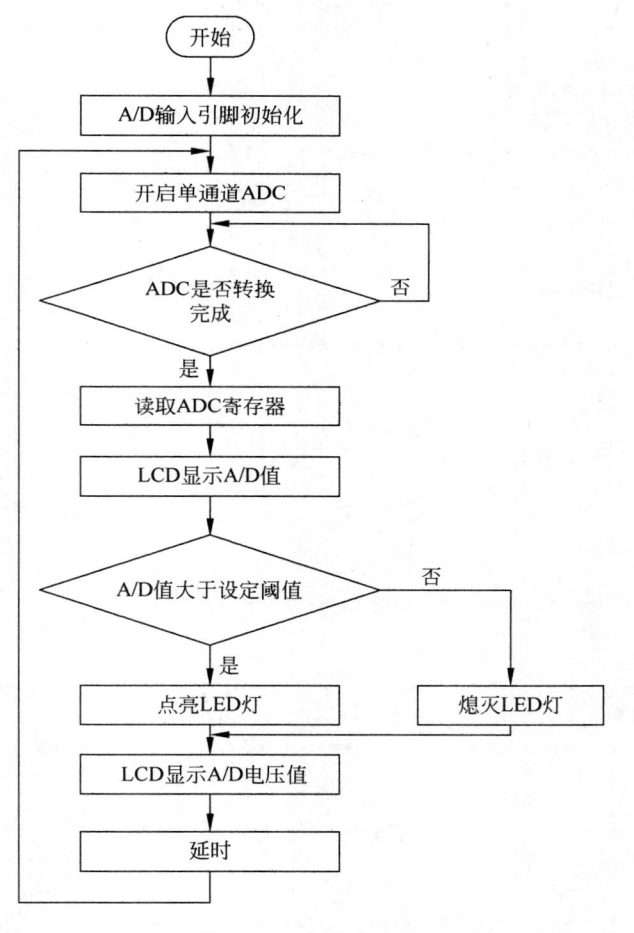

图 3.29　主程序流程

(2) 主程序文件(main.c)

```
// ********************************************* //
//文件名称: main.c
//函数返回: 无
//参数说明: 无
```

```
//功能：采集光照度，并在 LCD 上显示
// ******************************************** //
//CC2530 单片机的头文件
# include "ioCC2530.h"
# include "hal_lcd.h"
# include "adu.h"
# include "font.h"

# define LD 1200

extern uint light;
void main()
{
  int i;
  float voltage;
  uchar temp[5],v[6];
  HalLcdInit();

  for(i = 0;i < 8;i++)
    display_16×16(1,1 + i * 16,huan + i * 32);      //显示汉字"环境监测控制系统"

  for(i = 0;i < 2;i++)
    display_16×16(5,1 + i * 16,sen + (4 + i) * 32); //显示汉字"光照"

  HalLcdWriteString("AD",4,7);                //显示"AD"
  HalLcdWriteString("VOL",4,13);              //显示"VOL"
  adinit();                                   //A/D 初始化
  P0DIR |= 0x03;                              //LED P00,P01 方向寄存器设置为输出
  P1DIR |= 0x03;                              //LED P10,P11 方向寄存器设置为输出
  while(1)
  {
    light = getLight();                       //光照度 A/D 值
    voltage = (float)light/8192 * 3.3;
    if (light > LD)                           //无光,LED 亮
    {
      P0_0 = 0;
      P0_1 = 0;
    }
    else                                      //有光,LED 灭
    {
      P0_0 = 1;
      P0_1 = 1;
    }

    temp[0] = light/1000 + 48;
    temp[1] = light % 1000/100 + 48;
```

```
        temp[2] = light % 100/10 + 48;
        temp[3] = light % 10 + 48;
        temp[4] = '\0';
        HalLcdWriteString(temp,5,6);              //输出 A/D 值
        v[0] = (int)(voltage * 100)/100 + 48;
        v[1] = '.';
        v[2] = (int)(voltage * 100) % 100/10 + 48;
        v[3] = (int)(voltage * 100) % 10 + 48;
        v[4] = 'V';
        v[5] = '\0';
        HalLcdWriteString(v,5,12);                //输出电压值
    }
}
```

五、软硬件联调

根据已有的电路原理图和程序代码,在 IAR 软件中进行程序编辑、编译、生成下载,得到正确的效果。

 **任务拓展**

(1) 设计光照度检测系统,通过 P0188 传感器检测当前光照度,并实时显示在 LCD 屏幕上。请设计硬件电路并编写软件。

(2) 设计一个单片机控制的电子秤,请设计相关硬件电路并编写软件。

任务 3　设计制作温湿度检测控制系统

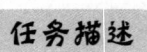 **任务描述**

设计、制作一个单片机温湿度检测控制系统,使用 DHT11 采集环境的温湿度信息,将采集到的信息送到单片机进行处理,当温度高于设定阈值时,LED1 亮,同时开启风扇,当温度小于等于设定阈值时,LED1 灭,同时风扇关闭;当湿度大于设定阈值时,LED2 亮,当湿度小于等于设定阈值时,LED2 灭。

 **相关知识**

一、CC2530 片内温度传感器

CC2530 单片机内部集成了温度传感器,可以用于温度测量。

如果 ADC 采用 12 位方式,工作电压 3.3V,使用内部基准 1.15V,温度传感器有如下规律:25℃时,A/D 读数为 1480,温度变化 1℃,A/D 采集值变化 4.5。了解上述规律,温度就可以用这个公式来计算:

实际温度＝[A/D 读数－(1480－4.5×25)]÷4.5＝(A/D 读数－1367.5)÷4.5

二、数字温湿度传感器 DHT11

数字温湿度传感器 DHT11 是一款含有已校准数字信号输出的温湿度复合传感器,它应用专用的数字模块采集技术和温湿度传感技术,确保产品具有极高的可靠性与长期稳定性。DHT11 包括一个电阻式感湿元件和一个 NTC 测温元件,并与一个高性能 8 位单片机相连接,该产品具有超快响应、抗干扰能力强、性价比高等优点。

每个 DHT11 都在极为精确的湿度校验室中进行校准。校准系数以程序的形式储存在 OTP 内存中,传感器内部在检测信号的处理过程中要调用这些校准系数。DHT11 采用单线制串行接口,使系统集成变得简易快捷。超小的体积、极低的功耗,信号传输距离可达 20m 以上,使 DHT11 成为各类应用甚至最为苛刻的应用场合的最佳选择。DHT11 产品为 4 针单排引脚封装,连接方便,可根据用户需求提供特殊封装形式。

1. DHT11 引脚说明

DHT 引脚说明见表 3.13。

表 3.13　DHT 引脚说明

Pin	名称	注　释
1	VDD	供电 DC3～5.5V
2	DATA	串行数据,单总线
3	NC	空脚,请悬空
4	GND	接地,电源负极

2. DHT11 典型应用电路

DHT11 的供电电压为 3～5.5V。传感器上电后,要等待 1s 以越过不稳定状态,在此期间无须发送任何指令。电源引脚(VDD,GND)之间可增加一个 100nF 的电容,用以去耦滤波。DHT11 典型应用电路如图 3.30 所示。

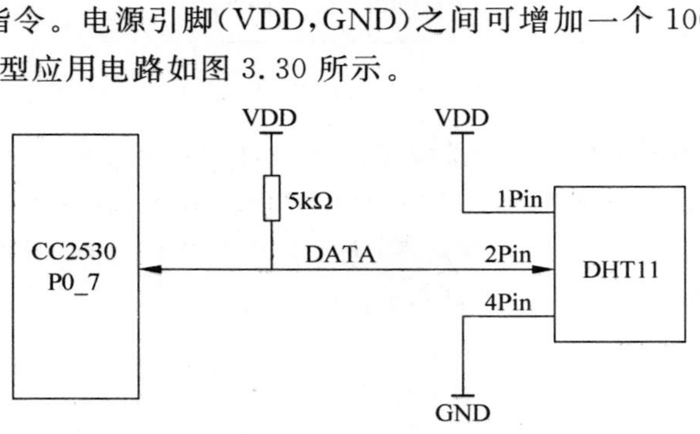

图 3.30　DHT11 典型应用电路

3. DHT11 单总线串行接口（单线双向）

DATA 用于微处理器与 DHT11 之间的通信和同步，采用单总线数据格式，一次通信时间 4ms 左右，数据分小数部分和整数部分，具体格式在下面说明，当前小数部分用于以后扩展，现读出为零，操作流程如下。

（1）一次完整的数据传输为 40bit，高位先出。

（2）数据格式：8bit 湿度整数数据＋8bit 湿度小数数据＋8bit 温度整数数据＋8bit 温度小数数据＋8bit 校验和。

（3）数据传送正确时校验和数据等于"8bit 湿度整数数据＋8bit 湿度小数数据＋8bit 温度整数数据＋8bit 温度小数数据"所得结果的末 8 位。

（4）用户 MCU 发送一次开始信号后，DHT11 从低功耗模式转换到高速模式，等待主机开始信号结束后，DHT11 发送响应信号，送出 40bit 的数据，并触发一次信号采集，用户可选择读取部分数据。从模式下，DHT11 接收到开始信号触发一次温湿度采集，如果没有接收到主机发送开始信号，DHT11 不会主动进行温湿度采集。采集数据后转换到低速模式。

4. DHT11 单总线串行接口通信过程

总线空闲状态为高电平，主机把总线拉低等待 DHT11 响应。主机把总线拉低必须大于 18ms，保证 DHT11 能检测到起始信号。DHT11 接收到主机的开始信号后，等待主机开始信号结束，然后发送 $80\mu s$ 低电平响应信号。主机发送开始信号结束后，延时等待 $20\sim40\mu s$，读取 DHT11 的响应信号，主机发送开始信号后，可以切换到输入模式，或者输出高电平均可，总线由上拉电阻拉高。通信开始过程如图 3.31 所示。

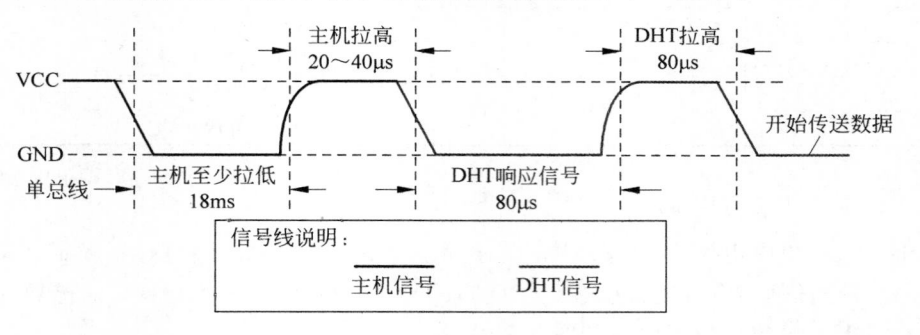

图 3.31　通信开始过程

总线为低电平，说明 DHT11 发送响应信号，DHT11 发送响应信号后，再把总线拉高 $80\mu s$，准备发送数据，每 bit 数据都以 $50\mu s$ 低电平时隙开始，高电平的长短决定了数据位是 0 还是 1。如果读取响应信号为高电平，则 DHT11 没有响应，请检查线路是否连接正常。当最后 1bit 数据传送完毕后，DHT11 拉低总线 $50\mu s$，随后总线由上拉电阻拉高进入空闲状态。

数字"0"信号表示方法如图 3.32 所示。

数字"1"信号表示方法如图 3.33 所示。

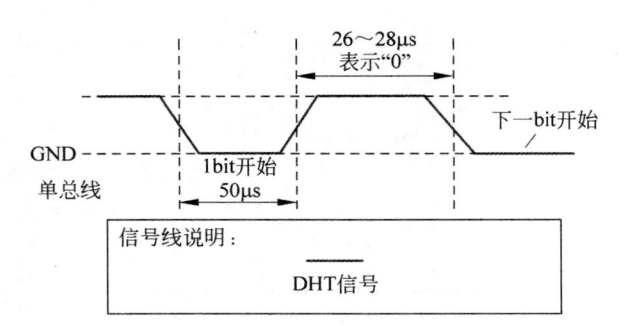

图 3.32 数字"0"表示方法

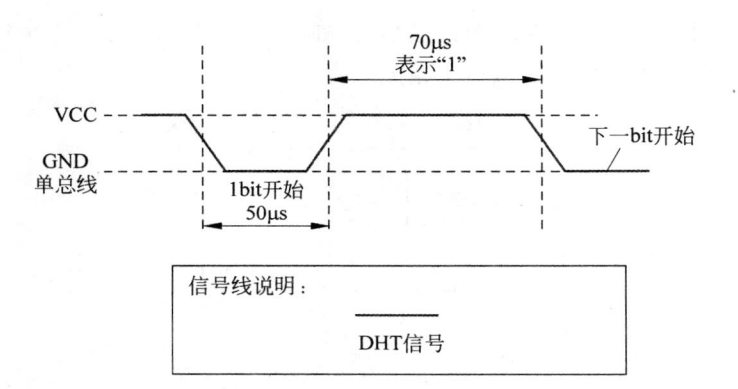

图 3.33 数字"1"表示方法

一、硬件设计

本任务扩展板需在上一个任务基础上增加 DHT11 电路和继电器控制电路。DHT11 电路如图 3.34 所示,DHT11 的 1 脚接 3.3V,4 脚接地,2 脚接 CC2530 P0 口的第 7 脚,P0 口的第 7 脚要设为输入引脚,在 DHT11 2 脚和 3.3V 之间并联一个 5kΩ 电阻。当温湿度有变化时,MCU 从 P07 脚就能读出。继电器电路用来控制风扇,具体可参照项目 1 中相关电路。

二、绘制原理图及设计 PCB

1. 绘制原理图

在温湿度检测控制系统中,只需要增加硬件构成一个温湿度检测电路和一个继电器控制电路,所需元件见表 3.14。

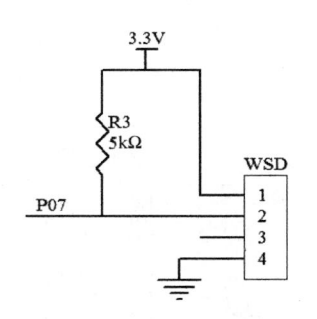

图 3.34 DHT11 电路

表 3.14　温湿度检测控制系统所需增加元件

功能电路	元件标号	元件名称	原理图元件库	元件注释	封装	PCB 元件封装库
温湿度检	R3	RES1		5kΩ	0805	PCB
测电路	WSD	CON4	Miscellaneous Devices. Lib	WSD	SIP4	Footprints. Lib
继电器	R8	RES1		500	0805	自制 PCB 库.Lib
控制	D5	DIODE		DIODE	DIODE	
电路	Q55	NPN		8050	SOT23	
	KM1	JDQ	自制原理	RELAY	JDQ	
	JDQ	CON3	图库. Lib		JDQSIP3	

双击上一个任务中创建的"环境监控系统.Sch"原理图文件,放置表 3.14 所示相关元件,按相关原理图进行连线。

至此,本项目的所有电路原理图都已画完,如图 3.35 所示。接下来可以进行 ERC 检查及生成网络表,具体操作参照项目 1 相关内容。

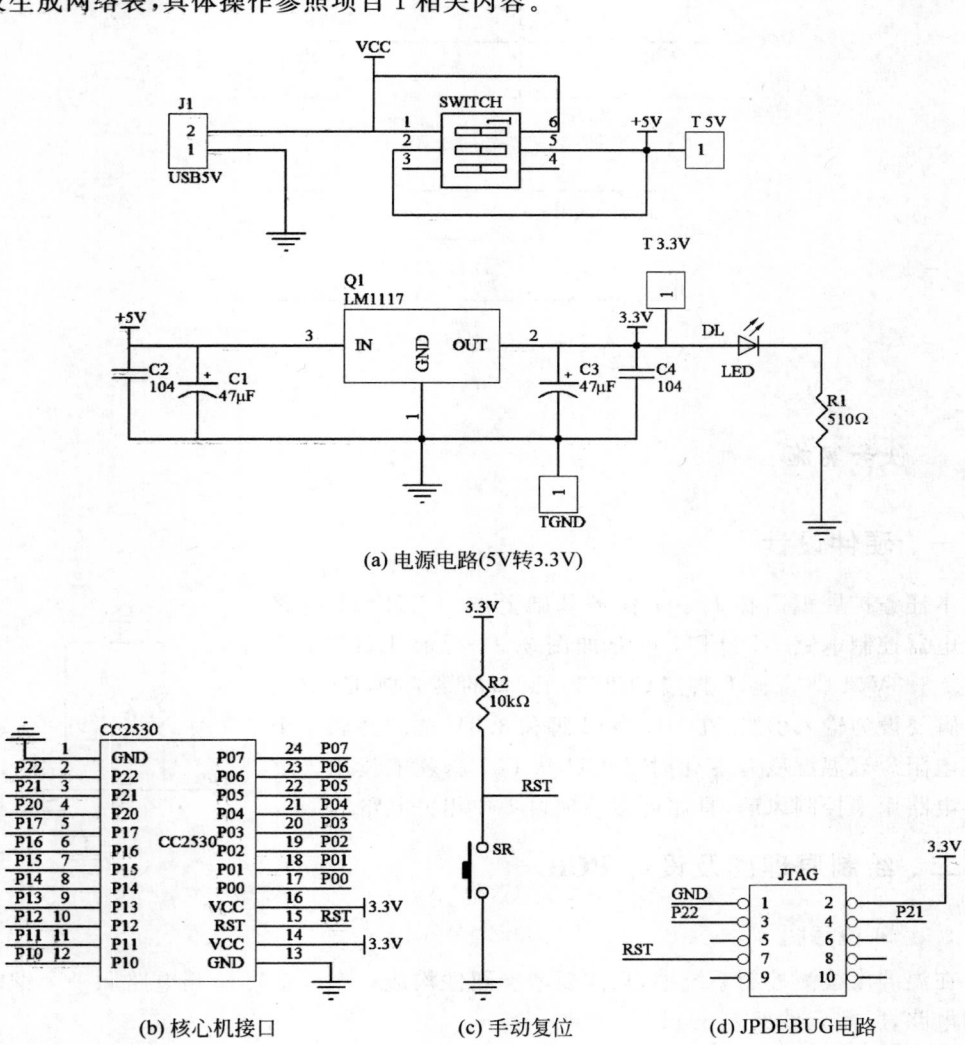

(a) 电源电路(5V转3.3V)

(b) 核心机接口　　　(c) 手动复位　　　(d) JPDEBUG电路

图 3.35　环境监测控制系统原理

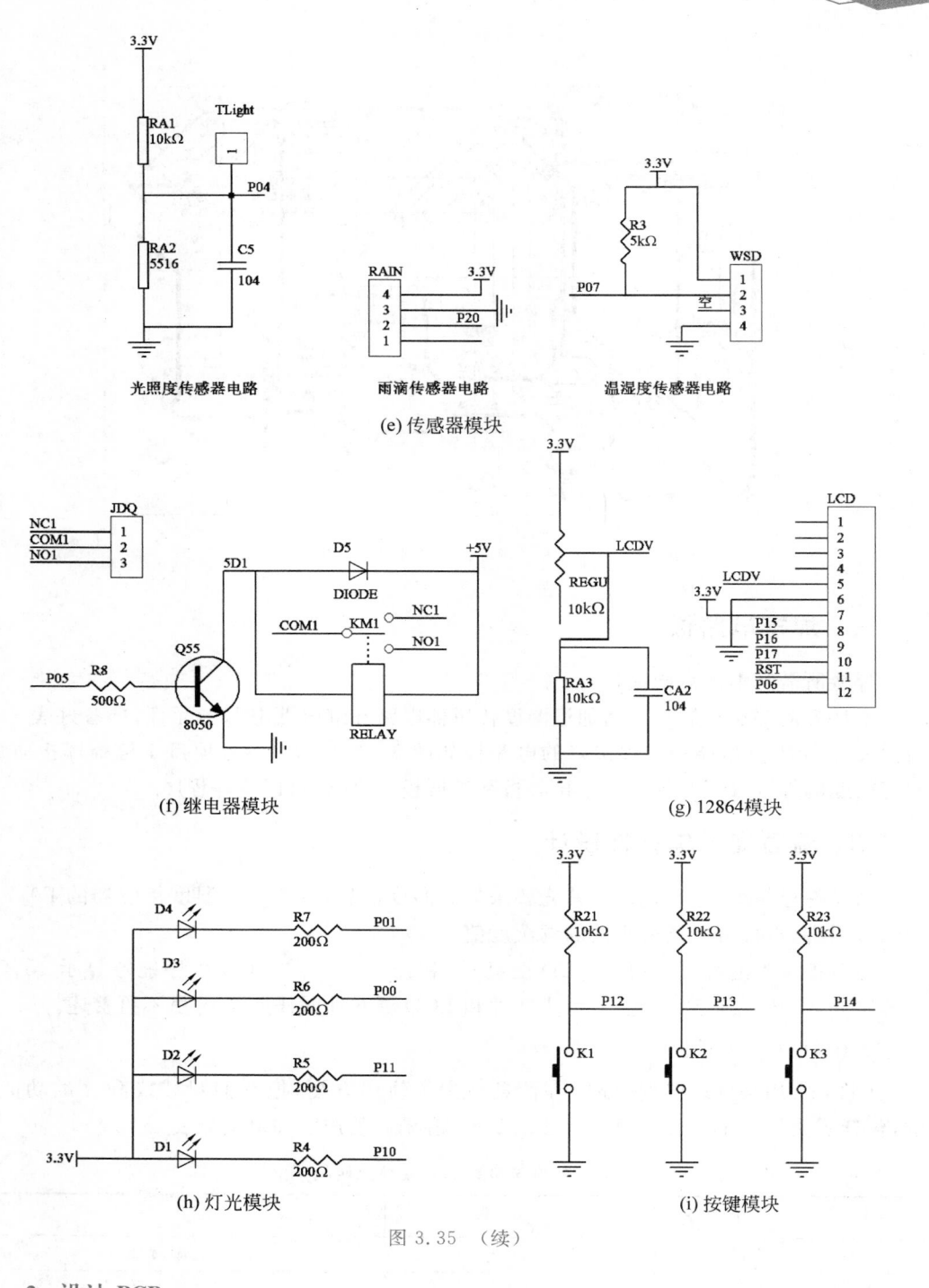

(e) 传感器模块

光照度传感器电路　　　　雨滴传感器电路　　　　温湿度传感器电路

(f) 继电器模块　　　　　　　　　　　　(g) 12864模块

(h) 灯光模块　　　　　　　　　　(i) 按键模块

图 3.35　（续）

2. 设计 PCB

生成了原理图的网络表文件后,接下来就可以设计 PCB。设计好的 PCB 如图 3.36 所示。

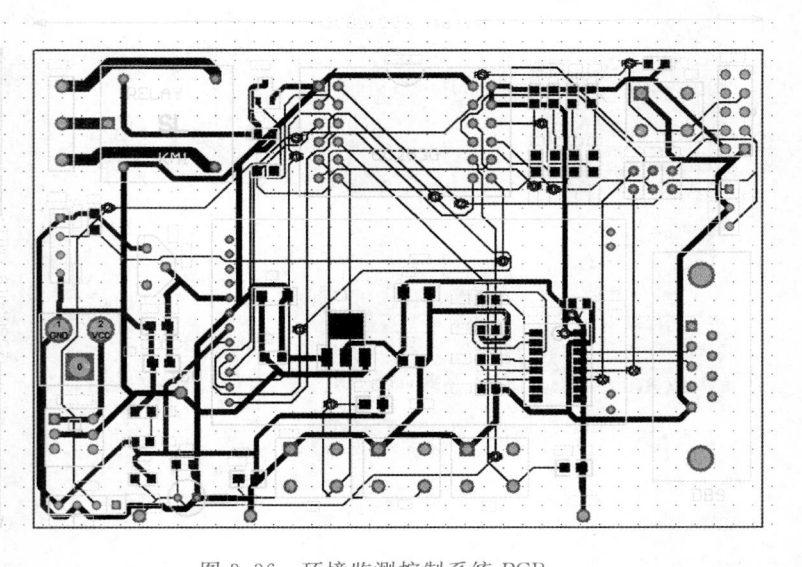

图 3.36　环境监测控制系统 PCB

三、焊接电路板

焊接所需基本工具同项目 1。

本任务需要在扩展板上增加温湿度传感器电路和继电器电路的元件,准备好表 3.14 所示元件和 PCB 电路板。焊接好的电路板如图 3.13 所示。参考项目 1 检查焊接质量,对有问题的焊点进行补焊。连接核心板和扩展板,下面就可以编写程序。

四、温湿度采集软件设计

从硬件连接图中可以看出,首先要采集温湿度信息,设置接温湿度传感器的 P0_7 口为输入引脚,直接可以读取当前的温湿度值。

然后把读到的温湿度值在 LCD 上显示,和任务 2 一样,LCD 程序能够显示 16×16 点阵字和 5×7 点阵字,因此 LCD 头文件和 LCD 源文件同任务 2,这里不再赘述。

1. DHT11 程序设计

DHT11 用来读取温度、湿度等信息。为了使用方便,把它们封装成独立的功能函数,包括头文件 dht11.h 和源文件 dht11.c。各函数的声明和定义见表 3.15。

表 3.15　温湿度采集各函数声明与定义

序号	函数名	参数	功　　能
1	RH	无	读取温湿度值
2	COM	无	读一个字节数据
3	Delay	无	1ms 延时
4	Delay_10μs	无	10μs 延时

(1) dht11 头文件(dht11.h)

```
#ifndef DHT11_H
#define DHT11_H
extern uchar WD_H,WD_L,SD_H,SD_L,DA_C;
// ******************************************* //
//函数名称：RH
//函数返回：无
//参数说明：无
//功能：读取温湿度值
// ******************************************* //
    void RH(void);
    #endif
```

(2) dht11 源文件(dht11.c)

```
// ******************************************* //
//文件名称：dht11.c
//功能：dht11 源文件
// ******************************************* //
#include "ioCC2530.h"
#include "type.h"

#define Data P0_7
#define DIR P0DIR
#define PORT 0x80

uchar charFLAG;
uchar charcount,chartemp;
uchar WD_H,WD_L,SD_H,SD_L,DA_C;
uchar WD_H_temp,WD_L_temp,SD_H_temp,SD_L_temp,DA_C_temp;
uchar charcomdata;
// ******************************************* //
//函数名称：Delay_10μs
//函数返回：无
//参数说明：无
//功能：10μs 延时
// ******************************************* //
void Delay_10μs(void)//延时函数
{
  uchar i;
  for (i = 0;i < 24;i++);
}
// ******************************************* //
//函数名称：Delay
//函数返回：无
//参数说明：无
//功能：1ms 延时
// ******************************************* //
```

```
void Delay(int ms)
{
  uchar i,j;
  while(ms)
  {
    for(i = 0;i <= 167;i++)
    {
      for(j = 0;j <= 48;j++);
    }
    ms -- ;
  }
}


// ********************************************** //
//函数名称: COM
//函数返回: 无
//参数说明: 无
//功能: 读 1 字节数据
// ********************************************** //
void COM(void)
{
  uchar i;
  for(i = 0;i < 8;i++)
  {
    charFLAG = 2;
    while((!Data)&&charFLAG++);
    Delay_10μs();
    Delay_10μs();
    Delay_10μs();
    chartemp = 0;
    if (Data)
    chartemp = 1;
    charFLAG = 2;
    while((Data)&&charFLAG++);
    if (charFLAG == 1)break;
    charcomdata <<= 1;
    charcomdata| = chartemp;
  }
}
// ******************************************************** //
//函数名称: RH
//函数返回: 无
//参数说明: 无
//功能: 读取温湿度值: 温度整数部分送 WD_H、小数部分送 WD_L;
//                    湿度整数部分送 SD_H、小数部分送 SD_L;
// ******************************************************** //
void RH(void)
{
  DIR | = PORT;
```

```
    Data = 0;
    Delay(18);                                  //主机拉低至少 18ms
    Data = 1;
    Delay_10μs();
    Delay_10μs();
    Delay_10μs();
    Delay_10μs();                               //主机等待 40μs
    Data = 1;
    DIR & =  ～PORT;
    if (!Data)
    {
      charFLAG = 2;
      while((!Data)&&charFLAG++);
      charFLAG = 2;
      while((Data)&&charFLAG++);
      COM();
      SD_H_temp = charcomdata;                  //湿度整数部分
      COM();
      SD_L_temp = charcomdata;                  //湿度小数部分
      COM();
      WD_H_temp = charcomdata;                  //温度整数部分
      COM();
      WD_L_temp = charcomdata;                  //温度小数部分
      COM();
      DA_C_temp = charcomdata;                  //校验和
      DIR| = PORT;
      Data = 1;
      chartemp = SD_H_temp + SD_L_temp + WD_H_temp + WD_L_temp;
      if (chartemp == DA_C_temp)
      //校验和等于 4 个数据之和,说明采集数据正确
      {
        SD_H = SD_H_temp;
        SD_L = SD_L_temp;
        WD_H = WD_H_temp;
        WD_L = WD_L_temp;
        DA_C = DA_C_temp;
      }
    }
}
```

2. 主程序设计

(1) 程序流程

程序流程如图 3.37 所示。

(2) 主程序文件

```
//CC2530 单片机的头文件
# include "ioCC2530.h"
```

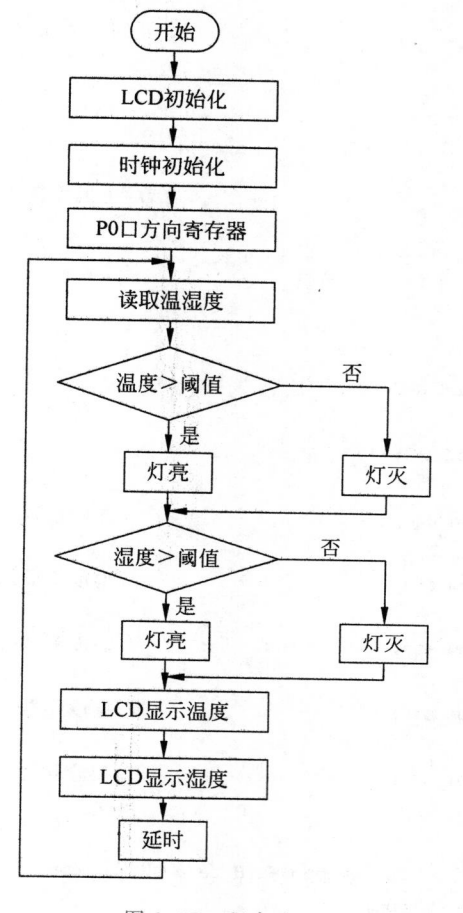

图 3.37　程序流程

```
# include "hal_lcd.h"
# include "dht11.h"
# include "font.h"

# define WDV 25                                              //温度阈值
# define SDV 30                                              //湿度阈值

void delay(int m)
{
   int i,j;
   for(i = 0;i < m;i++)
     for(j = 0;j < 1000;j++);
}
void clock_init(void)
{
   CLKCONCMD & = ~0x40;                                      //设置系统时钟源选择 32MHz 晶体振荡器
   while(CLKCONSTA & 0x40);                                  //循环等待晶体振荡器稳定
   CLKCONCMD & = ~0x47;                                      //设置系统主时钟频率为 32MHz
```

```
}
void main()
{
  int i;
  uchar temp[6], humi[6];
  delay(100);
  HalLcdInit();

  for(i = 0; i < 8; i++)
    display_16×16(1, 1 + i * 16, huan + i * 32);       //显示汉字"环境监测控制系统"

  for(i = 0; i < 2; i++)
    display_16×16(5, 1 + i * 16, sen + (0 + i) * 32);  //显示汉字"温度"

  for(i = 0; i < 2; i++)
    display_16×16(7, 1 + i * 16, sen + (2 + i) * 32);  //显示汉字"温度"

  clock_init();

  P0DIR | = 0x03;                                      //LED P00, P01 方向寄存器设置为输出
  P1DIR | = 0x03;                                      //LED P10, P11 方向寄存器设置为输出

  while(1)
  {
    RH();                                              //读取温湿度值
    if (WD_H > WDV)                                    //温度超过阈值, LED 亮
      P1_0 = 0;
    else
      P1_0 = 1;

    if (SD_H > SDV)                                    //湿度超过阈值, LED 亮
      P1_1 = 0;
    else
      P1_1 = 1;

    temp[0] = WD_H/10 + 48;
    temp[1] = WD_H % 10 + 48;
    temp[2] = '.';
    temp[3] = WD_L/10 + 48;
    temp[4] = WD_L % 10 + 48;
    temp[5] = '\0';
    HalLcdWriteString(temp, 5, 6);                     //输出温度值
    humi[0] = SD_H/10 + 48;
    humi[1] = SD_H % 10 + 48;
    humi[2] = '.';
    humi[3] = SD_L/10 + 48;
    humi[4] = SD_L % 10 + 48;
    humi[5] = '\0';
    HalLcdWriteString(humi, 7, 6);                     //输出湿度值
```

```
    delay(100);
  }
}
```

五、软硬件联调

根据已有的电路原理图和程序代码,在 IAR 软件中进行程序编辑、编译、生成下载,得到正确的效果。

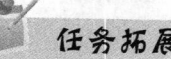

任务拓展

(1) 将本项目中的任务 2 和任务 3 合并,制作同时在 LCD 上显示温度、湿度和光照度的系统,超过一定的阈值后发光二极管报警。

(2) 设计室内甲醛监测显示系统,实时采集室内的甲醛含量并显示在 LCD 上,完成相应的硬件设计和软件设计。

思考与问答

1. 具有 8 位分辨率的 A/D 转换器,当输入 0～5V 电压时,其最大量化误差是多少?

2. 判断 A/D 转换结束一般可采用几种方式? 每种方式有何特点?

3. 简述 LCD 显示器的工作原理。

4. 什么是传感器?

5. 传感器由哪些部分组成? 各部分有什么功能?

6. 了解传感器的分类方法。本项目涉及的传感器分别属于哪一类?

7. 集成传感器的特点是什么?

8. 如何进行传感器的正确选型?

设计制作无线安防监控系统

　　安全是一个社会和企业赖以生存和发展的基础,尤其是在现代化技术高度发展的今天,犯罪手段日趋智能化,更加隐蔽,所以加强现代化的安防技术就显得更为重要。安全防范技术是电子技术、传感器技术、计算机技术和现代通信技术等高科技技术相结合的产物,它在预防和打击犯罪,维护社会治安,预防火灾事故,减少国家、集体财产损失等方面起到了一般防范手段难以或者不可能起到的作用。

　　无线安防监控系统包含两大部分,上位机系统和下位机系统。本项目重点讲述下位机系统的软硬件设计,包括传感器信息采集模块、数据处理模块、WiFi 模块和执行模块。传感信息采集涉及火焰传感器、可燃气体传感器、门磁传感器和人体红外传感器;数据处理使用 CC2530 单片机,4 个传感器分别接入单片机的 I/O 引脚;WiFi 模块采用 USR-232-T 型 WiFi 转串口模块,它可以将串口输入数据转换成 WiFi 信号输出,也可以将WiFi 输入信号转换成串口数据输出;执行模块使用 5V 松乐继电器,通过单片机控制继电器动作,实现开启安防报警灯功能。其实物如图 4.1 所示。

图 4.1　无线安防监控系统实物

【知识点】

(1) 传感器应用。

(2) 串口工作原理。

（3）WiFi 模块使用。

（4）通信协议。

（5）控制系统程序。

【技能点】

（1）火焰、可燃气体、人体红外、门磁传感器的使用方法。

（2）串口发送数据。

（3）串口接收数据。

（4）WiFi 模块的使用方法。

（5）编写通信协议。

（6）设计控制系统程序。

任务 1　设计制作火灾检测报警系统

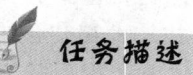

设计并制作一个单片机火灾检测报警系统，使用火焰传感器来检测室内是否存在明火，在 LCD 屏幕上显示火焰检测点电压值以及 A/D 转换的数值。如果检测到明火存在立刻在 LCD 显示屏上显示"警告，检测到明火！"，并且 LED 灯闪烁报警；当没有检测到明火时，LED 灯关闭，LCD 屏上显示"一切正常！"；同时将火焰检测电压值和 A/D 转换数值通过串口输出到计算机的 PC 串口调试助手上显示出来。

 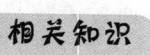

一、通信的基本概念

1. 通信的分类

在计算机系统中，CPU 和外部通信有两种方式：并行通信和串行通信。

图 4.2 所示，将一组数据的各数据位在多条线上同时传送，这种通信方式称为并行通信，其特点是各数据位同时传送，传送速度快，硬件接线成本高，适用于短距离传输，并行

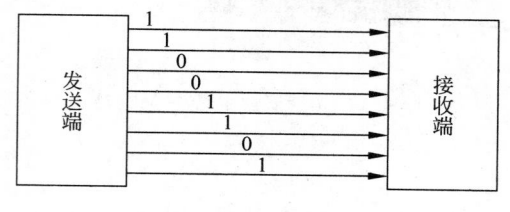

图 4.2　并行通信

通信一般是按字节(Byte)传送数据。前面各项目中所涉及的数据传输大部分采用并行方式,如 CPU 与存储器、主机与键盘之间。

图 4.3 所示,将数据逐位在一条线上进行传输,这种通信方式称为串行通信,其特点是各数据位顺序传送,传送速度慢,硬件成本低,适用于长距离传输,串行通信是按位(bit)传送数据。项目 2 中介绍的 74HC164 芯片和单片机间的数据传输属于串行方式。

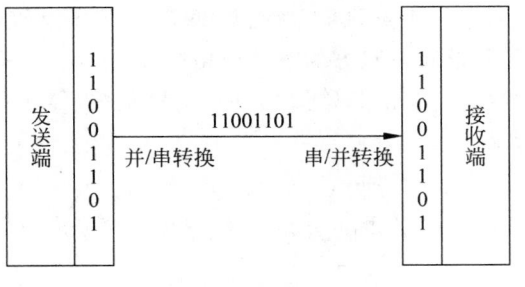

图 4.3 串行通信

2. 串行通信的传输方式

按照数据传输的方向,串行通信可分成单工、半双工和全双工三种传输方式,如图 4.4 所示。单工方式下,数据只能按照一个固定的方向传输,如广播。半双工方式下,每个通信端都由一个发送器和一个接收器组成,但两个方向上的数据传输不能同时进行,只能一端发送,一端接收,如对讲机,一方讲话,另一方不能讲话,即双方不可以同时讲话。全双工方式下,每个通信端都有发送器和接收器,两个方向上可以同时发送和接收,如电话机,通话双方可以同时讲话。

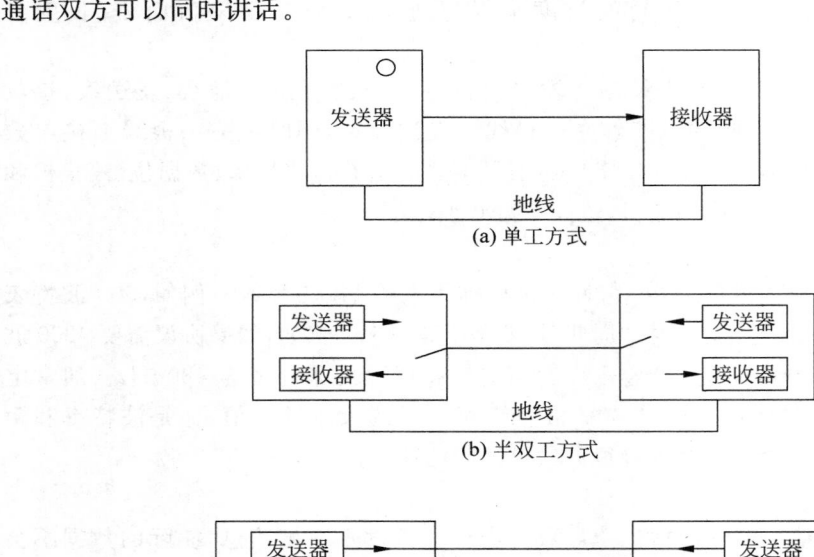

图 4.4 串行通信的三种传输方式

在实际应用中,尽管多数串行通信接口电路具有全双工方式,但一般情况下,只工作于半双工方式下,这种用法简单实用。

3. 异步串行通信

按照串行通信数据传送时的时钟控制方式,串行通信又分为同步串行通信和异步串行通信。

同步串行通信一次数据传输由同步字符、数据字符、校验字符构成 1 帧信息。同步串行通信数据传输率高,但要求收发双方的时钟严格同步。

异步串行通信一次数据传输由起始位、数据位、校验位、停止位 4 个部分组成 1 帧信息。其格式如图 4.5 所示。

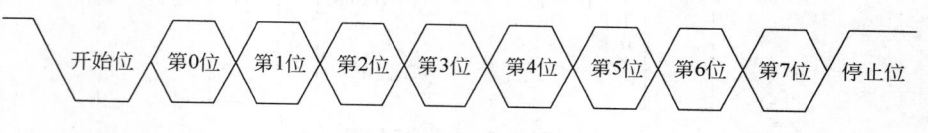

开始位　第0位　第1位　第2位　第3位　第4位　第5位　第6位　第7位　停止位

图 4.5　异步串行通信数据格式

串口是计算机上一种通用设备通信的协议。大多数台式计算机包含一个基于 RS-232 的串口。串口同时也是仪器仪表设备通用的通信协议。很多嵌入式设备也带有 RS-232 口。同时,串口通信协议也可以用于获取远程采集设备的数据。

串口通信时,串口按位(bit)发送和接收字节,尽管比按字节(Byte)的并行通信慢,但是串口可以在使用一根线发送数据的同时用另一根线接收数据。串口通信简单,并且能够实现远距离通信。比如采用 IEEE 488 标准定义并行通行状态时,规定设备线总长不得超过 20m,并且任意两个设备间的长度不得超过 2m;而对于串口而言,长度可达 1200m。

典型地,串口用于 ASCII 码字符的传输,通信使用 3 根线完成:地线、发送线、接收线。由于串口通信是异步的,端口能够在一根线上发送数据,同时在另一根线上接收数据,其他线用于握手,但不是必需的。串口通信最重要的参数是波特率、数据位、停止位和奇偶校验。对于两个进行通信的端口,这些参数必须匹配。

(1)波特率

波特率是衡量通信速度的参数,它表示每秒钟传送的 bit 的个数。例如,300 波特表示每秒钟发送 300 个 bit。当提到时钟周期时,就是指波特率。例如,如果协议需要 4800 波特率,那么时钟是 4800Hz。这意味着串口通信在数据线上的采样率为 4800Hz。通常电话线的波特率为 14400、28800 或 36600。波特率可以远远大于这些值,但是波特率和距离成反比。高波特率常常用于放置得很近的仪器间的通信。

(2)数据位

数据位是衡量通信中实际数据位的参数。当计算机发送一帧信息,实际的数据不会是 8 位的,标准的值是 5、7 或 8 位。数据位如何设置取决于想要传送的信息。比如,标准的 ASCII 码是 0~127(7 位),扩展的 ASCII 码是 0~255(8 位)。如果数据使用简单的文本(标准 ASCII 码),那么每个数据包使用 7 位数据。每个包指一字节,包括开始/停止位、数据位和奇偶校验位。实际数据位取决于通信协议的选取。

（3）停止位

停止位用于表示单个包的最后一位。典型的值为1、1.5或2位。由于数据是在传输线上定时传送的，并且每个设备有其自己的时钟，很可能在通信中两台设备间出现小小的不同步。因此停止位不仅是表示传输的结束，并且提供计算机校正时钟同步的机会。适用于停止位的位数越多，不同时钟同步的容忍程度越大，但是数据传输率也越慢。

（4）奇偶校验位

奇偶校验位是串口通信中的一种简单的有限差错检测方式。有三种检错类型：奇检验、偶校验、无校验。无校验就是不设置校验位。奇校验和偶校验都是根据传送的数据位中"1"的个数是奇数或偶数来进行校验。检验"1"的个数为奇数的称为奇检验，反之为偶校验。需要注意的是，如果使用奇偶校验位，通信双方需事先约定使用一致的奇偶校验方式。例如，若用8位二进制来表示一个字符，其中前7位表示数据，后1位用作校验位。若传输的数据是十进制数12，则前7位用二进制可表示为0b0001100，如果通信双方约定为偶检验，传输前偶检验位会补上0，以保证8位字符（包含奇偶校验位）中有偶数个1，实际传输字符为0b00001100。当接收端收到数据之后，会对字符进行检验，如果1的位数为偶数，证明传输过程没有错。

二、RS-232 总线标准

RS-232 接口常见形状有9针和25针两种，每种又有公头和母头之分。各引脚排列如图4.6所示。引脚含义见表4.1。

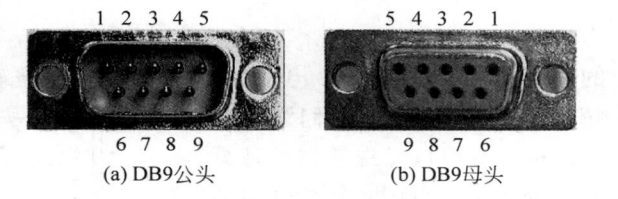

(a) DB9公头　　　　(b) DB9母头

图 4.6　9针串行接口排列

表 4.1　9针串行接口引脚含义

引脚号	功　能	引脚号	功　能
1	接收线信号检测（载波检测 DCD）	6	数据通信设备准备就绪（DSR）
2	接收数据线（RxD）	7	请求发送（RTS）
3	发送数据线（TxD）	8	允许发送（CTS）
4	数据终端准备就绪（DTR）	9	振铃指示
5	信号地（SG）		

在 RS-232 通信中，常常使用精简的 RS-232 通信，通信时仅使用3根线：RxD（接收线）、TxD（发送线）和 GND（地线）。其他可在远程传输时接收调制解调器，或用作硬件握手信号。

三、电平逻辑

TTL 电平信号被利用得最多是因为通常数据表示采用二进制，规定＋5V 等价于逻辑"1",0V 等价于逻辑"0",这被称作 TTL(晶体管—晶体管逻辑电平)信号系统,这是计算机处理器控制的设备内部各部分之间通信的技术标准。

TTL 电平信号对于计算机处理器控制的设备内部的数据传输是很理想的,第一,计算机处理器控制的设备内部的数据传输对于电源的要求不高以及热损耗也较低,另外 TTL 电平信号直接与集成电路连接而不需要价格昂贵的电路驱动器以及接收器电路;第二,计算机处理器控制的设备内部的数据传输是在高速下进行的,而 TTL 接口的操作恰能满足这个要求。TTL 通信大多数情况下采用并行数据传输方式,而并行数据传输对于超过 20m 的距离就不适合了,这是由于可靠性和成本两方面的原因。因为在并行接口中存在着偏相和不对称的问题,这些问题对可靠性均有影响;另外对于并行数据传输,电缆以及连接器的费用比串行通信方式也要高一些。

1. TTL 电平标准

TTL 器件输出低电平要小于 0.8V,高电平要大于 2.4V。输入若低于 1.2V 就认为是 0,高于 2.0 就认为是 1。TTL 输入低电平的噪声容限只有 $(0.8-0)/2V=0.4V$,高电平的噪声容限为 $(5-2.4)/2V=1.3V$。

2. RS-232 电平

RS-232 电平是计算机 9 针串口(RS-232)的电平,采用负逻辑,$-15\sim-3V$ 代表 1,$+3\sim+15V$ 代表 0。

一对一接头情况下,RS-232 可做到双向传输,全双工通信,最高传输速率为 20Kbp。

3. MAX232 芯片

由于计算机上的串口使用的是 RS-232 电平标准,采用的是负逻辑,而单片机使用的 TTL 电平标准,采用的是正逻辑,所以它们之间不能直接进行通信。单片机通过串口发送数据给计算机时必须将 TTL 电平转换成计算机能够识别的 RS-232 电平;同理,计算机通过串口发送数据给单片机时也要将 RS-232 电平转换成 TTL 电平。MAX232 是用来实现 RS-232 电平与 TTL 电平相互转换的芯片。目前 MAX232 的型号较多,不同型号供电电源不同,本任务中使用的型号是 SP3232,其采用 +3.3V 供电。MAX232 芯片引脚如图 4.7 所示,各引脚含义说明如下。

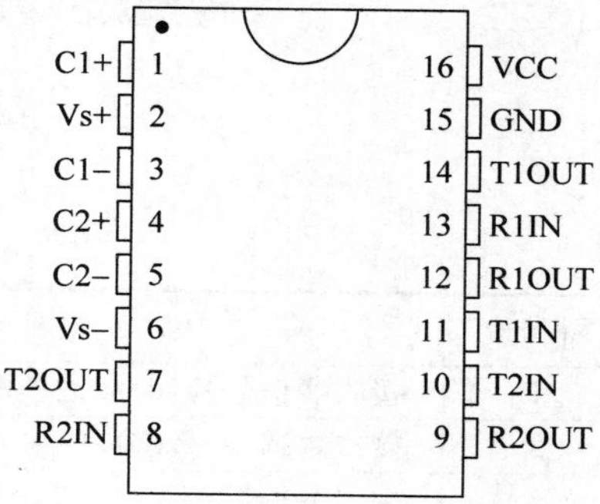

图 4.7　MAX232 引脚

VCC(16 脚):正电源端,接 +5V 或 3.3V。

GND(15 脚):接地。

Vs+(2 脚):接 0.1μF 滤波电容再接 +5V。

Vs−(6 脚):接 0.1μF 滤波电容再接地。

C1+(1 脚)、C1−(3 脚):一般接 1μF 电解电容。

C2+(4 脚)、C2−(5 脚):一般接 1μF 电解电容。

输入/输出引脚分两组,基本含义见表 4.2。在实际使用中,如只需要一路串行通信接口,可以使用其中的任何一组。

表 4.2 MAX232 芯片输入/输出引脚分类与基本接法

组别	TTL 电平引脚	方向	典型接口	MAX232 电平引脚	方向	典 型 接 口
1	11(T1IN)	输入	接 MCU 的 TxD	13	输入	接到 9 针接口的 2 脚 RxD;
	12(R1OUT)	输出	接 MCU 的 RxD	14	输出	接到 9 针接口的 3 脚 TxD
2	10(T2IN)	输入	接 MCU 的 TxD	8	输入	接到 9 针接口的 2 脚 RxD
	9(R2OUT)	输出	接 MCU 的 RxD	7	输出	接到 9 针接口的 3 脚 TxD

(1) MAX232 芯片进行电平转换基本原理

发送过程:MCU 的 TxD(TTL 电平)经过 MAX232 的 11 脚(T1IN)送到 MAX232 内部,在内部 TTL 电平被"提升"为 232 电平,通过 14 脚(T1OUT)发送出去。

接收过程:外部 232 电平经过 MAX232 的 13 脚(R1IN)进入 MAX232 的内部,在内部 232 电平被"降低"为 TTL 电平,经过 12 脚(R1OUT)送到 MCU 的 RxD,进入 MCU 内。

(2) MAX232 芯片典型应用电路

常用的串行通信接口电平转换电路如图 4.8 所示。

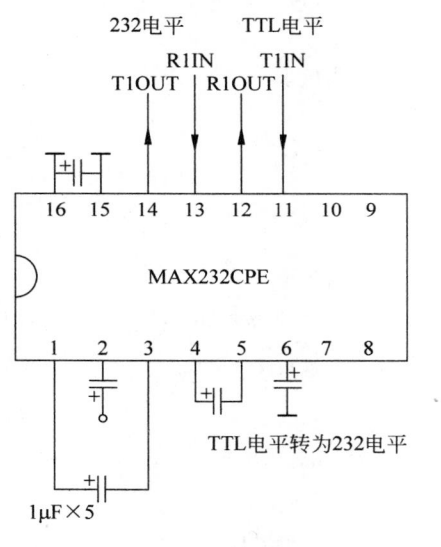

图 4.8 串口通信接口电平转换电路

四、USB 转串口设备

USB 转串口模块可以将 USB 接口虚拟成一个串口,解决客户无串口的不便。这样的串口设备分为两种,第一种:USB 转 RS-232 设备,它将 USB 信号转换成 RS-232 信号,和单片机进行通信需要使用 MAX232 芯片进行电平转换;第二种:USB 转 TTL 设备,它将 USB 信号直接转换成 TTL 信号,这样就可以直接和单片机进行通信,不再需要电平转换芯片 MAX232。常用的两种 USB 转串口模块如图 4.9 所示。

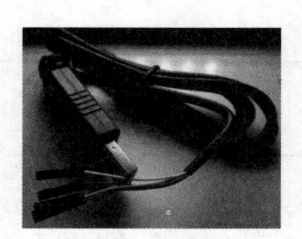

(a) USB转RS-232模块　　　　　　　　(b) USB转TTL下载线

图 4.9　USB 转串口模块

五、CC2530 串口

CC2530 有两个串行通信接口 USART0、USART1，它们能够分别运行于异步模式（UART）或者同步模式（SPI）。当寄存器 UxCSR.MODE（x 为 0 或 1）设置为 1 时，就选择了 UART 模式。两个 UART 具有同样的功能，可以设置单独的 I/O 引脚，硬件电路需先确定使用哪个 UART 接口，然后再进行程序设计。在 UART 模式下，接口使用 2 线或者含有引脚 RxD、TxD、可选 RTS 和 CTS 的 4 线，其中 RTS 和 CTS 引脚用于硬件流量控制。UART 模式的操作具有下列特点。

- 8 位或者 9 位负载数据。
- 奇校验、偶校验或者无奇偶校验。
- 配置起始位和停止位电平。
- 配置 LSB 或者 MSB 首先传送。
- 独立收发中断。
- 独立收发 DMA 触发。
- 奇偶校验和帧校验出错状态。

UART 模式提供全双工传输，接收器中的位同步不影响发送功能。传送一个 UART 字节包含一个起始位、8 个数据位、奇偶校验位、一个或两个停止位。

1. 串口通信接口寄存器

每个 USART 有 5 个寄存器（x 是 USART 的编号，为 0 或 1）。

（1）UxCSR：USARTx 控制和状态。

（2）UxUCR：USARTx UART 控制。

（3）UxGCR：USARTx 通用控制。

（4）UxBUF：USARTx 接收/发送数据缓冲。

（5）UxBAND：USARTx 波特率控制。

UART 操作由 USART 控制和状态寄存器 UxCSR 以及 UART 控制寄存器 UxUCR 来控制。当 UxCSR.MODE 设置为 1 时，就选择了 UART 模式。寄存器 UxBAUD 用于设置波特率，寄存器 UxBUF 是 USART 接收/发送数据缓存器。表 4.3～表 4.7 为 USART0 的相关寄存器。

表 4.3 U0CSR-USART0 控制和状态寄存器

位	名称	复位	R/W	描 述
7	MODE	0	R/W	USART 模式选择 0：SPI 模式 1：UART 模式
6	RE	0	R/W	UART 接收器使能。注意在 UART 完全配置之前不使能接收 0：禁用接收器 1：接收器使能
5	SLAVE	0	R/W	SPI 主或者从模式选择 0：SPI 主模式 1：SPI 从模式
4	FE	0	R/W0	UART 帧错误状态 0：无帧错误检测 1：字节收到不正确停止位级别
3	ERR	0	R/W0	UART 奇偶错误状态 0：无奇偶错误检测 1：字节收到奇偶错误
2	RX_BYTE	0	R/W0	接收字节状态。URAT 模式和 SPI 从模式。当读 U0DBUF 该位自动清除，通过写 0 清除它，这样有效丢弃 U0DBUF 中的数据 0：没有收到字节 1：准备好接收字节
1	TX_BYTE	0	R/W0	传送字节状态。URAT 模式和 SPI 主模式 0：字节没有被传送 1：写到数据缓存寄存器的最后字节被传送
0	ACTIVE	0	R	USART 传送/接收主动状态、在 SPI 从模式下该位等于从模式选择 0：USART 空闲 1：在传送或者接收模式 USART 忙碌

表 4.4 U0UCR-USART0 控制寄存器

位	名称	复位	R/W	描 述
7	FLUSH	0	R0/W1	清除单元。当设置时,该事件将会立即停止当前操作并且返回单元的空闲状态
6	FLOW	0	R/W	UART 硬件流使能。用 RTS 和 CTS 引脚选择硬件流控制的使用 0：流控制禁止 1：流控制使能

位	名称	复位	R/W	描　　述
5	D9	0	R/W	UART 奇偶校验位。当使能奇偶校验,写入 D9 的值决定发送的第 9 位的值,如果收到的第 9 位不匹配收到字节的奇偶校验,接收时报告 ERR 如果奇偶校验使能,那么该位设置以下奇偶校验级别 0:奇校验 1:偶校验
4	BIT9	0	R/W	UART 9 位数据使能。当该位是 1 时,使能奇偶校验位传输(即第 9 位)。如果通过 PARITY 使能奇偶校验,第 9 位的内容是通过 D9 给出的 0:8 位传送 1:9 位传送
3	PARITY	0	R/W	UART 奇偶校验使能。除了为奇偶校验设置该位用于计算,必须使能 9 位模式 0:禁用奇偶校验 1:奇偶校验使能
2	SPB	0	R/W	UART 停止位的位数。选择要传送的停止位的位数 0:1 位停止位 1:2 位停止位
1	STOP	1	R/W	UART 停止位的电平必须不同于开始位的电平 0:停止位低电平 1:停止位高电平
0	START	0	R/W	UART 起始位电平。闲置线的极性采用选择的起始位级别电平的相反电平 0:起始位低电平 1:起始位高电平

表 4.5　U0GCR-USART0 通用控制寄存器

位	名称	复位	R/W	描　　述
7	CPOL	0	R/W	SPI 的时钟极性 0:负时钟极性 1:正时钟极性
6	CPHA	0	R/W	SPI 时钟相位 0:当 SCK 从 CPOL 倒置到 CPOL 时数据输出到 MOSI,并且当 SCK 从 CPOL 倒置到 CPOL 时数据输入抽样到 MISO 1:当 SCK 从 CPOL 倒置到 CPOL 时数据输出到 MOSI,并且当 SCK 从 CPOL 倒置到 CPOL 时数据输入抽样到 MISO
5	ORDER	0	R/W	传送位顺序 0:LSB 先传送 1:MSB 先传送
4:0	BAUD_E[4:0]	0 0000	R/W	波特率指数值。BAUD_E 和 BAUD_M 决定了 UART 波特率和 SPI 的主 SCK 时钟频率

表 4.6 U0BUF-USART0 接收/发送数据缓存寄存器

位	名称	复位	R/W	描 述
7:0	DATA[7:0]	0x00	R/W	USART 接收和传送数据。当写这个寄存器时,数据被写到内部,传送数据寄存器。当读该寄存器时,数据来自内部读取的数据寄存器

表 4.7 U0BAUD-USART0 波特率控制寄存器

位	名称	复位	R/W	描 述
7:0	BAUD_M[7:0]	0x00	R/W	波特率小数部分的值。BAUD_E 和 BAUD_M 决定了 UART 的波特率和 SPI 的主 SCK 时钟频率

2. 串行通信波特率设置

当运行在 UART 模式时,内部的波特率发生器设置 UART 波特率由寄存器 UxBAUD. BAUD_M[7:0]和 UxGCR. BAUD_E[4:0]定义波特率,见表 4.8。

表 4.8 32MHz 系统时钟常用的波特率设置

波特率/bps	UxBAUD. BAUD_M	UxGCR. BAUD_E	误差/%
2400	59	6	0.14
4800	59	7	0.14
9600	59	8	0.14
14400	216	8	0.03
19200	59	9	0.14
28800	216	9	0.03
38400	59	10	0.14
57600	216	10	0.03
76800	59	11	0.14
115200	216	11	0.03
230400	216	12	0.03

3. UART 发送和接收过程

当 USART 收/发数据缓冲器、寄存器 UxBUF 写入数据时,该字节发送到输出引脚 TxDx。UxBUF 寄存器是双缓冲的。

发送过程:当字节传送开始时,UxCSR. ACTIVE 位变为高电平,而当字节传送结束时为低。当传送结束时,UxCSR. TX_BYTE 位设置为 1。当 USART 收/发数据缓冲寄存器就绪,准备接收新的发送数据时,将产生一个中断请求。该中断在传送开始之后立刻发生,因此,当字节正在发送时,新的字节能够装入数据缓冲器。

接收过程:当 1 写入 UxCSR. RE 位时,在 UART 上数据接收就开始了。然后

UART 会在输入引脚 RxDx 中寻找有效起始位,并且设置 UxCSR. ACTIVE 位为 1。当检测出有效起始位时,收到的字节就传入接收寄存器,UxCSR. RX_BYTE 位设置为 1。该操作完成时,产生接收中断。同时 UxCSR. ACTIVE 变为低电平。

通过寄存器 UxBUF 提供收到的数据字节,当 UxBUF 读出时,UxCSR. RX_BYTE 位由硬件清 0。

六、火焰传感器

远红外传感器又称为火焰传感器,主要用于检测火源的位置和大致判断距离的远近,例如在机器灭火时判断火源的远近等。

1. 工作原理

火焰传感器利用红外线对火焰非常敏感的特点,使用特制的红外线接收管来检测火焰源,将外界远红外光的变化转化为电流的变化,在电阻上产生电压,可以通过 A/D 转换器转化成对应的电压值。外界红外线越强,电压数值越小。因此越靠近热源,得到的电压数值越小,反之,通过电压数值的变化能判断红外线的强弱,从而能大致判别出热源的远近。单片机根据信号的变化做出相应的程序处理。图 4.10 是火焰传感器实物。

2. 典型的火焰传感器电路

火焰传感器的短引线端为负极,长引线端为正极。将负极接到 5V 接口上,然后将正极和 10kΩ 电阻相连,电阻的另一端接到 GND 接口,最后从火焰传感器的正极端引出一根线,线的另一端接在单片机的 I/O 口中,电路如图 4.11 所示。

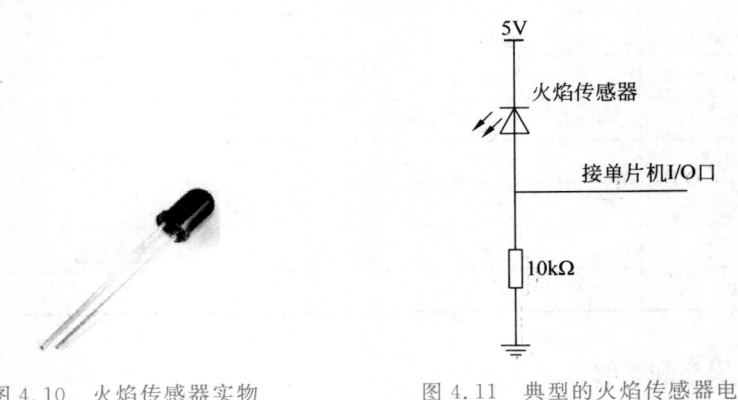

图 4.10　火焰传感器实物　　　　图 4.11　典型的火焰传感器电路

一、硬件设计

本任务中扩展板包括电源模块电路、复位电路、仿真器下载调试程序接口电路、核心板接口插座、火焰传感器电路、LCD 12864电路、串行通信接口电路。除了火焰传感器电路和串行通信接口电路外,扩展板上其他电路的内容前面已介绍过,本任务不再赘述。下面介绍火焰传感器电路和串行通信接口电路。

1. 火焰传感器电路

本任务中参照以上火焰传感器的电路,正极接一个10kΩ电阻,再接3.3V,负极接地,两端并联一个0.1μF滤波电容,正极再接到单片机P0口的0脚,如图4.12所示。

2. 串行通信接口电路

串行通信接口电路可以有两种方式:一种用USB转RS-232设备,另一种是USB转TTL设备。

第一种方式将USB信号转换成RS-232信号,选取SP3232转换芯片和单片机进行通信,其引脚1和引脚3间、引脚4和引脚5间、引脚15和引脚16间分别连接一个0.1μF的电解电容。电源采用3.3V,引脚2和引脚6分别接0.1μF电解电容再接地,引脚14接9芯串口的引脚3,引脚13接9芯串口的引脚2,12脚接具体硬件,电路如图4.13所示。

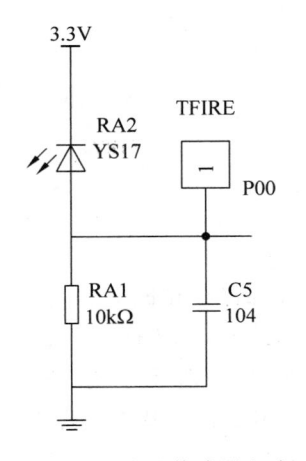

图4.12 火焰传感器电路

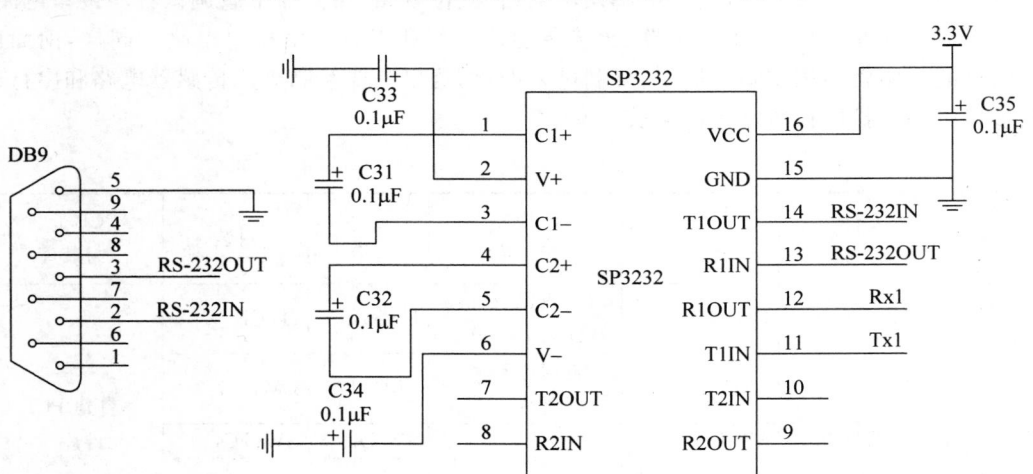

图4.13 USB转MAX232串行通信接口电路

第二种方式将USB信号直接转换成TTL信号,直接和单片机进行通信,不再需要电平转换芯片。图4.9(b)所示USB转TTL下载线有4个引脚,分别为电源、地、Rx和Tx引脚,而CC2530单片机P2口的引脚2是Rx信号脚,引脚3是Tx信号脚,所以将P2口的引脚2接下载线的白线,P2口的引脚3接下载线的绿线,如图4.14所示。

二、绘制原理图及设计PCB

新建一个项目文件夹,命名为"安防监控系统硬件电路",以后本项目创建的电路设计

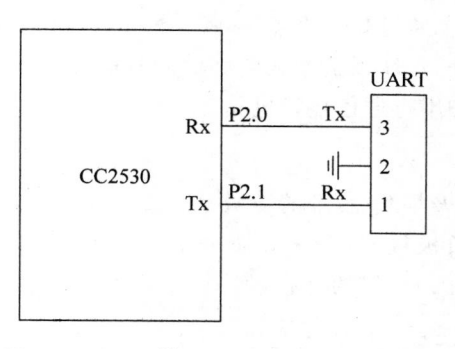

图 4.14　USB 转 TTL 串行通信接口电路

文件都保存在该文件夹下。打开 Protel 99SE 软件，新建一个项目，项目名为"安防监控系统.Dbb"，双击 Documents 文件夹图标，在空白处右击，选择新建一个原理图文件，文件名为"安防监控系统.Sch"，并保存。加载项目 3 中的原理图库文件"自制原理图元件库.Lib"和 PCB 库文件"自制 PCB 元件库.Lib"。

1. 绘制原理图

安防监控系统主要由 CC2530 单片机核心板和安防监控系统扩展板组成，核心板是现成的独立的板子，扩展板包括电源模块电路、复位电路、仿真器下载调试程序接口电路、核心板接口插座、LCD 12864 电路、火焰传感器电路和串行通信接口电路。同样，前面已经画过的电路就不用重新绘制了，复制过来即可，这里只要绘制火焰传感器电路和串行通信接口电路。扩展板所需元件见表 4.9。

表 4.9　安防监控系统所需元件

电路	元件标号	元件名称	原理图元件库	元件注释	封装	PCB 元件封装库
电源插座	J1	CON2	Miscellaneous Devices.Lib	USB5V	DYCK	
5V 转 3V 电路	U1	LM1117-3.3	自建原理图元件库.Lib	LM1117	LM1117-3.3	自建 PCB 元件库.Lib
	SWITCH	SW DIP-3		SW DIP-3	SWITCH	
	C5、C7	CAPACITOR POL		10μF	CAP	
	LED0	LED			0805-LED	
	C6、C8	CAP	Miscellaneous Devices.Lib	0.1μF	0805	PCB Footprints.Lib
	R1	RES2		200	0805	
	R2	RES2		10kΩ	0805	
复位电路	RS	SW-PB		SW-PB	KEY	自建 PCB 元件库.Lib
	C10	CAP		0.1μF	0805	PCB Footprints.Lib

续表

电路	元件标号	元件名称	原理图元件库	元件注释	封装	PCB 元件封装库
调试器接口	JPDEBUG	HD5X2	自建原理图元件库.Lib	HD5X2	IDC10	自建 PCB 元件库.Lib
核心板接口	DIP24	HD6X2		HD6X2	CC2530	
LCD 电路	LCD	CON12			12864	自建 PCB 元件库.Lib
	REGU	RESISTOR TAPPED		10kΩ	REGU	
	CA2	CAP		104	0805	
	RA3	RES2		10kΩ	0805	PCB Footprints.Lib
火焰传感器电路	RA1	RES2	Miscellaneous Devices.Lib	10kΩ	0805	
	C5	CAP		104	0805	
	RA2	LED		YS17	PHOTO	自建 PCB 元件库.Lib
串口通信电路	DB9	DB9			DB9/F	PCB Footprints.Lib
	C33、C31、C32、C34、C35	CAPACITOR POL		0.1μF	0805L	自建 PCB 元件库.Lib
	SP3232	SP3232	自建原理图元件库.Lib		SP3232	
	JC1、JC2、JC3	CON2	Miscellaneous Devices.Lib		SIP2	
	UART	CON3			SIP3	

双击以上创建的"安防监控系统.Sch"原理图文件,选择 Design→Options 命令,设置图纸相应属性,在 Sheet Options 选项卡中,Standard Style 纸张类型选择 A4 纸,其他保持默认设置。由于 Protel 99SE 原理图元件库中没提供 SP3232 芯片,因此要根据 SP3232 的引脚创建原理图元件。

将"自制原理图元件库.Lib"文件导入该项目文件中,双击"自制原理图元件库.Lib"文件,参照前面的方法绘制出 SP3232 芯片的原理图元件,如图 4.15 所示。

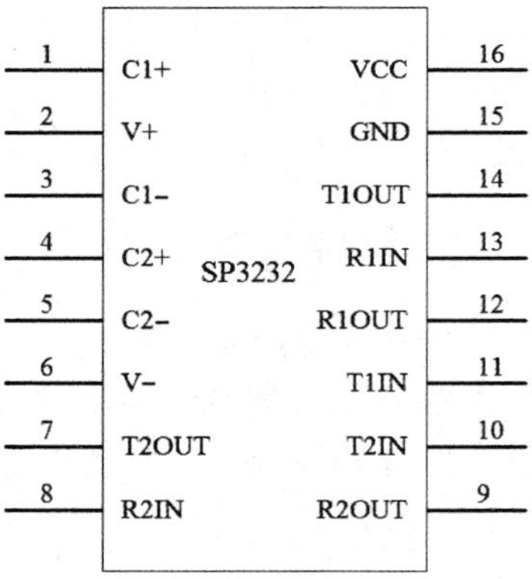

打开"安防监控系统.Sch"原理图文件,直接放置各元件,并按各模块电路连线。

图 4.15 SP3232

2. 设计 PCB

由于本任务中不单独设计电路板,所以只要将本任务中用到的部分元件的封装绘制好。参考表 4.9 元件清单中,只有火焰传感器和 SP3232 芯片没有封装,所以要先绘制这两个元件的封装。参照前面介绍的方法,绘制出来的 SP3232 封装和火焰传感器封装分别如图 4.16 和图 4.17 所示。

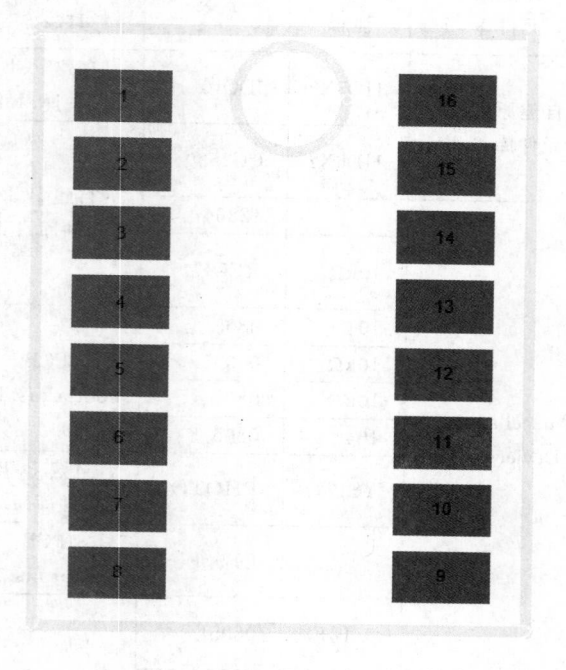

图 4.16　SP3232 元件封装

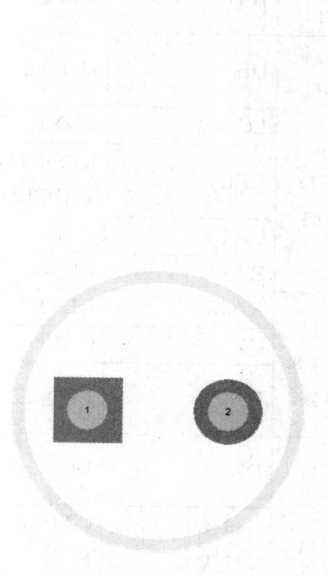

图 4.17　火焰传感器封装

三、焊接电路板

焊接所需基本工具同项目 1。

本任务需要在扩展板上焊接电源模块电路、复位电路、仿真器下载调试程序接口电路、核心板接口插座、LCD 12864 电路、火焰传感器电路和串行通信接口电路。准备好表 4.9 所示元件和 PCB。焊接好的电路板如图 4.1 所示。

四、软件设计

从硬件连接图中可以看出,首先要将 LCD 初始化、A/D 初始化,显示各种提示信息。然后不断循环采集当前火情,即设置接无火,报警灯灭,且显示汉字"一切正常!";有火,报警灯闪烁,显示汉字"发现火情!"。

1. LCD 程序设计

LCD 程序设计是用来显示信息的,既可以显示 16×16 点阵字,也能够显示 5×7 点阵字,包括 LCD 头文件和 LCD 源文件,程序文件见项目 3。各函数的声明与定义见表 4.10。

2. A/D 程序设计

为了使用方便,一般将 A/D 模块封装成独立的功能函数。包括头文件 adu.h 和源文件 adu.c。各函数的声明和定义见表 4.11。

表 4.10 LCD 显示各函数声明与定义

序号	函　数　名	参　　数	功　　能
1	HalLcd_HW_WaitUs	microSecs：16 位无符号整数	延时程序
2	getStrlen	p：字符串地址	字符串长度
3	halLcd_ConfigIO	无	LCD 初始化函数
4	transfer_command	data1：待写入 LCD 的指令	写指令到 LCD 模块
5	transfer_data	Data1：待写入 LCD 的数据	写数据到 LCD 模块
6	HalLcd_HW_Clear	无	清屏
7	HalLcdInit	无	LCD 初始化函数
8	lcd_address	page：行地址 column：列地址	确定显示的行列地址
9	display_16×16	page：行地址 column：列地址 dp：汉字 16×16 字模首地址	显示 16×16 的汉字
10	DisplayByte_5×7	page：行地址 column：列地址 text：要显示的字符的 ASCII 码	显示一个字节的字符
11	transfer_dataChar	line：行　col：列 text：待写入的字符	写字符到 LCD
12	HalLcdWriteString	pText：待写入的字符串的首地址 line：行　　col：列	写字符串到 LCD

表 4.11 A/D 转换各函数声明与定义

序号	函数名	参数	功能
1	adinit	无	A/D 初始化
2	getFire	无	获取是否有火情

（1）A/D 头文件（adu.h）

```
#ifndef ADU_H
#define ADU_H
//********************************************//
//函数名称：adinit
//函数返回：无
//参数说明：无
//功能：A/D 初始化
//********************************************//
void adinit();                   //!< Unsigned 32 bit integer
//********************************************//
//函数名称：getFire
//函数返回：无
//参数说明：返回火情 A/D 值
//功能：读取 A/D 采样值
//********************************************//
```

```
uint getFire(void);
#endif
```

(2) A/D 源文件(adu.c)

```
// ******************************************* //
//文件名称: adu.c
//功能: A/D 源文件
// ******************************************* //
#include "ioCC2530.h"
// ******************************************* //
//函数名称: adinit
//函数返回: 无
//参数说明: 无
//功能: A/D 初始化
// ******************************************* //
void adinit()
{
    //A/D 转换引脚作为第二功能使用
    APCFG |= 0x10;
}
// ******************************************* //
//函数名称: getFire
//函数返回: 无
//参数说明: 返回火情 A/D 值
//功能: 读取 A/D 采样值
// ******************************************* //
uint getFire(void)
{
    uint value = 0;
    ADCCON3 |= 0xB0;            //10110100 AVDD5 引脚参考电压,12 位分辨率,通道 AIN0
    ADCCON1 |= 0x40;            //01000000 启动 A/D 转换
    while(!(ADCCON1&0x80));     //循环等待 A/D 转换完成
    value = ADCL >> 2;
    value |= ((uint)ADCH) << 6;
    return value;
}
```

3. 串口程序设计

串口程序设计具有初始化、串口发送等操作。为了使用方便,把它们封装成独立的功能函数。包括头文件 uart.h 和源文件 uart.c。各函数的声明与定义见表 4.12。

表 4.12 串口各函数声明与定义

序号	函 数 名	参 数	功 能
1	intUART	无	串口初始化
2	UartTX_Send_String	data: 待发送字符串首地址 len: 长度	往串口发送一个字符串

(1) 串口头文件(uart. h)

```
// ********************************************* //
//函数名称: initUART
//函数返回: 无
//参数说明: 无
//功能: 串口 0 初始化
// ********************************************* //
void initUART(void);                            //!< Unsigned 8 bit integer
// ********************************************* //
//函数名称: UartTX_Send_String
//函数返回: 无
//参数说明: 返回火情 A/D 值
//功能: 读取 A/D 采样值
// ********************************************* //
    void UartTX_Send_String(uchar * Data, int len);   //!< Unsigned 16 bit integer
```

(2) 串口源文件(uart. c)

```
# include < ioCC2530. h>
# include "type. h"
// ********************************************* //
//函数名称: initUART
//函数返回: 无
//参数说明: 无
//功能: 串口 0 初始化
// ********************************************* //
void initUART(void)
{
  CLKCONCMD & =  ~0x40;
  while(CLKCONSTA & 0x40);                      //循环等待
  CLKCONCMD & =  ~0x47;

  P0SEL = 0x3C;
  U0CSR | = 0x80;
  U0GCR | = 8;
  U0BAUD | = 59;
  U0CSR | = 0x40;                               //允许串口接收
  IEN0 | = 0x84;                                //使能串口接收中断、总中断
}
// ********************************************* //
//函数名称: UartTX_Send_String
//函数返回: 无
//参数说明: data: 待发送字符串首地址、len: 长度
//功能: 往串口 0 发送一个字符串
// ********************************************* //
void UartTX_Send_String(uchar  * Data, int len)
{
  int j;
```

```
for(j = 0;j < len;j++)
{
  UODBUF  =  * Data++;
  while(UOCSR & 0xFD == 0);
  while(UTX0IF == 0);
  UTX0IF = 0;
}
}
```

4. 主程序设计

(1) 程序流程

主程序流程如图 4.18 所示。

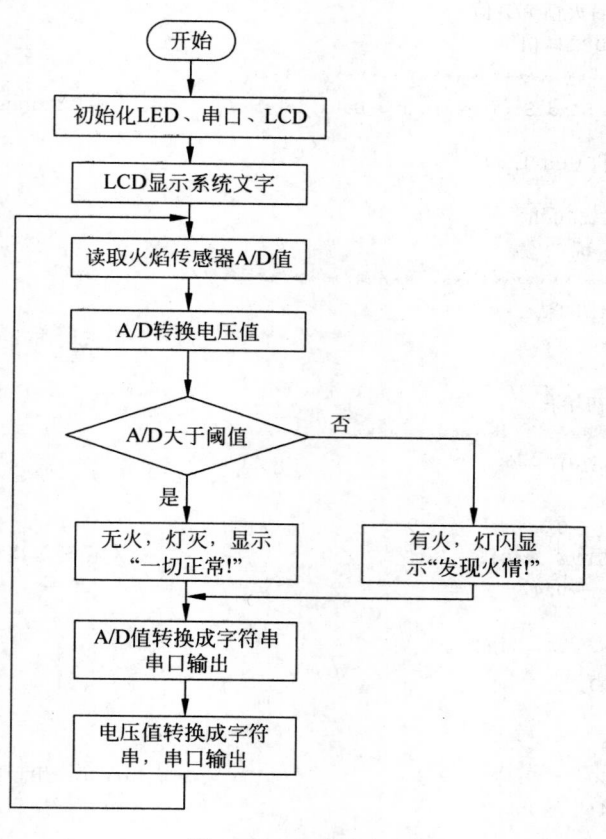

图 4.18 主程序流程

(2) 主程序源文件(main.c)

```
// ******************************************* //
//文件名称: main.c
//功能: 主程序源文件
// ******************************************* //
# include "ioCC2530.h"                  //CC2530 单片机的头文件
# include "hal_lcd.h"
```

```
# include "adu.h"
# include "font.h"
# include "uart.h"
# define FD 8000
# define LED P1_4
// ********************************************* //
//函数名称: main
//函数返回: 无
//参数说明: 无
//功能: 火灾检测报警系统主函数
// ********************************************* //
void main()
{
  int i;
  int fire = 0;
  float voltage;
  uchar temp[5], v[6];
  uchar enter[2] = {0x0A, 0x0D};
  delay(100);
  HalLcdInit();

  for(i = 0; i < 8; i++)
    display_16×16(1, 1 + i * 16, huo + i * 32);        //显示汉字"火灾检测报警系统"

  for(i = 0; i < 2; i++)
    display_16×16(4, 1 + i * 16, fi + i * 32);         //显示汉字"火焰"

  for(i = 0; i < 5; i++)
    display_16×16(7, (2 + i) * 16, normal + i * 32);   //显示汉字"一切正常!"

  HalLcdWriteString("AD", 3, 7);
  HalLcdWriteString("VOL", 3, 13);

  initUART();
  adinit();
  P1DIR |= 0x10;                                       //LED P14 方向寄存器设置为输出

  while(1)
  {
    fire = getFire();                                  //火焰 A/D 值
    voltage = (float)fire/8192 * 3.3;
    if (fire > FD)                                     //无火, LED 灭
    {
      LED = 1;
      for(i = 0; i < 5; i++)
      display_16×16(7, (2 + i) * 16, normal + i * 32);//显示"一切正常!"
    }
```

```
      else //有火,LED 闪烁
      {
        LED = ~LED;
        for(i = 0;i < 5;i++)
        display_16x16(7,(2 + i) * 16,unnormal + i * 32);     //显示"发现火情!"
      }
      temp[0] = fire/1000 + 48;
      temp[1] = fire % 1000/100 + 48;
      temp[2] = fire % 100/10 + 48;
      temp[3] = fire % 10 + 48;
      temp[4] = '\0';
      HalLcdWriteString(temp,4,6);                    //输出 A/D 值
      v[0] = (int)(voltage * 100)/100 + 48;
      v[1] = '.';
      v[2] = (int)(voltage * 100) % 100/10 + 48;
      v[3] = (int)(voltage * 100) % 10 + 48;
      v[4] = 'V';
      v[5] = '\0';
      HalLcdWriteString(v,4,12);                      //输出电压值
      UartTX_Send_String(temp,4);
      UartTX_Send_String("\t",1);
      UartTX_Send_String(v,5);
      UartTX_Send_String(enter,2);
      delay(100);
    }
}
```

程序运行后,可通过串口调试助手查看单片机发送的数据,如图 4.19 所示。

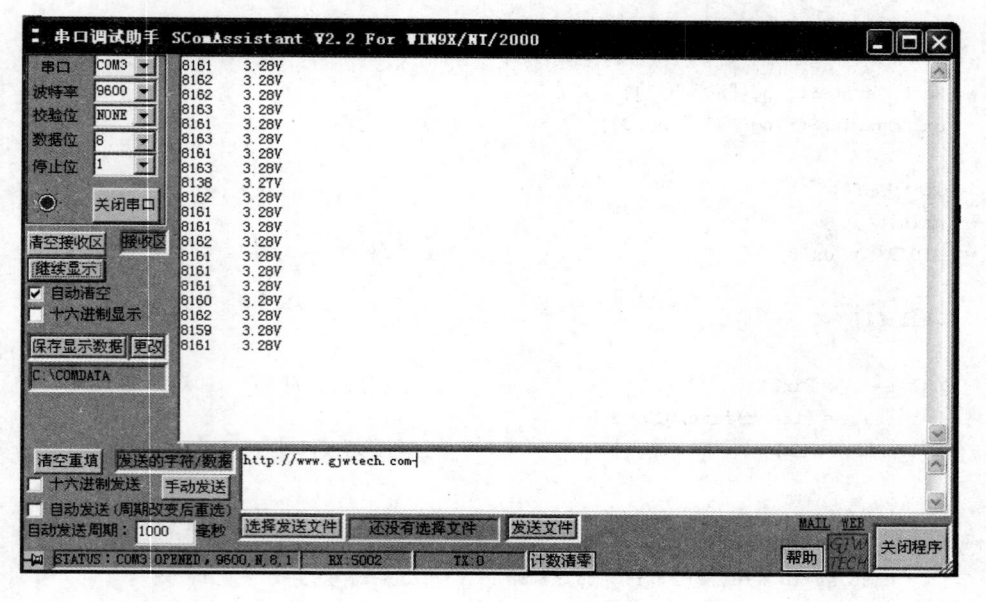

图 4.19　火灾检测报警系统串口接收到的信息

5. PC 串口控制 LED 实验

前面介绍了由单片机发送信息到串口设备。在实际应用中,单片机通常也会从串口接收信息,以控制单片机。下面通过 PC 串口控制 LED 实验来学习从串口接收信息。

要求:编程实现使用 PC 上的串口调试助手输出控制命令 L11 使单片机上 LED1 亮,输出控制命令 L10 使单片机上的 LED1 灭,同时在 PC 的串口调试助手上回显控制命令。

(1) 串口程序设计

本实验主要是对串口进行操作,包括初始化、串口发送、串口接收等操作。同样地,为了使用方便,把它们封装成独立的功能函数。包括头文件 uart.h 和源文件 uart.c。各函数的声明与定义见表 4.13。其中 intUART() 和 UartTX_Send_String() 函数已经讲授过,本任务给出了串口接收中断函数 _interrupt void UART0_ISR()。

表 4.13　串口各函数声明与定义

序号	函　数　名	参　　数	功　　能
1	intUART()	无	串口 0 初始化
2	UartTX_Send_String()	data:待发送字符串首地址 len:长度	往串口 0 发送一个字符串
3	_interrupt void UART0_ISR()	无	串口 0 接收中断函数

```
// ******************************************************************** //
//函数名称: _interrupt void UART0_ISR
//函数返回:无
//参数说明:无
//功能:从串口接收一个字符串,并根据字符串的内容对单片机实行控制
//       收到"L11"命令,则打开对应的 LED 灯
//       收到"L10"命令,则关闭对应的 LED 灯
// ******************************************************************** //
# pragma vector = URX0_VECTOR
_interrupt void UART0_ISR(void)
{
  URX0IF = 0;                    //清中断标志,为下一次中断做准备
  temp = U0DBUF;
  rbuf[count++] = temp;
  if (count >= 3)
  {
    if (rbuf[0] == 'L')          //接收命令正确性判断
    {
      if (rbuf[1] == '1')        //控制第一个灯
      {
        if(rbuf[2] == '1')       //控制灯亮
          LED = 0;
        else                     //控制灯灭
          LED = 1;
```

```
        }
        UartTX_Send_String(rbuf,3);   //回显接收到的命令
    }
    count = 0;                        //串口接收指针清零
    }
}
```

（2）主程序设计

主程序流程如图 4.20 所示，并给出主程序源文件（main.c）如下。

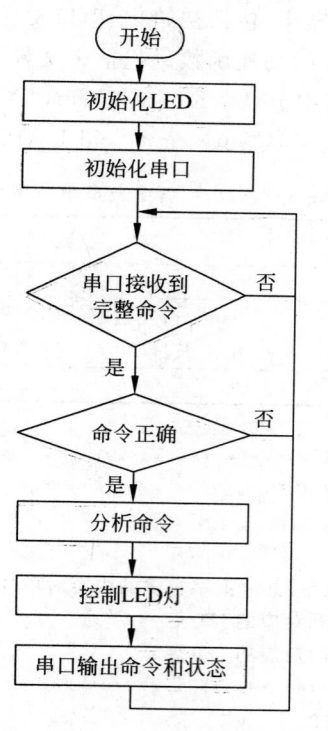

图 4.20　PC 控制 LED 主程序流程

```
// ****************************************** //
//文件名称: main.c
//功能: PC 控制 LED 主程序源文件
// ****************************************** //
# include "ioCC2530.h"
# include "uart.h"
// ****************************************** //
//函数名称: led_init
//函数返回: 无
//参数说明: 无
//功能: LED 灯初始化
// ****************************************** //
void led_init(void)
{
```

```
    P1DIR | = 0x10;                      //P14 方向寄存器设置为输出
}
// ***************************************** //
//函数名称: main
//函数返回:无
//参数说明:无
//功能:PC 控制 LED 主函数
// ***************************************** //
void main()
{
    led_init();
    UART_init();
    while(1)
    {
    }
}
```

程序运行后,可以通过串口调试助手发送命令,当发送 L11 时,单片机上对应的 LED 灯会点亮;当发送 L10 时,单片机上对应的 LED 灯熄灭,如图 4.21 所示。

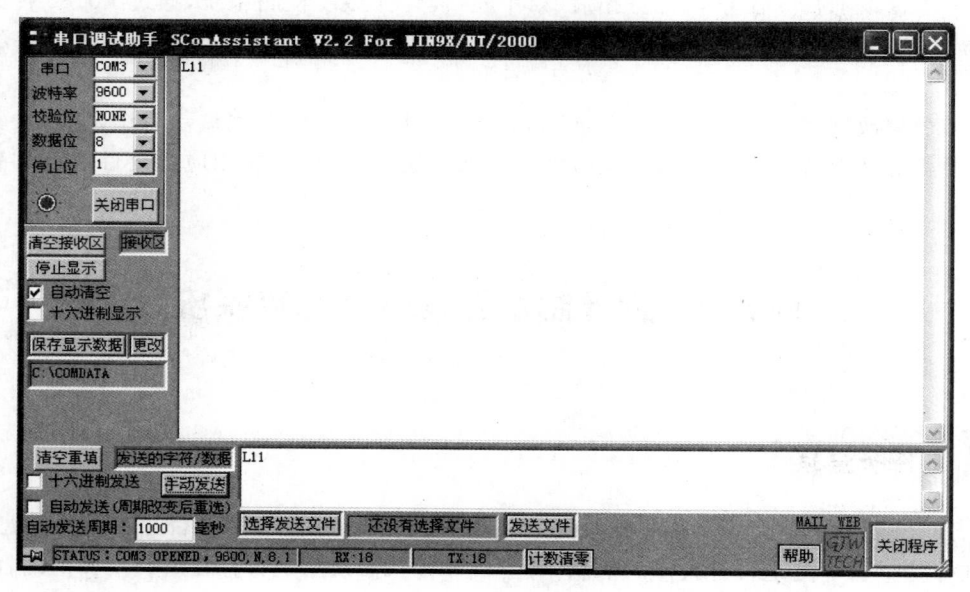

图 4.21 串口发送命令给单片机

五、软硬件联调

根据已有的电路原理图和程序代码,在 IAR 软件中进行程序编辑、编译、生成下载,得到正确的效果,如图 4.22 所示。要说明的是,通过串口助手发送控制命令或接收单片机送来的数据,显示在实际应用中是不方便的,串口助手只是程序员在调试程序时使用,要让用户使用方便,还需要编写上位机程序,提供给用户漂亮简洁的界面。

图 4.22　火灾检测报警系统 LCD 显示

（1）修改项目 3 任务 3"任务拓展"第 1 题，设计光照度检测系统，通过 P0188 传感器检测当前光照度，实时显示在 LCD 上，并将信息发送给串口。请设计硬件电路并编写软件。

（2）修改项目 3 任务 3"任务拓展"第 2 题，设计室内甲醛监测显示系统，实时采集室内的甲醛浓度显示在 LCD 上，并且将采集数据发送给串口，完成相应的硬件设计和软件设计。

任务 2　设计制作无线安防监控系统

设计、制作一个无线安防监控系统，系统使用火焰传感器检测是否存在明火信息，人体红外传感器检测是否有人体的信息，可燃气体传感器检测是否存在可燃气体泄漏，门磁传感器检测门是否打开信息，并在 LCD 屏幕上显示 4 个传感器的实时检测结果。系统板上有两个按键，设计为"布防"和"撤防"功能。设计手机安卓程序和 PC 端 C♯程序，手机界面和 PC 界面显示 4 个传感器信息以及"布防""撤防"按钮，界面上显示报警信息。实现如下功能。

（1）按下系统板上的"布防"按钮，系统进入布防状态，LCD 上显示"布防状态"，手机程序界面和 C♯程序界面上显示"已布防！"；按下系统板上的"撤防"按钮，系统进入撤防状态，LCD 上显示"撤防状态"，手机程序界面和 C♯程序界面上显示"已撤防！"。

（2）按下手机程序界面和 C♯程序界面上的"布防"按钮，系统进入布防状态，LCD 上显示"布防状态"；按下"撤防"按钮，系统进入撤防状态，LCD上显示"撤防状态"。

（3）布防状态下如果检测到有人体信息或者门窗打开信息，系统板上的LED灯闪烁，手机程序界面和C♯程序界面上显示"警告，有人闯入！"或者"警告，门窗被打开！"。

（4）在任何状态下，系统检测到火灾信息或者可燃气体泄漏时，系统板上的LED灯闪烁，手机安卓程序的界面和C♯程序界面上显示"警告，检测到明火！"或者"警告，检测到可燃气体泄漏！"。

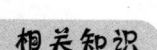 相关知识

一、无线通信技术

无线通信技术是指利用无线电波进行信息交换的一种通信方式。近年来，无线通信技术发展迅速，应用广泛。其中应用较为广泛且具有较好发展前景的短距离无线通信技术标准有：ZigBee、蓝牙（Bluetooth）、无线宽带（WiFi）等。

1. ZigBee

ZigBee是基于IEEE 802.15.4标准建立的一种短距离、低功耗的无线通信技术。ZigBee来源于蜜蜂群的通信方式。蜜蜂（bee）靠飞翔和"嗡嗡"（zig）地抖动翅膀来与同伴确定食物源的方向、位置和距离等信息，从而构成了蜂群的通信网络。其特点是信息传输距离近，通常传输距离是10～100m；低功耗，在低耗电待机模式下，2节5号干电池可支持1个终端工作6～24个月，甚至更长；成本低，ZigBee免协议费，芯片价格便宜；低速率，ZigBee通常工作在20～250Kbps的较低速率；短时延，ZigBee的响应速度较快等。主要适用于家庭和楼宇控制、工业现场自动化控制、农业信息收集与控制、公共场所信息检测与控制、智能型标签等领域，可以嵌入各种设备。

2. 蓝牙

蓝牙是1998年5月由东芝、爱立信、IBM、Intel和诺基亚等公司共同提出的一种用于各种固定与移动数字化硬件设备之间的低成本、近距离的无线数据通信技术标准。它能够在10m的半径范围内实现点对点或一点对多点的无线数据和声音传输，其数据传输带宽可达1Mbps。通信介质为频率在2.402～2.480GHz的电磁波。

蓝牙技术可以广泛应用于局域网络中各类数据及语音设备，如PC、拨号网络、笔记本电脑、打印机、传真机、数码相机、移动电话和高品质耳机等。蓝牙的无线通信方式将上述设备连成一个微微网，多个微微网之间也可以实现互连，从而实现各类设备之间随时随地进行通信。

3. WiFi

WiFi诞生于1999年，它是一种基于IEEE 802.11协议的无线局域网接入技术。WiFi技术突出的优势在于它有较广的局域网覆盖范围，其覆盖半径可达100m，相比于蓝牙技术，WiFi覆盖范围较广；传输速率非常快，其传输速率可以达到11Mbps（802.11b）或者54Mbps（802.11a），适合高速数据传输业务；无须布线，可以不受布线条件的限制，

非常适合移动办公用户的需要。在一些人员密集的地方,比如火车站、汽车站、商场、机场、图书馆、校园等地方设置热点,可以通过高速线路将因特网接入上述场所。用户只需要将支持无线网络的终端设备置于该区域内,即可高速接入因特网;健康安全,具有WiFi功能的产品发射功率不超过100mW,实际发射功率为60～70mW,与手机、手持式对讲机等通信设备相比,WiFi产品的辐射更小。

二、WiFi 模块

1. USR-WiFi232-T 介绍

USR-WiFi232-T 是一款一体化 IEEE 802.11 b/g/n WiFi 低功耗嵌入式 WiFi 模块,提供了一种将用户的物理设备连接到 WiFi 无线网络上,并提供 UART 数据传输接口的解决方案。通过该模块,传统的低端串口设备或 MCU 控制的设备可以很方便地接入 WiFi 无线网络,从而实现物联网络控制与管理。

该模块硬件上集成了 MAC、基频芯片、射频收发单元,以及功率放大器。嵌入式的固件则支持 WiFi 协议及配置,以及组网的 TCP/IP 协议栈。

USR-WiFi232-T 采用业内最低功耗嵌入式结构,并针对智能家居、智能电网、手持设备、个人医疗、工业控制等低流量低频率的数据传输领域的应用,做了专业的优化。

USR-WiFi232 采用 3.3V 单电源供电,尺寸较小(13.5mm×22mm),易于焊接在客户的产品的硬件单板电路上,模块内选择内置或外围天线的应用,方便客户多重选择。实物如图 4.23 所示。

USR-WiFi232-T 系列产品用于实现串口到 WiFi 数据包的双向透明转发,用户无须关心细节,模块内部完成协议转换,串口一侧的数据透明传输,WiFi 网络一侧是 TCP/IP 数据包,通过简单设置即可指定工作细节,设置可以通过模块内部的网页进行,也可以通过串口使用 AT 指令进行,一次设置可永久保存。

图 4.23　USR-WiFi232 模块

2. 引脚定义

(1) USR-WiFi232-T 模块各引脚定义见表 4.14。

表 4.14　USR-WiFi232-T 模块各引脚定义

引脚	描述	网络名	信号类型	说　　明
1	Ground	GND	Power	
2	＋3.3V 电源	DVDD	Power	3.3V,250mA
3	恢复出厂设置	nReload	I	低有效输入脚,可配置成 SmartLink 脚,必须接上拉电阻
4	模组复位	nReset	I	低有效输入脚,必须接上拉电阻
5	串口接收	UART_Rx	I	不用请悬空

引脚	描述	网络名	信号类型	说　　　明
6	串口发送	UART_Tx	O	不用请悬空
7	模块电源软开关	PWR_SW	I,PU	高有效输入脚,不用请悬空(此功能暂时未实现)
8	PWM/WPS	PWM_3	I/O	默认 WPS 功能,可配成 PWM/GPIO18,不用请悬空
9	PWM/nReady	PWM_2	I/O	默认 nReady 功能,可配成 PWM/GPIO12,不用请悬空
10	PWM/nLink	PWM_1	I/O	默认 nLink 功能,可配成

(2) 具体说明如下。

I——输入;O——输出;PU——内部上拉;I/O——输入/输出;Power——电源。该模块不支持带电插拔。若要插拔模块,请务必切断电源,否则将会烧坏模块。对 nReload 和 nReset 引脚,请接 $5\sim10k\Omega$ 的电阻上拉,否则会工作不稳定。

(3) 引脚功能描述如下。

nReset:模块复位信号,输入,低电平有效。模块 nRest 需接上拉电阻。当模块上电时或者出现故障时,MCU 需要对模块做复位操作,拉低至少 10ms 后拉高。

nReload:模块恢复出厂设置引脚,需接上拉电阻,输入,低电平有效,可接成按键,不用需接上拉电阻。上电后,短按该键(<3s),模块进入 SmartLink 配置模式,等待 APP 进行密码推送。上电后,长按该键(≥3s)后松开,模块恢复出厂设置。设计该电路时,请使用如轻触按键等稳定的连接形式,并增加适当的滤波电路,否则模块不能稳定恢复出厂设置。

nLink:连接状态指示引脚,输出低电平有效,可接 LED 灯。在 SmartLink 配置模式,nLink 快闪提示模块等待配置,nLink 慢闪提示 APP 正在进行智能联网。在正常模式,作为 WiFi 的连接状态指示灯。

nReady:模块正常启动状态指示引脚,输出低电平有效,可接 LED 灯。

WPS:低电平有效,可外接按键,用于启动 WPS 功能。

UART0_TxD/RxD:串口数据收发信号。

PWM_N:模块 PWM 调光控制信号,输出。也可配置为 GPIO 信号用于控制。另外可通过"AT+LPTIO=on"切换 PWM_1 功能为 nLink,PWM_2 功能为 nReady,PWM_3 功能为 WPS 按键,"AT+LPTIO=off"则相反。

3. 典型硬件连接

USR-WiFi232-T 需连接 2.4G 的外置天线。其典型硬件连接如图 4.24 所示。

4. 工作模式

USR-WiFi232-T 模块共有三种工作模式:透传模式、命令模式、PWM/GPIO 模式。

(1) 透传模式

在透传模式下,模块实现串口与网络之间的透明传输,实现通用串口设备与网络设备

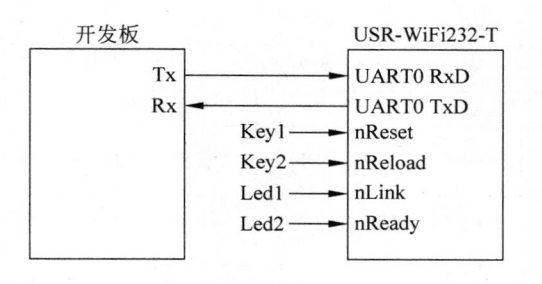

图 4.24　USR-WiFi232-T 与开发板典型硬件连接示意

之间的数据传递。

串口透明传输模式的优势在于可以实现串口与网络通信的即插即用,从而最大限度地降低用户使用的复杂度。模块工作在透明传输模式时,用户仅需要配置必要的参数,即可实现串口与网络的通信。上电后,模块自动连接到已配置的无线网络和服务器。

透明传输模式完全兼容用户自己的软件平台,减少了集成无线数据传输的软件开发工作量。用户需要预设的参数通常如下。

① 无线网络参数:网络名称(SSID)、安全模式、密钥。

② 默认 TCP/UDP 连接参数:协议类型、连接类型(Server 或 Client)、目的端口、目的 IP 地址。

③ 串口与参数:波特率、数据位、检验位、停止位、硬件流控。

(2) 命令模式

在该模式下,用户可通过 AT 命令对模块进行串口及网络参数查询与设置。在命令模式下,模块不再进行透传工作,此时串口用于接收 AT 命令,用户可以通过串口发送 AT 命令给模块,用于查询和设置模块的串口、网络等相关参数。

(3) PWM/GPIO 模式

在该模式下,用户可通过网络命令实现对 PWM/GPIO 的控制。

5. 无线组网方式

USR-WiFi232-T 模块有三种配置模式:AP、STA、AP+STA,可以为用户提供十分灵活的组网方式和网络拓扑方法。

AP 即无线接入点,是一个无线网络的中心节点。通常使用的无线路由器就是一个 AP,其他无线终端可以通过 AP 相互连接。

STA 即无线站点,是一个无线网络的终端。如笔记本电脑、PDA 等。

(1) USR-WiFi232-T 模块作为 STA 方式

USR-WiFi232-T 模块作为 STA 是一种最常用的组网方式,由一个路由器 AP 和许多 STA 组成。其特点是 AP 处于中心地位,STA 之间的相互通信都通过 AP 转发完成。

(2) USR-WiFi232-T 模块作为 AP 方式

USR-WiFi232-T 模块作为 AP 模式,可以达到手机、PAD、计算机在无须任何配置的情况下,快速接入模块进行数据传递。另外,还可以登录模块的内置网页进行参数设置。模块在 AP 模式下,最多只能支持接入 2 个 STA 设备。

（3）USR-WiFi232-T 模块作为 AP+STA 方式

AP+STA 方式即模块同时支持一个 AP 接口和一个 STA 接口。模块的 STA 接口与路由器相连，并通过 TCP 连接与网络中的服务器相连。模块的 AP 接口开启，手机、PAD 等都可连接到 AP 接口上，控制串口设备或对模块进行设置。采用 AP+STA 方式，可以很方便地利用手机、PAD 等手执设备对用户设备进行监控，而不改变原来的网络设置，并且解决了模块在 STA 时只能通过串口进行设置的问题。

6. 网络连接

打开无线网络连接，搜索网络，USR-WiFi232-T 即模块的默认网络名称（SSID），在 Windows 7 系统下，单击计算机右下角无线网络连接，选择连接，如图 4.25 所示。

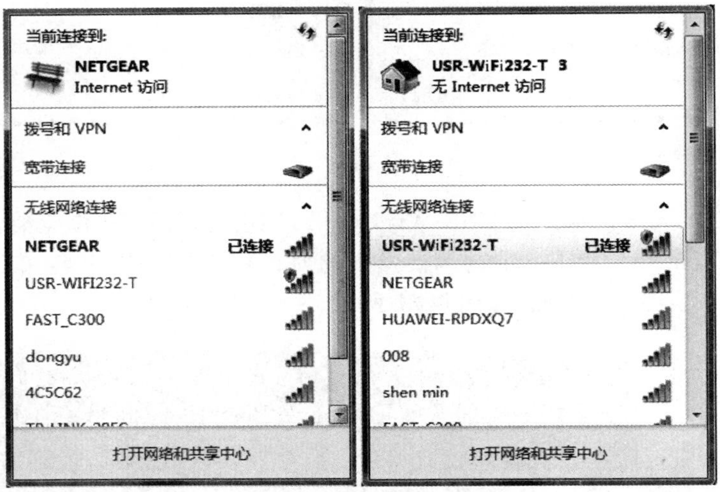

图 4.25 搜索连接 USR-WiFi232-T

加入网络，选择自动获取 IP，WiFi 模块支持 DHCP Server 功能并默认开启，如图 4.26 所示。此时 USR-WiFi232-T 评估板的 Link 指示灯亮。

首次使用 USR-WiFi232-T 模块时，需要对该模块进行一些配置。用户可以通过 PC 连接 USR-WiFi232-T 模块的 AP 接口，并用 Web 管理页面配置。

默认情况下，USR-WiFi232-T 的 AP 接口 SSID、IP 地址、用户名、密码默认设置见表 4.15。

表 4.15　USR_WiFi232-T 网络默认设置

参　　数	默 认 设 置
IP 地址	10.10.100.254
SSID	USR-WiFi232-T/G2
子网掩码	255.255.255.0
用户名	admin
密码	admin

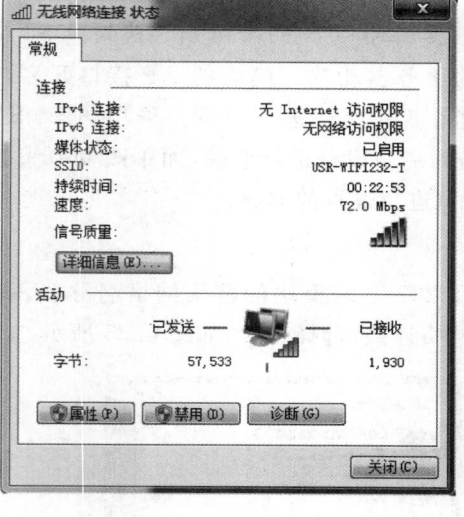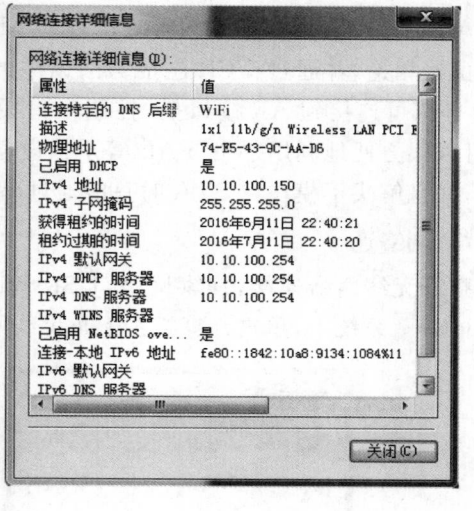

图 4.26　无线网络连接示意

首先用 PC 的无线网卡连接 USR-WiFi232-T，连接后，打开 IE 浏览器，在地址栏输入 http://10.10.100.254，按 Enter 键。在弹出的对话框中填入用户名和密码，然后单击 "确定"按钮进入系统设置界面，如图 4.27 所示。

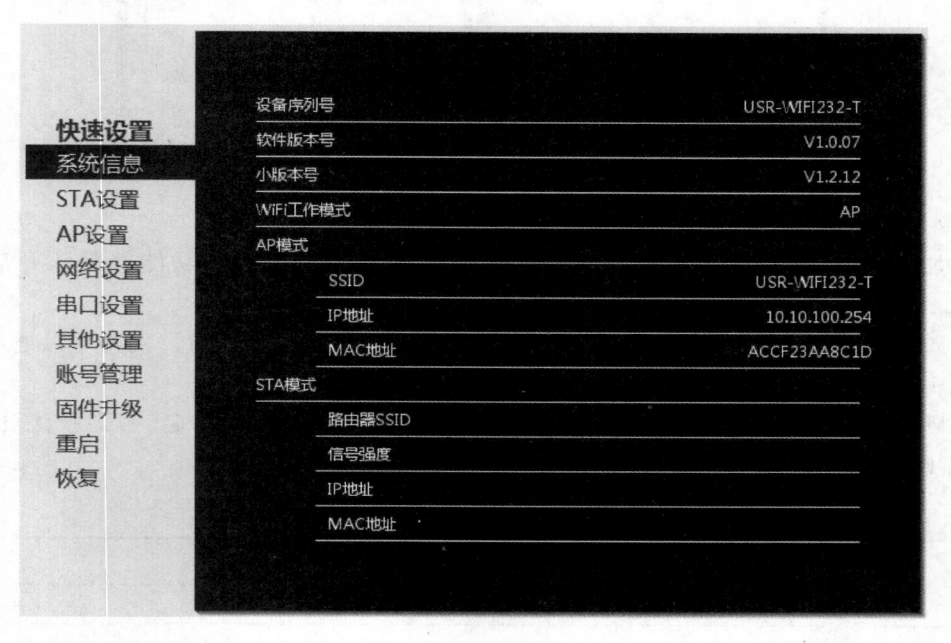

图 4.27　系统设置

单击"网络设置"选项，可以对 SOCKET_A 和 SOCKET_B 进行设置。SOCKET_A 可设置为 TCP Server、TCP Client、UDP Server、UDP Client；SOCKET_B 可以设置为 UDP Server、UDP Client、TCP Client，或者禁用 SOCKET_B，如图 4.28 所示。

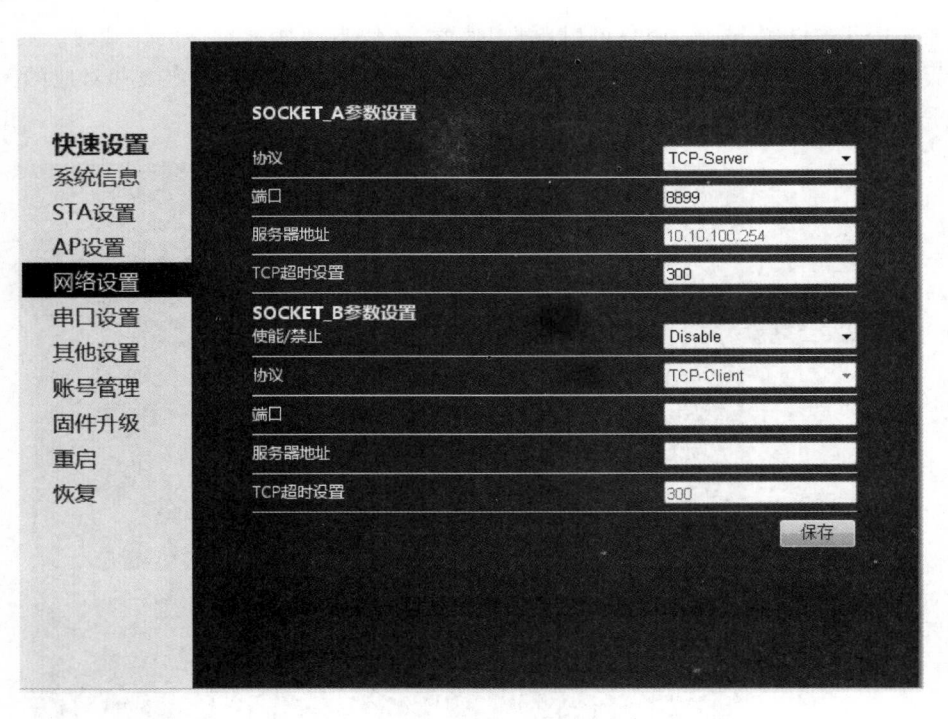

图 4.28　网络设置

单击"串口设置"选项,设置串口参数,如图 4.29 所示。

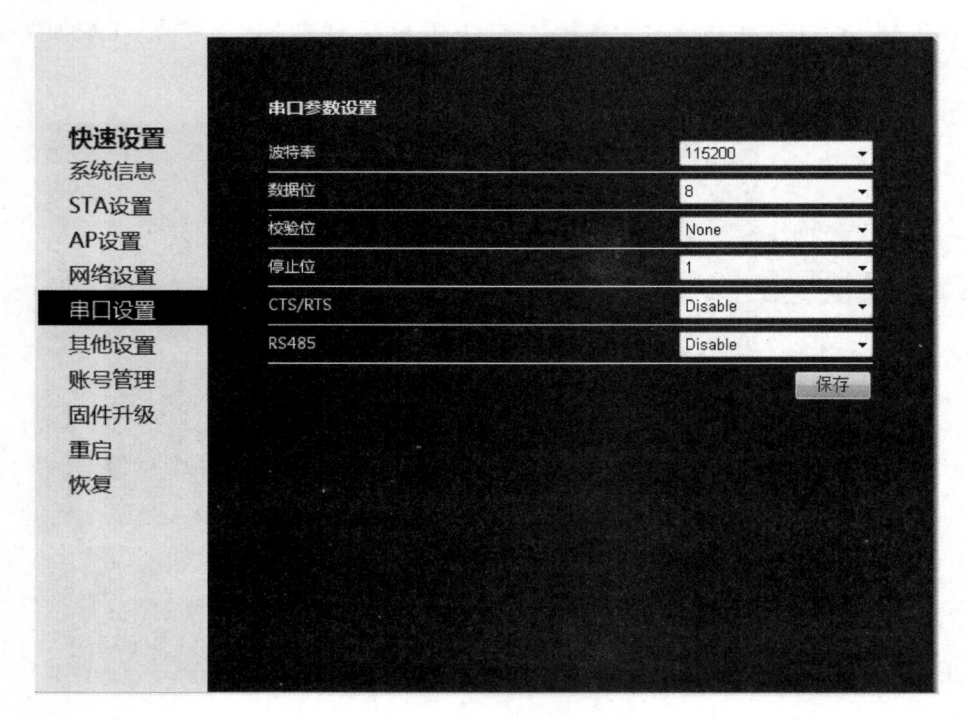

图 4.29　串口参数设置

单击"STA 设置"选项,用户可以单击"搜索"按钮自动搜索附近的无线接入点,并通过设置网络参数连接它,如图 4.30 所示。这里提供的加密等信息一定要和对应的无线接入点一致才能够正确连接。

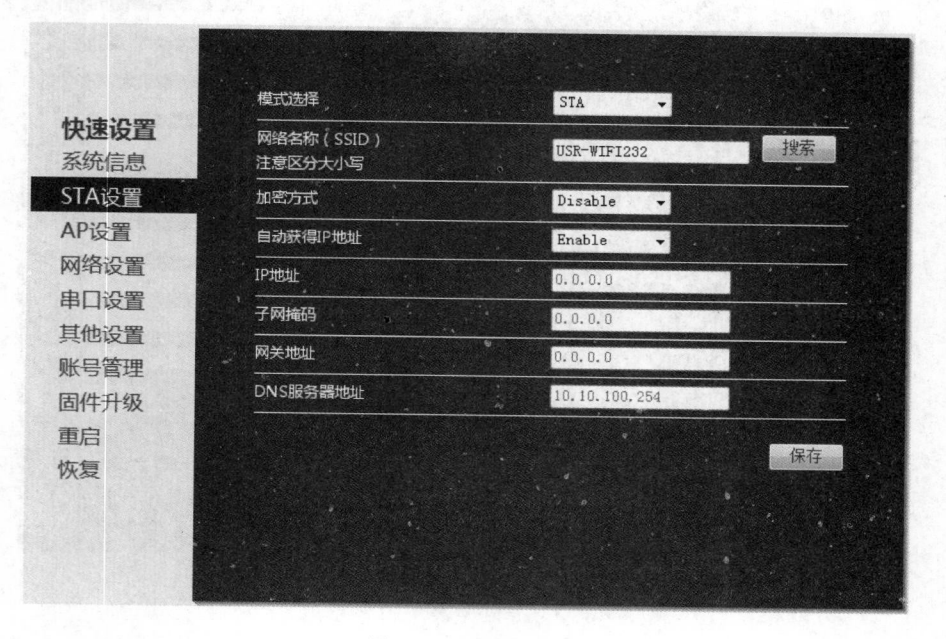

图 4.30 STA 设置

单击"搜索"按钮,在列表框中选择要连接的路由器,单击"确定"按钮,出现如图 4.31 所示界面。

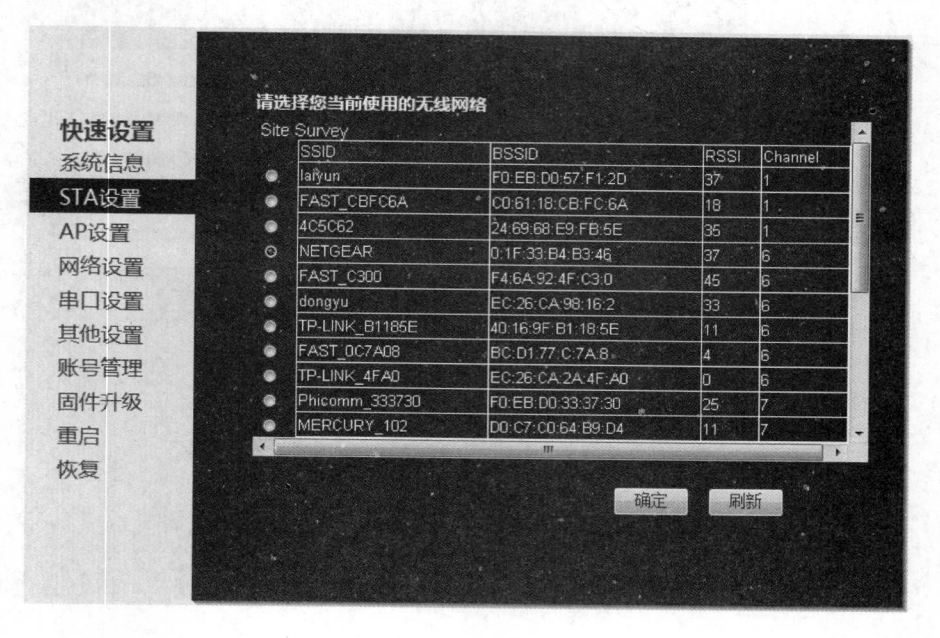

图 4.31 路由器列表

　　用户可以设置 WiFi 模块作为 STA 设备连接到无线路由器时获得 IP 地址的方式,可以自动获取 WiFi 模块的 IP 地址,可以手动设置 WiFi 模块固定的 IP 地址。手动设置 IP 地址的优点是地址保持不变,增强了系统的稳定性。在弹出的界面中输入该路由器的连接密码和地址信息,如图 4.32 所示。

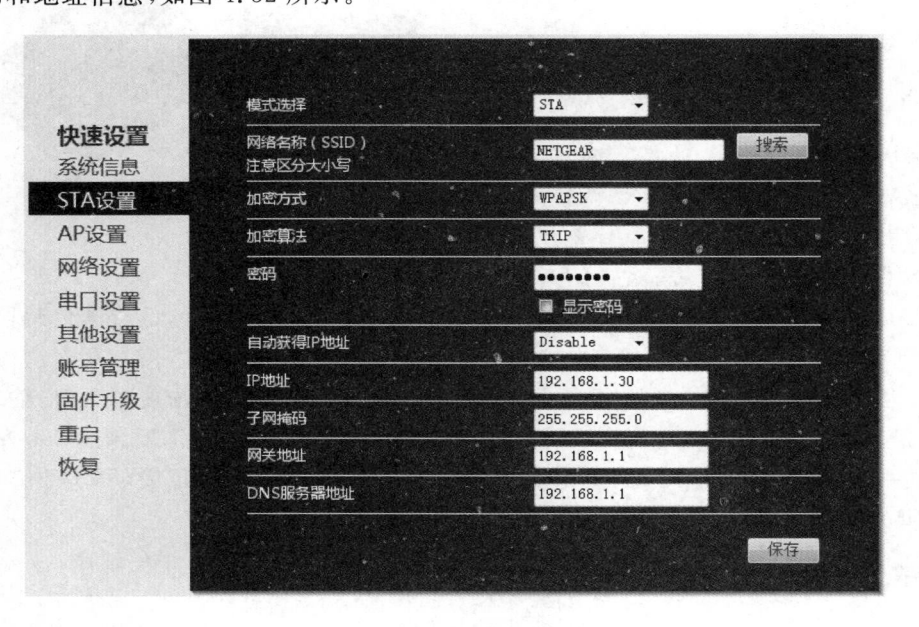

图 4.32　手动设置路由器信息

　　单击"保存"按钮,然后在弹出的界面上单击"重启"按钮,重新启动路由器使配置生效。断电重新启动后,模块自动连接到指定路由器上,此时 WiFi 模块上的 Ready、Link 两灯常亮。

　　此时计算机的无线网卡又会自动连接到无线路由器上,打开无线路由器的网页配置页面,在浏览器地址栏里输入 http://192.168.1.1,输入用户名、密码进入路由配置界面。在已连接设备界面中可以看到 WiFi 模块接入无线路由器的信息,如图 4.33 所示。

已接设备

#	IP地址	设备名称	MAC地址
1	192.168.1.3	PLHDE-IPHONE	C0:CC:F8:B3:E7:A8
2	192.168.1.5	WWW-25BF0127DBB	AC:22:0B:C5:97:99
3	192.168.1.7	SKY-20151116GEI	74:E5:43:9C:AA:D6
4	192.168.1.30	USR-WIFI232-T	AC:CF:23:AA:8C:1C

刷新

图 4.33　已接设备

三、人体红外传感器

　　人体红外传感器有多种,本任务中使用的是热释电人体红外线传感器,其不受白天黑夜的影响,可昼夜不停地用于监测,广泛应用于防盗报警等领域。本任务选用的

HC-SR501人体感应模块实物如图4.34所示。其工作电压范围：直流电压4.5～20V，电平输出高为3.3V，低为0V。共3个引脚，1脚为电源正极，2脚为信号输出，3脚为电源负极。

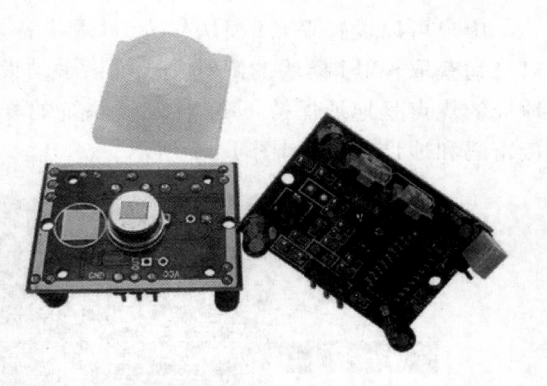

四、可燃气体传感器

本任务选用MQ-2可燃气体传感器，当传感器所处环境中存在可燃气体时，传感器的电导率随空气中可燃气体浓度的增加而增大，对液化气、丙烷、氢气的灵敏度高，对天然气和其他可燃气的检测也很理想，是一款适合多种应用的低成本传感器，其实

图4.34 HC-SR501实物

物如图4.35所示。MQ-2可燃气体传感器输入电压是直流5V，数字信号端输出TTL数字量0和1(0.1V和5V)，模拟量信号输出为0.1～0.3V。当气体浓度越大时，输出电压越大，最高浓度电压在4V左右。要特别注意的是，传感器通电后，需要预热20s左右，测量的数据才稳定。MQ-2可燃气体传感器有4个引脚，1脚接电源正极(5V)，2脚电源负极，3脚为TTL开关信号输出，4脚为模拟信号输出。

五、门磁开关

门磁开关分强电门磁开关和弱电门磁铁开关。本任务使用弱电门磁铁开关，主要由开关和磁铁两部分组成。开关部分由磁簧开关经引线连接定型封装而成，磁铁部分由相应的磁场强度的磁铁封装于塑胶或合金壳体内，当两者分开或接近到一定距离后，引起开关的开断从而判断门的开关。

MC-18A门磁开关如图4.36所示，有动合和动断之分。

图4.35 MQ-2可燃气体传感器 　　　图4.36 MC-18A门磁开关

一、硬件设计

本任务中扩展板除了任务1中的硬件电路外，还需增加WiFi模块接口电路、人体红

外传感器电路、可燃气体传感器电路和门磁开关电路。

1. WiFi 模块接口电路

参照图 4.23 所示 WiFi 典型电路连接，单片机 P0_4 引脚（Tx1）连接 WiFi 模块的 5 脚（UART_Rx），P0_5 引脚（Rx1）连接 WiFi 模块的 6 脚（UART_Tx），单片机复位引脚连接 WiFi 模块的 4 脚（复位），WiFi 模块的 3 脚接 1 个 10kΩ 上拉电阻和一个开关，当开关按下时，WiFi 模块恢复出厂设置，9 脚和 10 脚分别接两个指示灯，2 脚接 3.3V 电源，1 脚接地。具体电路如图 4.37 所示。

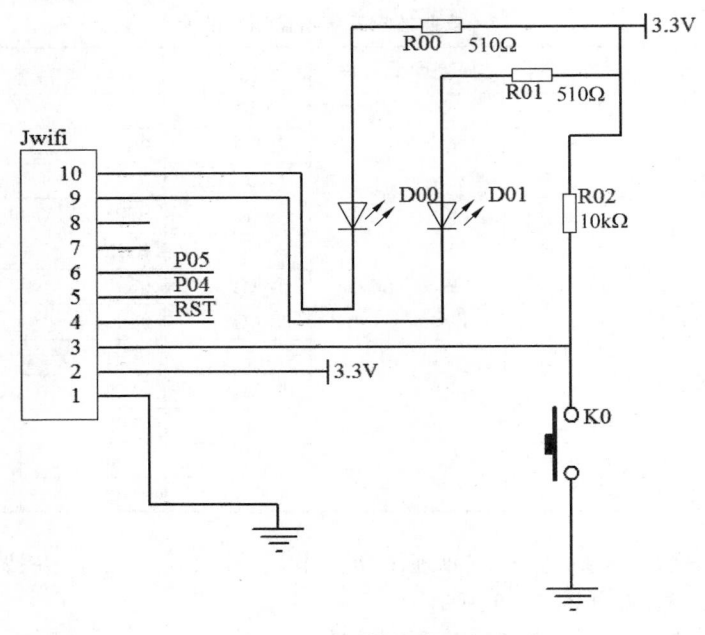

图 4.37　WiFi 模块接口电路

2. 传感器电路

传感器电路如图 4.38 所示。

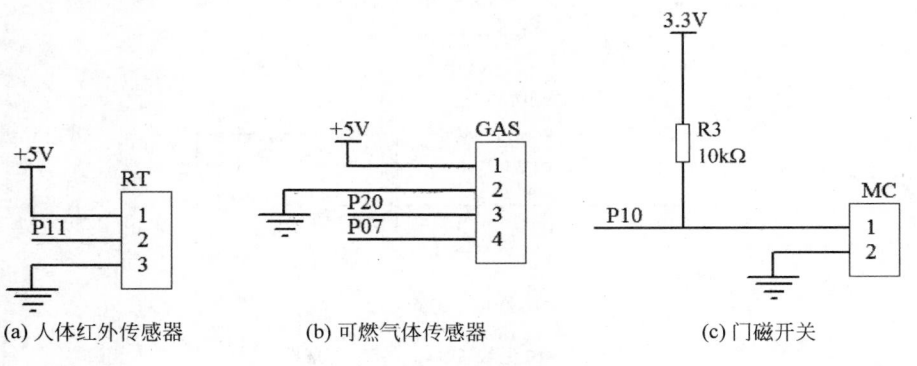

(a) 人体红外传感器　　　(b) 可燃气体传感器　　　(c) 门磁开关

图 4.38　各传感器接口电路

二、绘制原理图及设计 PCB

1. 绘制原理图

打开任务 1 中所建的"安防监控系统. Dbb"文件,对"安防监控系统. Sch"原理图文件中增加 WiFi 模块接口电路、人体红外传感器电路、可燃气体传感器电路和门磁开关电路。需要增加的元件见表 4.16。由于所有的元件都可以在软件自带的库文件中或前面自建的库文件中找到,因此可省去新建原理图元件步骤。

表 4.16　安防监控系统所需增加的元件

电路	元件标号	元件名称	原理图元件库	元件注释	封装	PCB 元件封装库
WiFi 接口 电路	R00、R01	RES1		510Ω	0805	PCB Footprints. Lib
	R02	RES1		10kΩ	0805	
	D00、D01	LED		D00、D01	0805L	
	Jwifi	CON10		Jwifi	SIP102MM	自建 PCB 元件库. Lib
	WiFi	SW-PB			KEY2	
可燃 气体 电路	RG1、RG2	RES1	Miscellaneous Devices. Lib	10kΩ	0805	PCB Footprints. Lib
	RG3、RG4	RES1		20kΩ	0805	
	GAS	CON4			SIP4	
人体红 外电路	RT1	RES1		10kΩ	0805	
	RT	CON3			SIP3	
门磁开 关电路	R3	RES1		10kΩ	0805	
	MC	CON2			SIP2	

在打开的"安防监控系统. Sch"原理图文件中,直接放置各元件,并按各模块电路连线。最终的电路原理图如图 4.39 所示。

绘制完毕后,进行 ERC 检查及生成网络表。

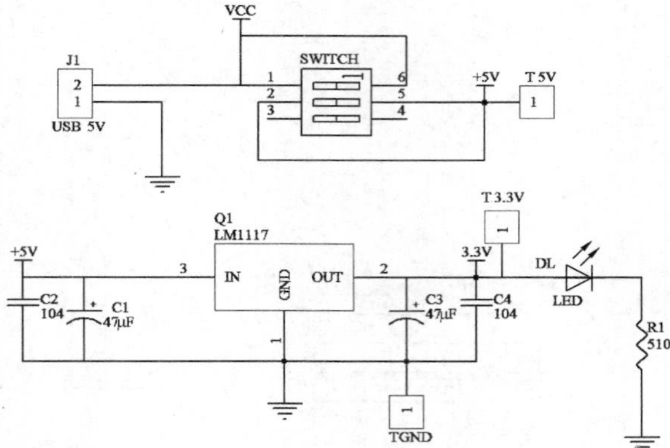

(a) 电源电路(5V转3V)

图 4.39　无线安防监控系统原理

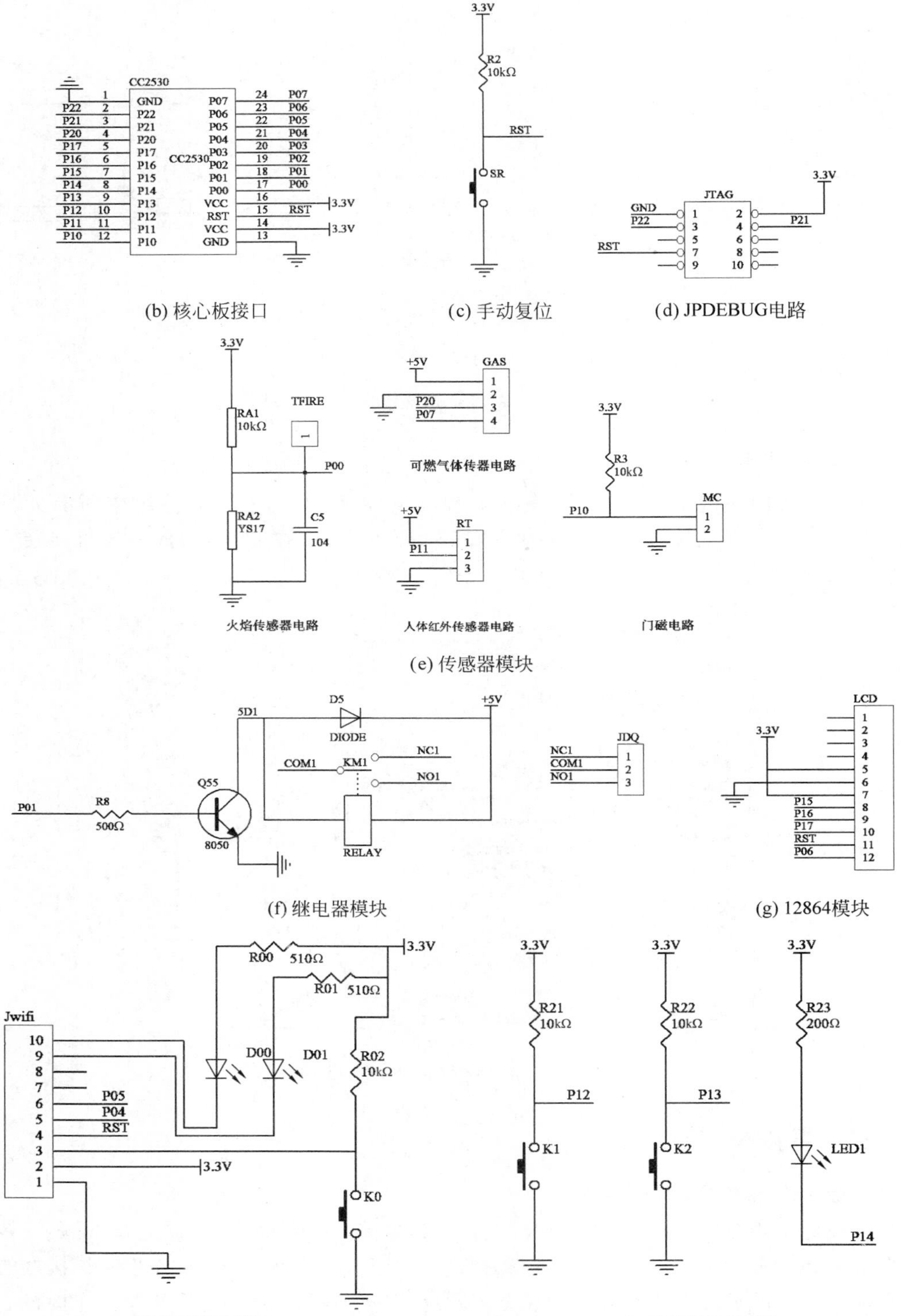

(b) 核心板接口　　　　(c) 手动复位　　　　(d) JPDEBUG电路

(e) 传感器模块

火焰传感器电路　　　　人体红外传感器电路　　　　门磁电路

(f) 继电器模块　　　　　　　　　　(g) 12864模块

(h) Wifi模块接口　　　　　　　　(i) 按键及LED模块

图　4.39(续)

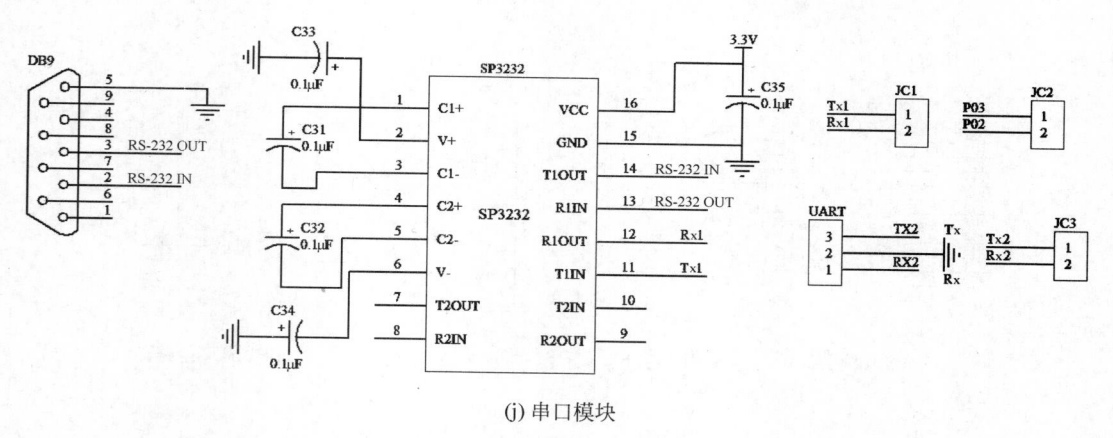

(j) 串口模块

图　4.39(续)

2. 设计 PCB

生成原理图的网络表文件后,接下来就可以设计 PCB,由于该系统中所有元件的 PCB 库元件均能在软件自带库中或自建 PCB 元件库.Lib 中找到,因此只要直接装入网络表和元件,再自动布局和布线。PCB 图如图 4.40 所示。

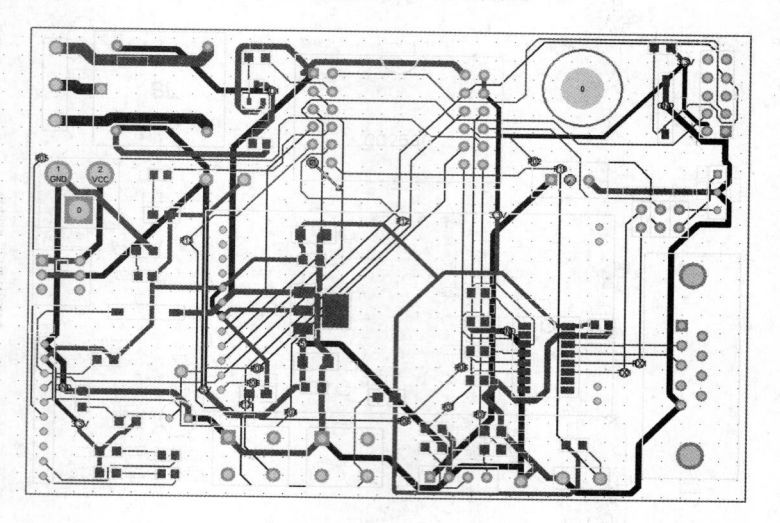

图 4.40　无线安防监控系统 PCB 图

三、焊接电路板

焊接所需基本工具同项目 1。

本任务需要在扩展板上增加 WiFi 模块接口电路、人体红外传感器电路、可燃气体传感器电路和门磁开关电路的元件,准备好表 4.16 所示元件和 PCB 电路板。焊接好的电路板如图 4.1 所示。参考项目 1 检查焊接质量,对有问题的焊点进行补焊。连接核心板和扩展板,下面就可以编写程序。

四、软件设计

系统包括下位机软件设计(单片机端)和上位机软件设计(手机端或 PC 端)两部分,本书主要介绍下位机软件设计。

从硬件连接图中和任务要实现的功能中可以看出,首先要判断手机端或 PC 端是否有布防信息,若有布防,则要采集火焰、门磁、人体红外、可燃气体等信息,设置接这 4 个传感器的 P0_0、P1_0、P1_1、P0_1 和 P0_7 口为输入引脚,读取该引脚上值,根据得到的值进行相应的处理与判断,再显示到 LCD 上,达到报警条件的要报警。同时要将得到的信息通过串口 0 发送到 PC 端口,串口 1 发送到手机端口。

软件设计包括:LCD 程序设计、A/D 转换程序设计、串口程序设计、各传感器信息采集程序设计、主程序设计。LCD 程序设计、A/D 转换程序设计在前面已经详细介绍,此处不再赘述。串口程序设计前面只用到串口 0 进行收发数据,此处要用到串口 0 和串口 1,因此还要增加串口 1 发送、接收程序及中断程序设计。各传感器信息采集火情前面已经介绍过,其他三个传感器是输出的数字信息,较简单,可以放到主程序中一并设计。

1. 串口程序设计

串口程序设计主要是对串口进行操作,包括初始化、串口发送、串口接收等操作。为了使用方便,把它们封装成独立的功能函数。包括头文件 uart.h 和源文件 uart.c。各函数的声明与定义见表 4.17。其中 intUART() 和 UartTX_Send_String() 函数已经介绍过,本任务给出了串口 1 接收中断函数 __interrupt void UART1_ISR()。

表 4.17　串口各函数声明与定义

序号	函 数 名	参　数	功　能
1	intUART()	无	串口初始化
2	UartTX_Send_String()	data:待发送字符串首地址 len:长度	往串口 0 发送一个字符串
3	intUART1()	无	串口 1 初始化
4	_interrupt void UART0_ISR()	无	串口 0 接收中断函数
5	Uart1TX_Send_String()	data:待发送字符串首地址 len:长度	往串口 1 发送一个字符串
6	_interrupt void UART1_ISR()	无	串口 1 接收中断函数

(1) 串口头文件(uart.h)

在任务 1 的串口头文件中增加串口 1 初始化函数和串口 1 发送函数的说明。

```
// ****************************************** //
//函数名称: initUART
//函数返回:无
//参数说明:无
//功能:串口 1 初始化
// ****************************************** //
void initUART1(void);                          //!< Unsigned 8 bit integer
```

```
// ********************************************** //
//函数名称: Uart1TX_Send_String
//函数返回: 无
//参数说明: 返回 A/D 值
//功能: 读取 A/D 采样值
// ********************************************** //
void Uart1TX_Send_String(uchar * Data,int len); //!< Unsigned 16 bit integer
```

（2）串口源文件（uart.c）

在串口源文件中增加串口 1 初始化函数、串口 1 发送函数、串口 1 中断函数。

```
// ********************************************** //
//函数名称: initUART1
//函数返回: 无
//参数说明: 无
//功能: 串口 1 初始化
// ********************************************** //
void initUART1(void)
{
  CLKCONCMD & = ～0x40;
  while(CLKCONSTA & 0x40);                    //循环等待
  CLKCONCMD & = ～0x47;

  PERCFG = 0x00;
  POSEL = 0x3C;
  U1CSR | = 0x80;
  U1GCR | = 11;
  U1BAUD | = 216;
  UTX1IF = 1;
  U1CSR | = 0x40;                             //允许串口接收
  IEN0 | = 0x88;                              //使能串口接收中断、总中断
}
// ********************************************** //
//函数名称: Uart1TX_Send_String
//函数返回: 无
//参数说明: data: 待发送字符串首地址、len: 长度
//功能: 往串口 1 发送一个字符
// ********************************************** //
void Uart1TX_Send_String(uchar * Data,int len)
{
  int j;
  for(j = 0;j < len;j++)
  {
    U1DBUF = * Data++;
    while(U1CSR & 0xFD == 0);
    while(UTX1IF == 0);
    UTX1IF = 0;
  }
}
```

（3）串口1中断程序设计

串口1中断程序流程如图4.41所示。

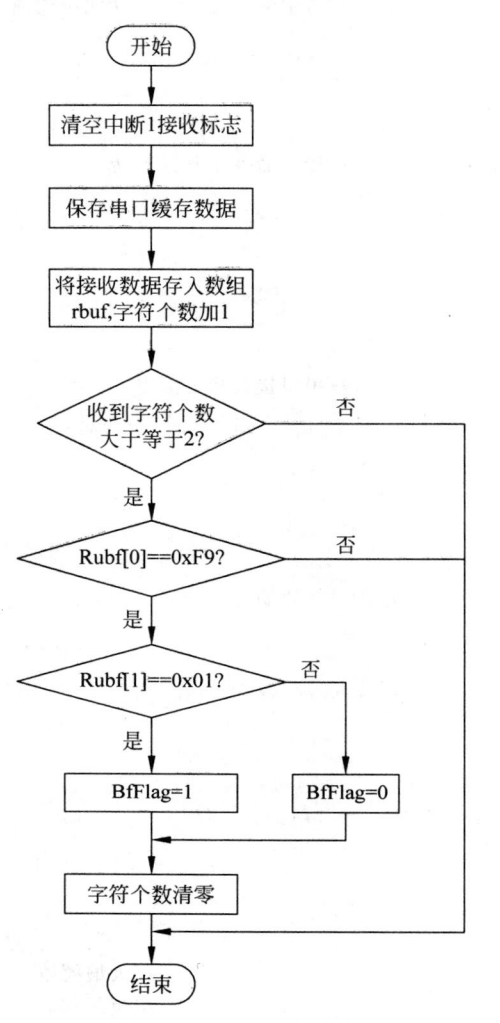

图 4.41 串口1接收中断服务程序流程

```
// ********************************************* //
//函数名称: Uart1TX_Send_String
//函数返回: 无
//参数说明: data: 待发送字符串首地址、len: 长度
//功能: 往串口1发送一个字符
// ********************************************* //
unsigned char temp;                      //临时全局变量存放串口接收到的字符
unsigned char rbuf[2];
int count = 0;
extern char BfFlag;                      //布防标志 0 未布防
//串口接收中断服务程序
# pragma vector = URX1_VECTOR
```

```
_interrupt void UART1_ISR(void)
{
  URX1IF  = 0;                      //清中断标志,为下一次中断做准备
  temp = U1DBUF;
  rbuf[count++] = temp;
  if (count > = 2)
  {
    if (rbuf[0] == 0xF9)            //接收命令正确性判断
    {
      if (rbuf[1] == 0x01)
        BfFlag = 1;
      else
        BfFlag = 0;
    }
    count = 0;                      //串口接收指针清零
  }
}
```

2. 主程序设计

(1) 主程序流程

安防监控系统主程序流程如图 4.42 所示。

(2) 主程序源文件(main.c)

```
// ******************************************** //
//文件名称: main.c
//功能: 主程序源文件
// ******************************************** //
# include "ioCC2530.h"//CC2530 单片机的头文件
# include "hal_lcd.h"
# include "adu.h"
# include "font.h"

# define FI 8000                      //火焰阈值
# define Keybu P1_2                   //布防键
# define Keyche P1_3                  //撤防键
# define LED P1_4                     //LED 灯
# define JDQ P0_1                     //继电器

char BfFlag = 0;                      //布防标志 0 未布防
// ******************************************** //
//函数名称: main
//函数返回: 无
//参数说明: 无
//功能: 安防监控系统主函数
// ******************************************** //
void main()
{
  int i;
```

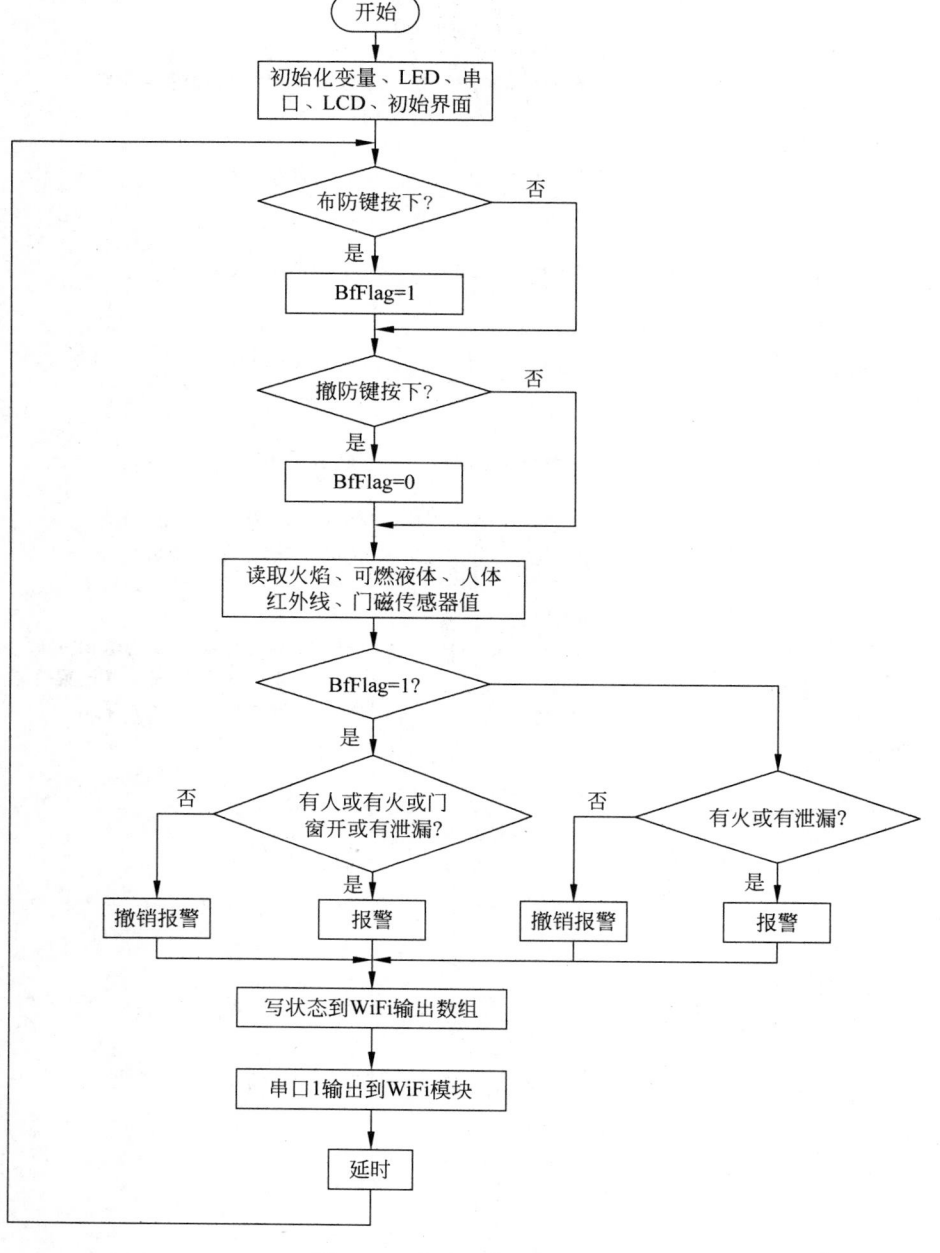

图 4.42　安防监控系统流程

```
int fire = 0;
char FireFlag = 0,PersonFlag = 0,GasFlag = 0,McFlag = 0;      //4个传感器状态标志
uchar temp[4];
uchar data[2];
uchar enter[2] = {0x0A,0x0D};
delay(100);
```

```
HalLcdInit();

for(i = 0;i < 6;i++)
  display_16×16(1,(1 + i) * 16,an + i * 32);        //显示汉字"安防监控系统"

for(i = 0;i < 2;i++)
  display_16×16(5,1 + i * 16,hy + i * 32);          //显示汉字"火焰"

for(i = 0;i < 2;i++)
  display_16×16(5,(4 + i) * 16,rt + i * 32);        //显示汉字"人体"

for(i = 0;i < 2;i++)
  display_16×16(7,1 + i * 16,krqt + i * 32);        //显示汉字"可燃"

for(i = 0;i < 2;i++)
  display_16×16(7,(4 + i) * 16,mc + i * 32);        //显示汉字"门窗"

initUART();                                          //串口 0 初始化 9600
initUART1();                                         //串口 1 初始化 115200
adinit();

P1DIR | = 0x10;                                      //P14 方向寄存器设置为输出
P1DIR & = ~0x0E;                                     //P11、P12、P13 方向寄存器设置为输入
PODIR | = 0x02;                                      //P01 方向寄存器设置为输出
while(1)
{
  if (Keybu == 0)                                    //布防键
    BfFlag = 1;
  if (Keyche == 0)                                   //撤防键
    BfFlag = 0;

  PersonFlag = P1_1;
  GasFlag = P2_0;
  McFlag = P1_0;

  fire = getFire();                                  //火焰 A/D 值
  if (fire > FI)//无火
    FireFlag = 0;
  else                                               //有火
    FireFlag = 1;

  if (BfFlag == 0)
  {
    for(i = 0;i < 4;i++)
      display_16×16(3,(2 + i) * 16,bufang + (4 + i) * 32);//显示汉字"撤防状态"
  }
  else
  {
    for(i = 0;i < 4;i++)
```

```
        display_16×16(3,(2+i)*16,bufang+i*32);          //显示汉字"布防状态"
    }

    if (FireFlag==0)                              //火焰
    {
        display_16×16(5,2*16+8,yw+1*32);   //显示汉字"无"
    }
    else
    {
        display_16×16(5,2*16+8,yw);         //显示汉字"有"
    }

    if (PersonFlag==0)                            //人体
    {
        display_16×16(5,6*16+8,yw+1*32);   //显示汉字"无"
    }
    else
    {
        display_16×16(5,6*16+8,yw);         //显示汉字"有"
    }


    if (GasFlag==0)                               //可燃气体
    {
        display_16×16(7,2*16+8,yw+1*32);   //显示汉字"无"
    }
    else
    {
        display_16×16(7,2*16+8,yw);         //显示汉字"有"
    }
    if (McFlag==0)                                //门磁
    {
        display_16×16(7,6*16+8,kg+1*32);   //显示汉字"关"
    }
    else
    {
        display_16×16(7,6*16+8,kg);         //显示汉字"开"
    }

    if(BfFlag==1)                                 //已布防
    {
     //门窗开 有人 有火 气体泄漏,报警
     if ((McFlag==1)||(PersonFlag==1)||(FireFlag==1) || (GasFlag==1))
     {
        LED = ~LED;
        JDQ = 1;
     }
     else
     {
        LED = 1;
```

```
            JDQ = 0;
        }
    }
    else //撤防
    {
        if((FireFlag == 1) || (GasFlag == 1))         //火焰 可燃气体泄漏,报警
        {
            LED = ~LED;
            JDQ = 1;
        }
        else
        {
            LED = 1;
            JDQ = 0;
        }
    }
    //串口 1 输出到 WiFi 模块
    data[0] = 0xFF;
    data[1] = BfFlag << 4|FireFlag << 3|PersonFlag << 2|GasFlag << 1|McFlag;
    Uart1TX_Send_String(data,2);
    delay(500);
    }
}
```

五、软硬件联调

根据已有的电路原理图和程序代码,在 IAR 软件中进行程序编辑、编译、生成下载,得到正确的效果: 实时采集信息可显示在 LCD、PC 及手机端 APP 上。

1. LCD 显示状态

程序运行后 LCD 正确显示如图 4.43 所示。

图 4.43　安防监控系统 LCD 显示

2. 网络测试工具

程序下载到 CC2530 单片机后,单片机将采集到的数据状态通过串口 1 发送到 WiFi 模块,此 WiFi 的 IP 地址设置为 192.168.1.30,端口号为 8899,工作模式为 TCP Server。

打开 USR-TCP232-Test 网络测试工具,在右侧网络设置栏中设置协议为 TCP client,
Server IP 设置为 192.168.1.30,Server Port 设置为 8899,然后单击"Connect"按钮,此时
该按钮由黑色变成了红色,按钮上面的文字变为 Disconnect,表明该测试工具已经成功连
接到 WiFi 模块。在左边的网络数据接收区显示 Receive from 192.168.1.30:8899,表示
从该网络地址的端口上接收到了数据,数据的内容为十六进制数 FF 05,如图 4.44 所示。

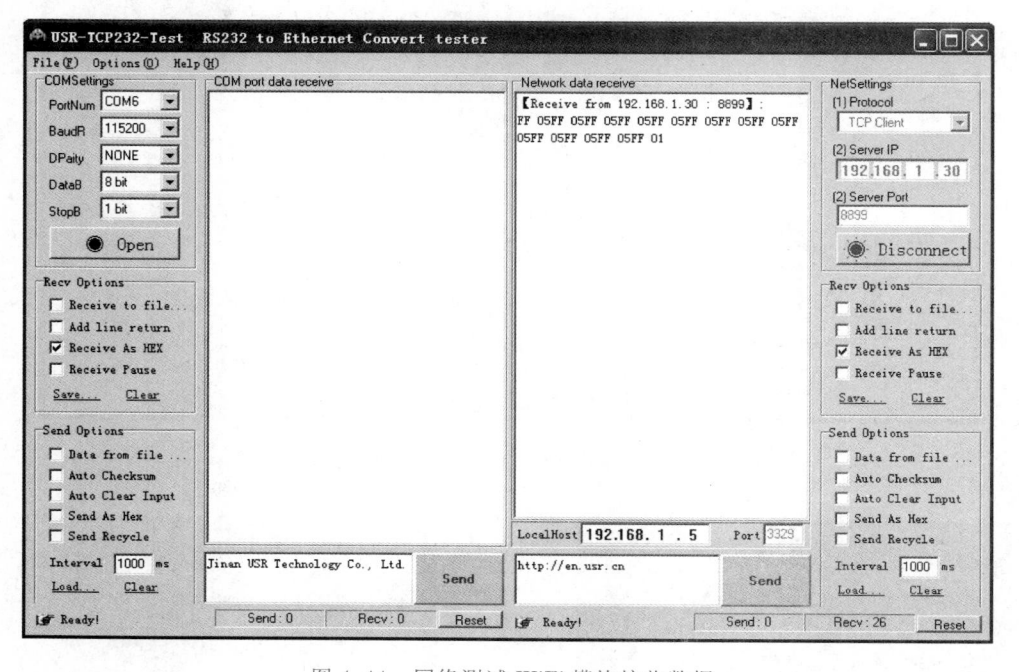

图 4.44　网络测试 WiFi 模块接收数据

如图 4.45 所示,该网络测试工具也可以发送数据到 WiFi 模块,在右下角的发送选
项中将 Send As Hex 前面打钩,以十六进制形式发送数据。在左侧的发送区域填写
F901,然后单击"Send"按钮完成数据发送。WiFi 模块网络接收到数据后通过串口发送
给单片机,单片机接收到数据后分析处理。如果接收到 F9 01,则将系统布防状态自动改
成布防状态;如果收到 F9 00,则将系统布防状态自动改成撤防状态。

3. 手机端安卓程序测试

打开手机端安防监控系统程序,此时系统没有进行任何网络参数设置,系统无法连接
到 WiFi 模块,所以会显示 Socket 未连接的错误信息提示,如图 4.46 所示。

进入系统后,单击右上角"设置"按钮,弹出网络参数设置界面,设置服务器地址为
192.168.1.30,设置端口号为 8899,然后单击"连接"按钮,手机程序就会连接到 WiFi 上。
设置的服务器地址和端口号也会自动保存下来,下次进入系统时会自动进行网络连接,如
图 4.47 所示。

手机程序和 WiFi 模块正常建立网络连接后,手机程序就可以接收并显示单片机系
统通过 WiFi 发送的传感器状态数据,如图 4.48 所示。该应用程序还包含"布防"和"撤

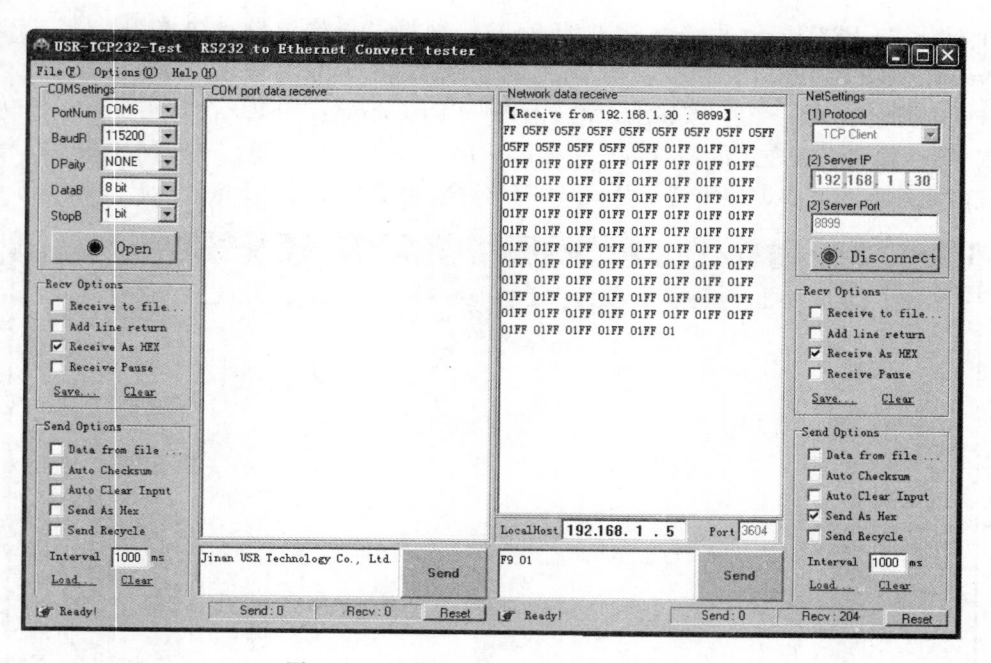

图 4.45　网络测试 WiFi 模块发送数据

图 4.46　错误信息提示

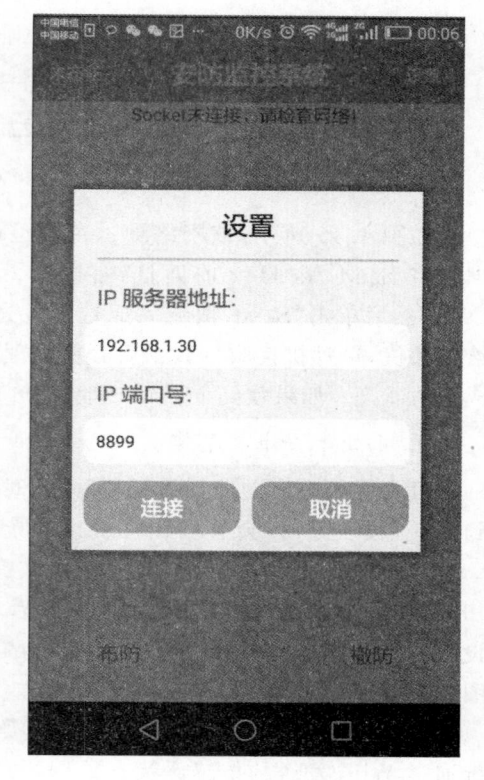

图 4.47　连接设置

防"按钮,单击"布防"按钮,手机程序自动将布防指令通过网络发送到单片机系统,系统接收到正确的指令后自动切换到布防状态;单击"撤防"按钮,手机程序将撤防指令通过网络发送到单片机系统,系统接收到正确的指令后自动切换到撤防状态。

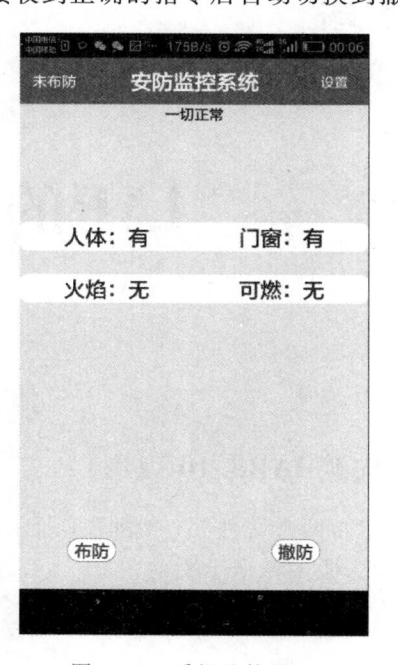

图 4.48　手机监控界面

（1）设计制作基于 WiFi 的温度监测系统,实现将下位机实测的温度显示到手机端。

（2）设计制作基于 WiFi 的窗帘自动控制系统,实现用手机控制窗帘的打开、关闭等操作,且手机能实时显示窗帘状态。

思考与问答

1. CC2530 串行接口有几种工作方式? 有几种帧格式? 各个工作方式的波特率如何确定?

2. 串行缓冲寄存器 UxBUF 有什么作用? 简述串口接收和发送数据的过程。

3. 串行通信有哪三种传输方式? 各有何功能和特点?

4. 串行通信的波特率如何设置?

5. 串行通信和并行通信有什么区别? 各有什么优点?

6. 常用的短距离无线通信方法有哪些? 各有何优缺点?

7. 简述无线通信和现有网络的区别。

附录

IAR的安装及配置

一、IAR 的安装(以安装 IAR8.10 为例)

(1) 打开安装文件,其中包含两个文件夹,如附图1所示。
双击 IAR8.10 文件夹,包含附图2所示文件。

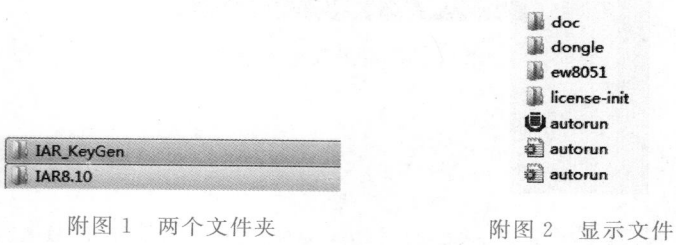

附图1　两个文件夹　　　　　　　　附图2　显示文件

双击 autorun,会出现附图3所示安装界面。

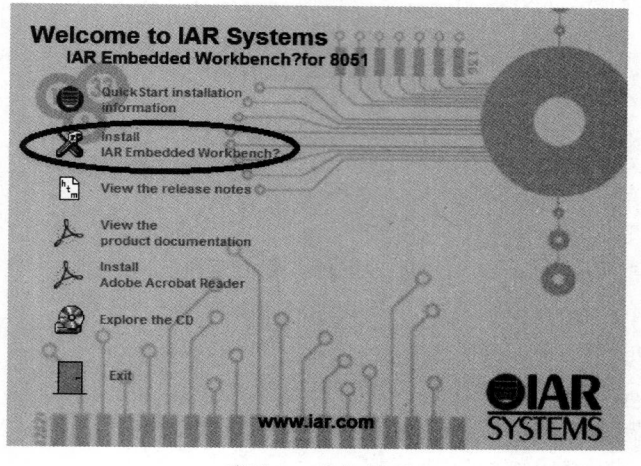

附图3　安装界面

选择 Install，官方推荐默认安装在系统盘，单击"Next"按钮，如附图 4～附图 6 所示。

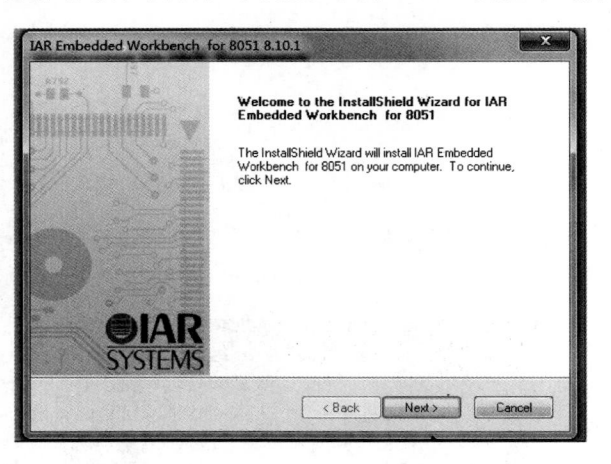

附图 4　安装 1

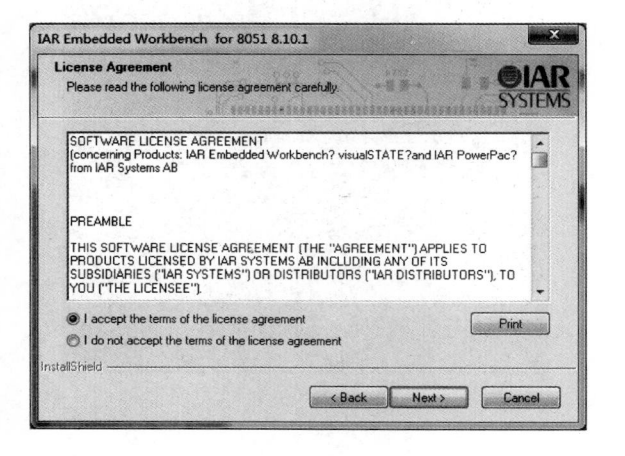

附图 5　安装 2

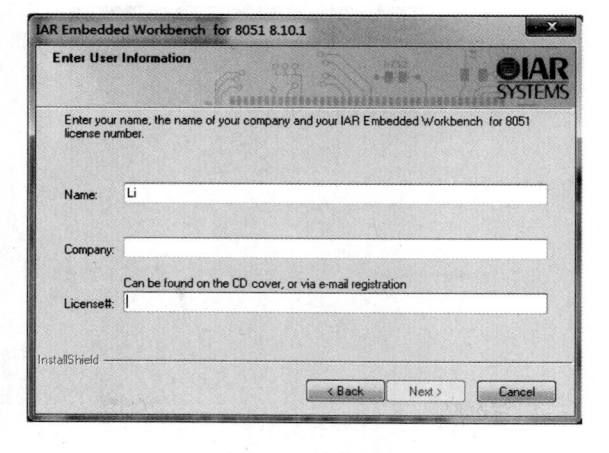

附图 6　安装 3

（2）根据提示输入 License，由 IAR8.10 注册机生成，返回安装文件中的文件夹 IAR-KeyGen，双击附图 7 所示两个文件。

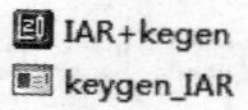

IAR+kegen
keygen_IAR

附图 7　两个文件

双击 IAR+kegen 文件，会出现如附图 8 所示界面，单击"Generate"按钮，会生成新的 License number 和 License key。

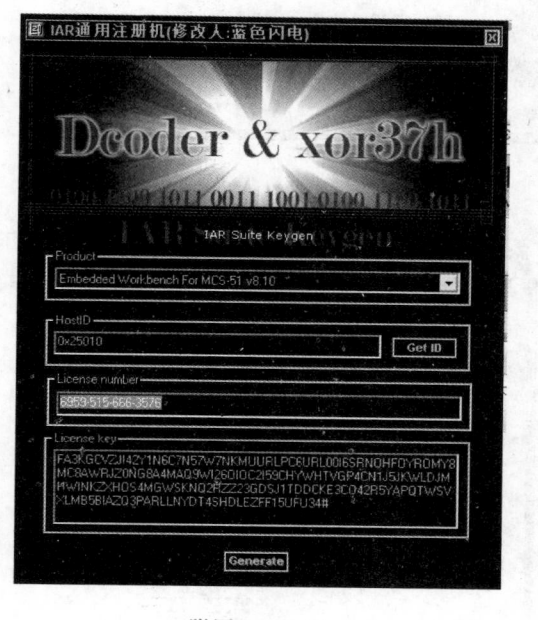

附图 8　生成

复制 License number 到上面的安装界面，单击"Next"按钮，如附图 9～附图 11 所示。

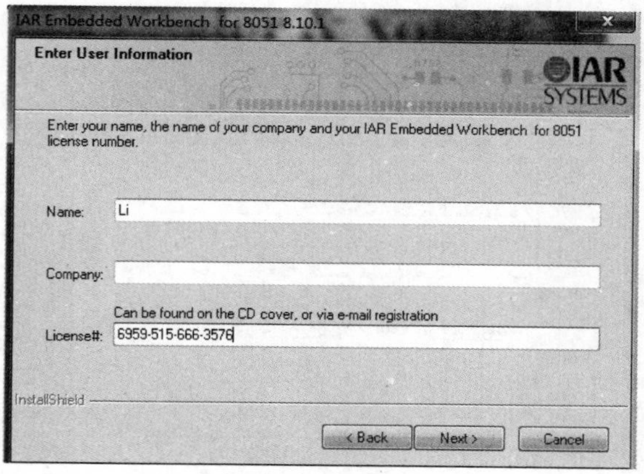

附图 9　输入用户信息

附图 10　生成

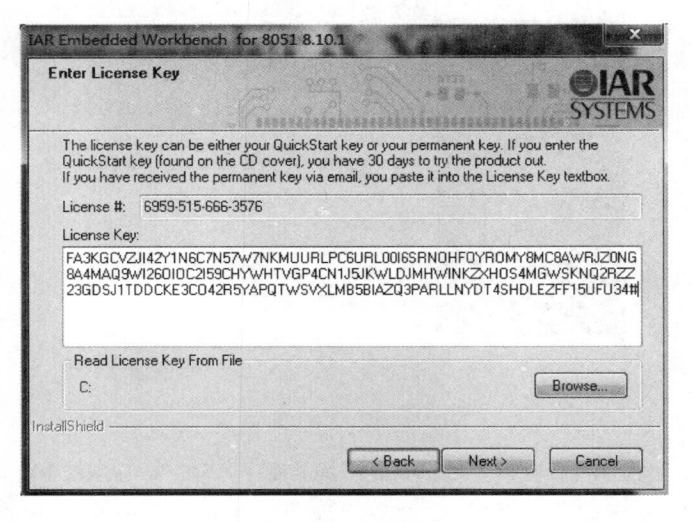

附图 11　输入注册码

再复制 License key 至安装界面，单击"Next"按钮，按提示逐步进行安装，最后完成程序安装。程序安装完成后的默认路径为系统盘下的"Program Files"文件夹。

安装完成后，软件界面如附图 12 所示。

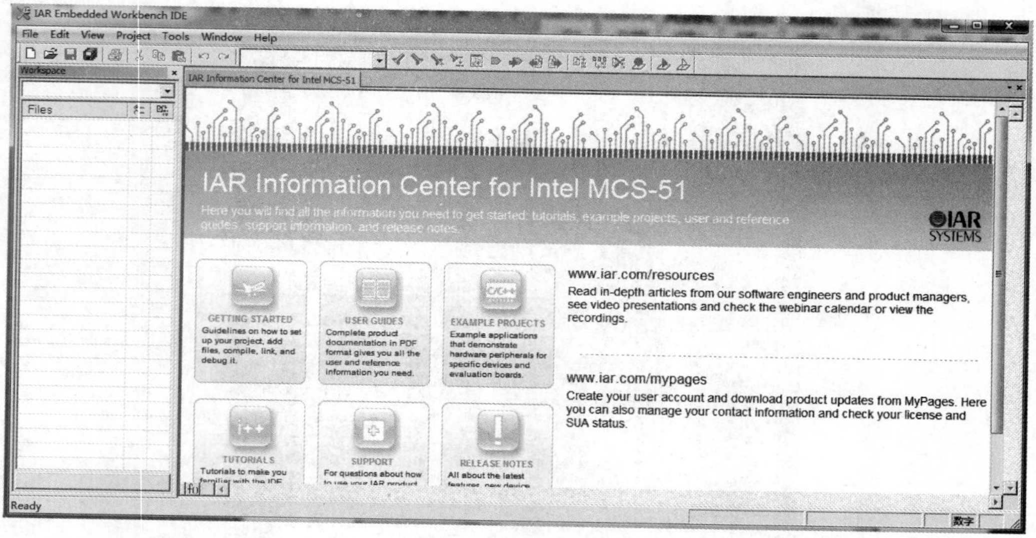

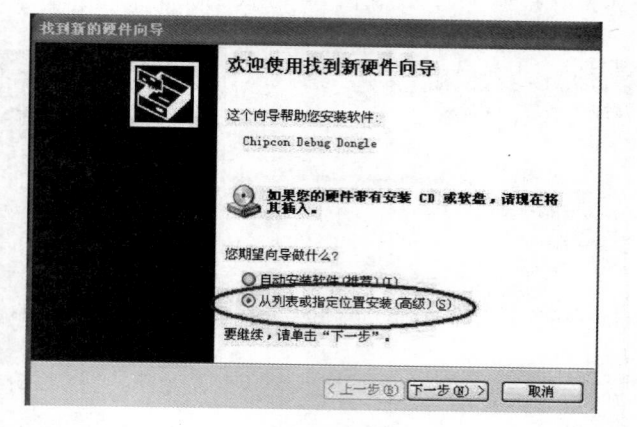

附图12　软件界面

二、CC DEBUGGER 驱动安装方法

将 CC DEBUGGER 插进计算机,提示找到新硬件,选择列表安装,如附图 13 所示。

附图13　安装软件

驱动的路径如附图 14 和附图 15 所示。前提是已经安装 IAR8.10。

安装完成后,重新拔插仿真器,在设备管理器中找到 Chipcon SRF04EB,说明驱动安装完成,连接 CC2530 开发板,按下 DEBUGGER 复位键,芯片指示灯亮(表示检测到开发板上 CC2530 芯片),则完成连接工作。至此,相关开发软件和仿真器驱动都安装完毕。

三、IAR 工程文件的建立

(1) 打开已经安装好的 IAR 软件,新建一个项目,选择默认选项即可,单击"OK"按

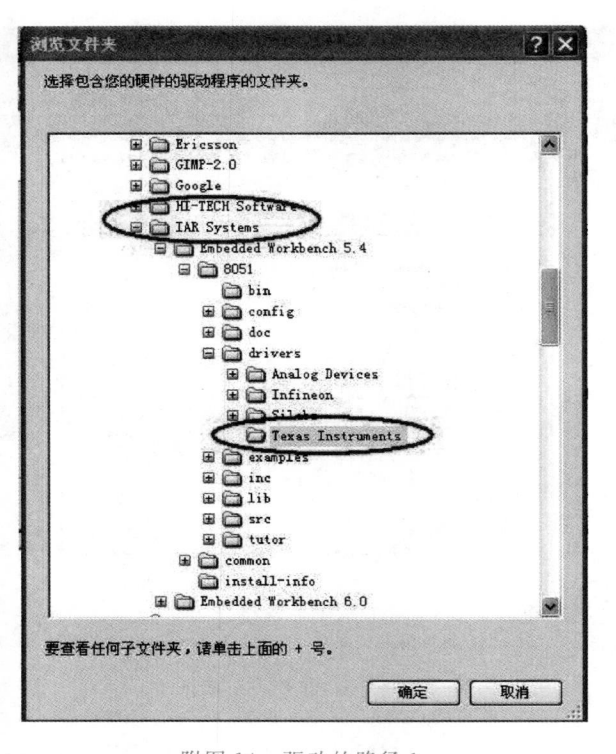

附图14 驱动的路径1

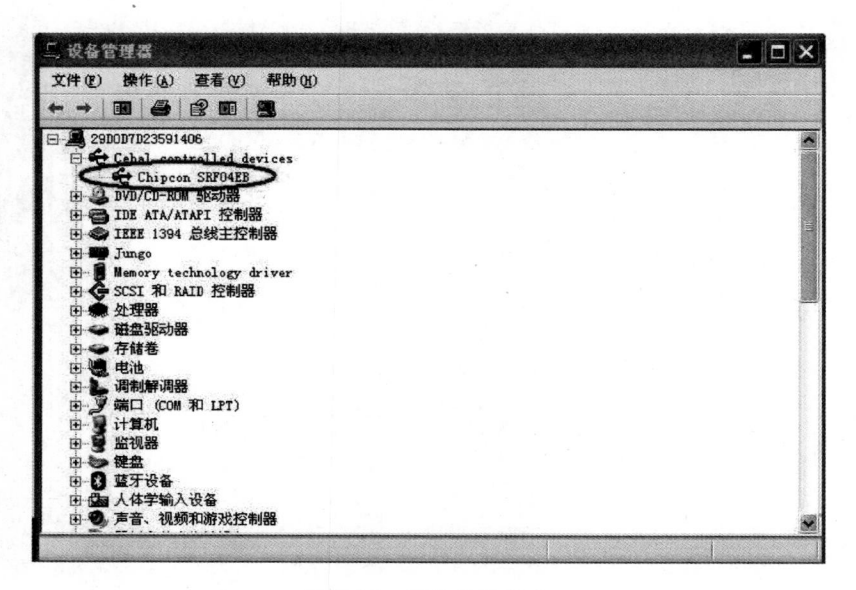

附图15 驱动的路径2

钮。保存在自己希望的路径,如附图16和附图17所示。

(2)新建文件,输入♯include＜ioCC2530.h＞。基础实验需要用到的只有这个头文件。然后保存为".c"格式到工程文件路径下。

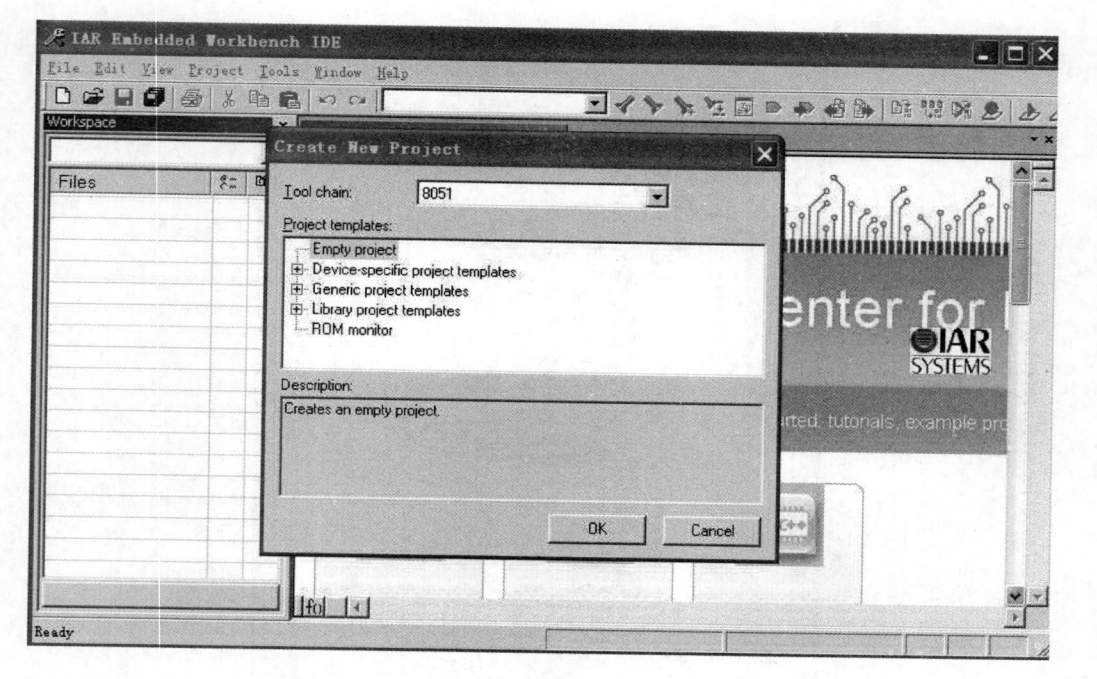

附图 16　新建一个项目

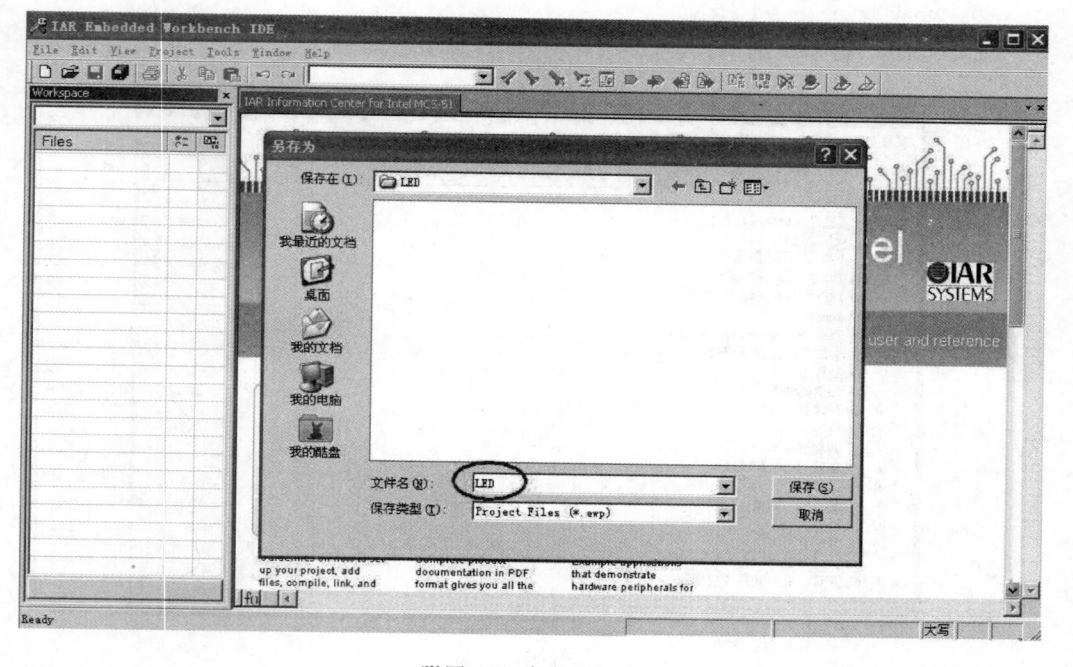

附图 17　命名并保存

（3）完成后就可以继续编写代码，这时点亮第一个 LED 代码。完成后保存，记得要在左边工程中右击→add→刚保存的 C 文件，成功添加后如附图 18 所示。

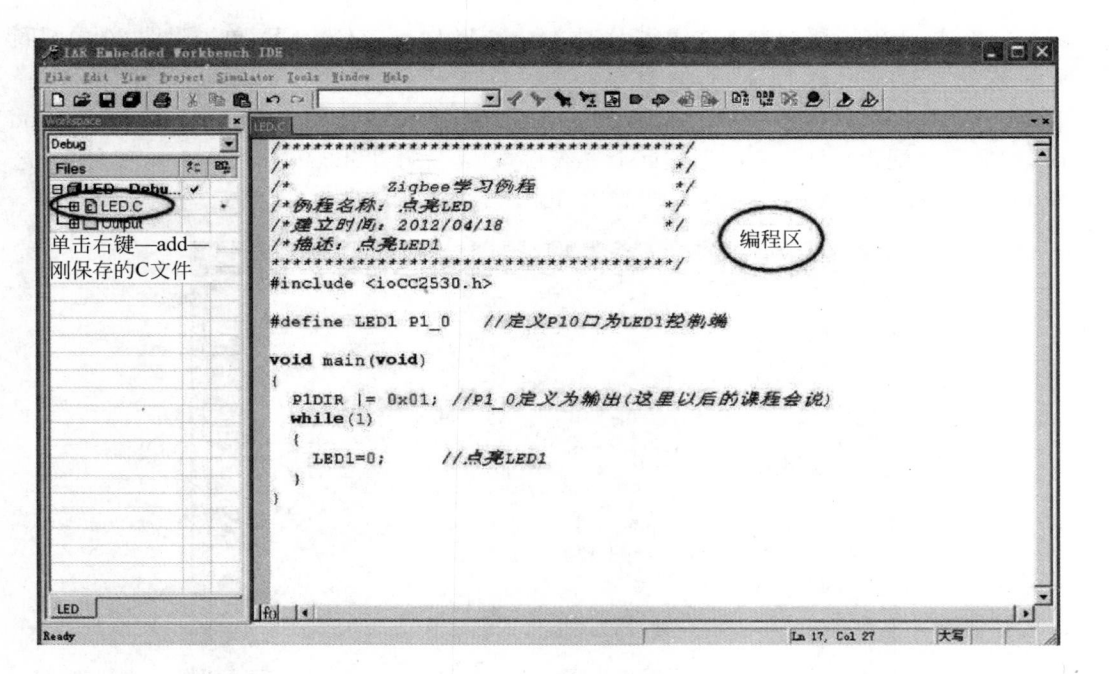

附图 18　编程区

（4）在 IAR 里配置以下选项。

① 打开 Project→Options，General Options→device 选择 CC2530F256 或者 CC2530，Code model 选择 Near，Data model 选择 Large，Calling convention 选择 PDATA stack reentrant，如附图 19 所示。

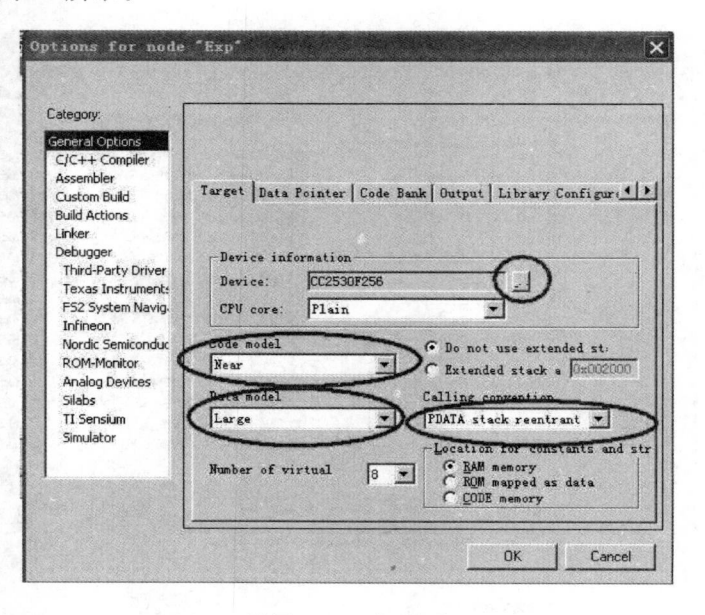

附图 19　一般选项

② 在 Linker 选项卡中,output 标签下,output file 下,勾选一下,单击附图 20 中圆圈所示按钮,先向上返回上一级目录,然后打开 Texas Instruments 文件夹,选择 CC2530F256 芯片。勾选 Allow C-SPY-specific。选择 Linker→Config→Linker command file 选项,导出配置文件。先向上返回上一级目录,然后打开 Texas Instruments 文件夹,选择 lnk51ew_cc2530F256.xcl(这里是 CC2530F256 芯片),如附图 21 所示。

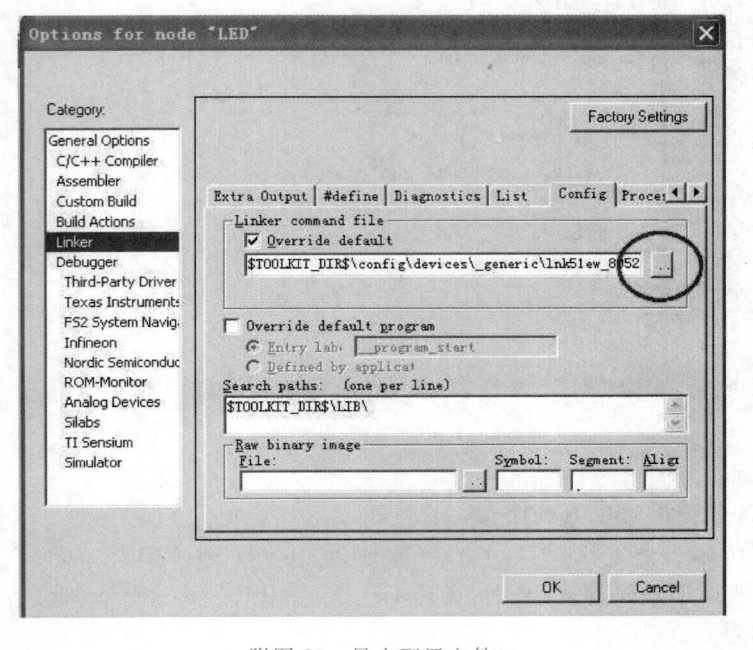

附图 20　导出配置文件

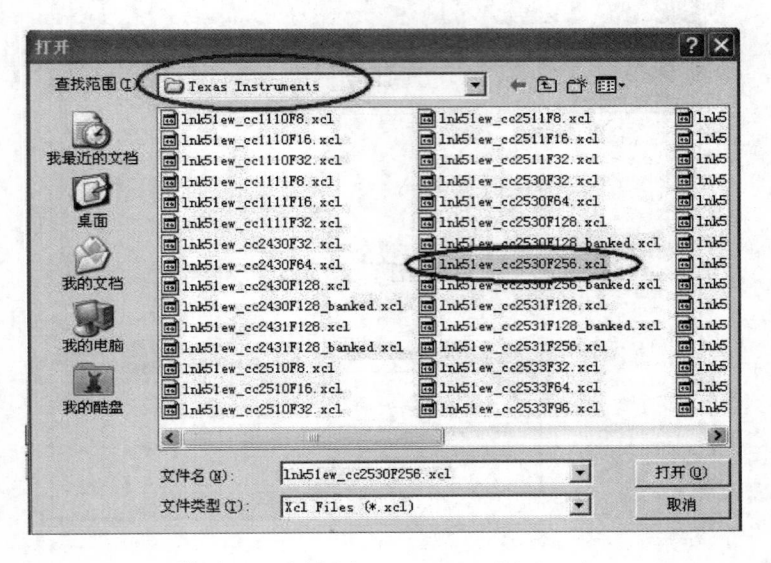

附图 21　选择 lnk51ew_cc2530F256.xcl

③ 在 Debugger 选项的 Driver 中选择 Texas Instruments(使用编程器仿真),下面选择 io8051.ddf 文件。至此,基本配置已经完成,如附图 22 所示。

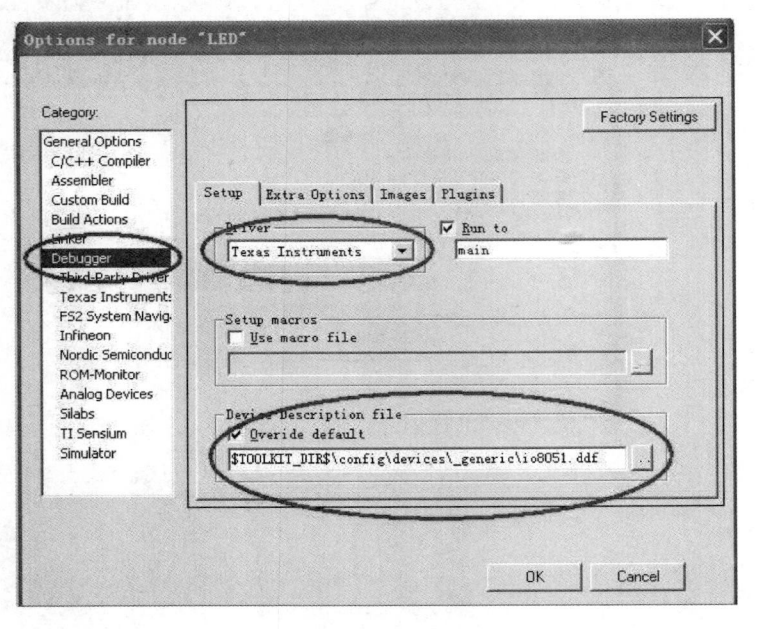

附图 22 完成基本配置

(5) Project-Make 编译后显示 0 错误和 0 警告。将 CC DEBUGGER 和开发板连接好,然后单击 Project→Download and Debug (下载与仿真),如附图 23 所示。

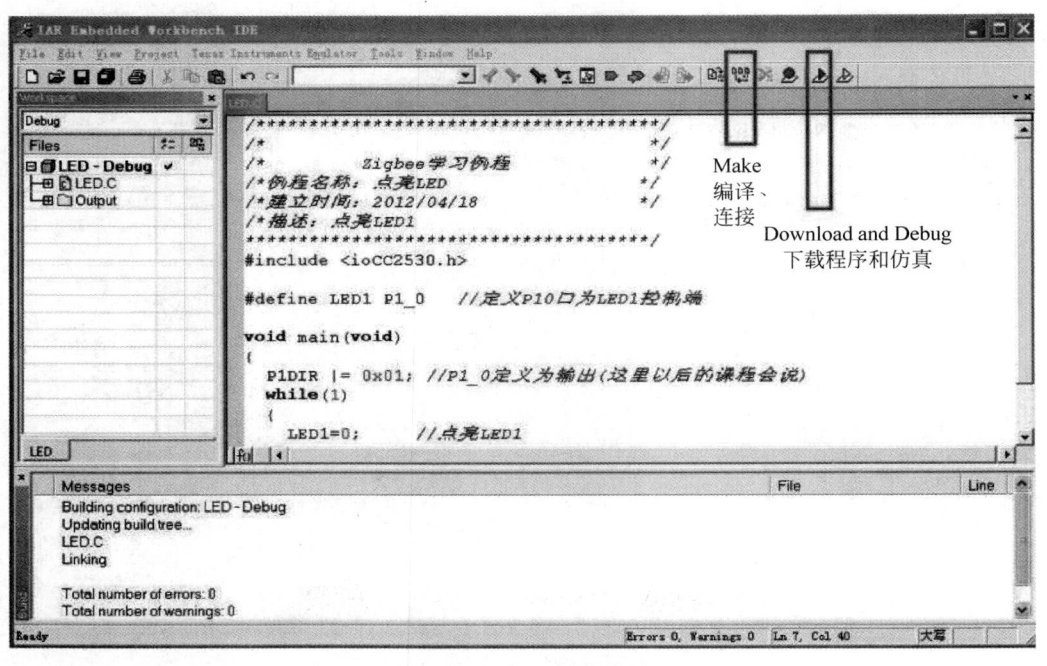

附图 23 下载程序和仿真

程序下载,如附图 24 所示。

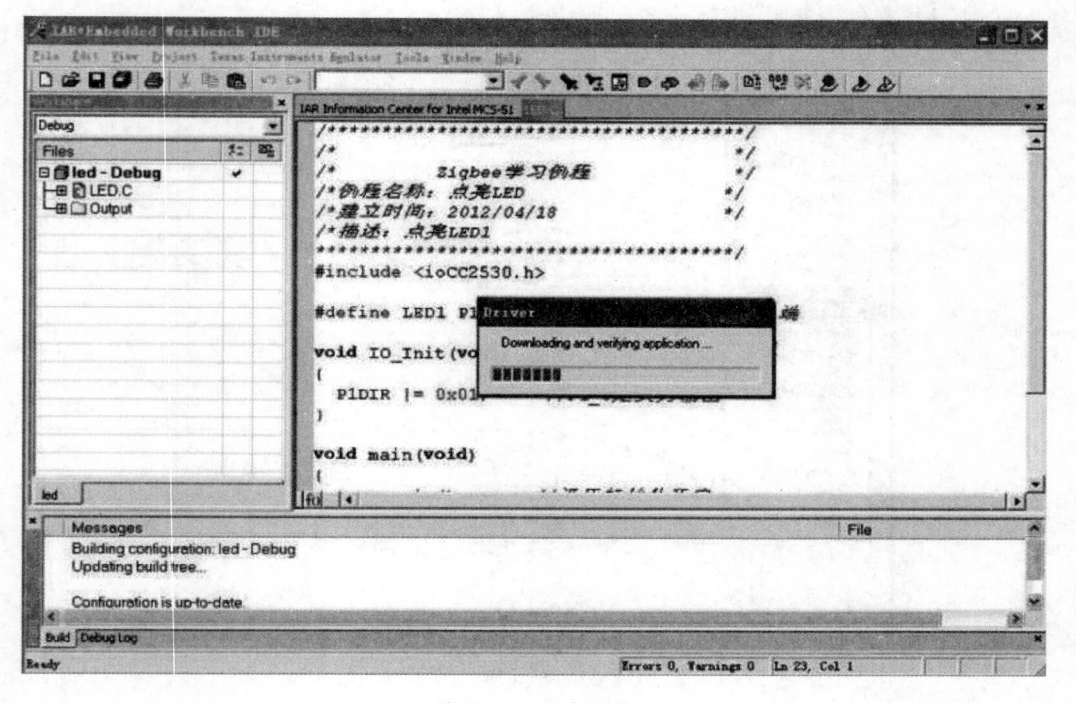

附图 24　程序下载

下载完成,进入仿真调试界面,常用按钮如附图 25 所示。

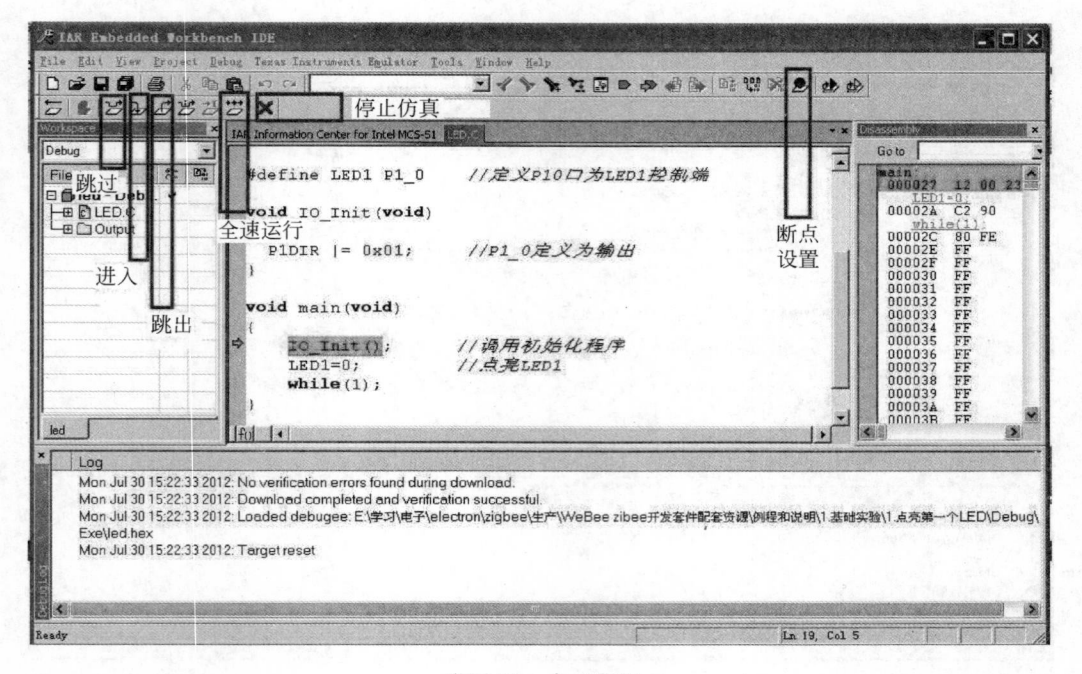

附图 25　常用按钮

　　单击"GO(全速运行)"按钮,程序执行。使用 CC DEBUGGER 可以直接在 IAR 中下载程序并调试。调试后程序仍然保留在芯片 flash 内,相当于烧写工具。至此,已经完成了 ZigBee CC2530 基于 IAR 开发环境的操作流程。无论是基础实验还是协议栈编程,其方法大同小异。

参 考 文 献

［1］　王文海,朱国军.单片机技术与应用教程[M].北京:清华大学出版社,2014.

［2］　姜仲,刘丹.Zigbee 技术与实训教程[M].北京:清华大学出版社,2014.

［3］　张景璐,马泽民.C51 单片机项目式教程[M].北京:人民邮电出版社,2010.